Steve Rendle

Das große Schrauber-Buch für Autofahrer

Technik ▪ Wartung ▪ Sicherheit

Motor
buch
Verlag

Inhalt

1 **Ihr Auto - optimal genutzt** 4

Tipps zum Geldsparen, zur Diebstahlsicherheit, zum Transport von Kindern und Gepäck, zum Schleppen, zu Vorbereitungen auf Winter und Ferienreise, zum Zubehörkauf

2 **Sicherheit** 16

Ratschläge zur Fahrsicherheit, zu Sicherheitsgurten und Airbags, zur Sicherheit bei Arbeiten am Auto

3 **Störungen beheben** 20

Was macht man bei Leckstellen und Geräuschen, was ist dringend und was nicht; was ist zu tun, wenn der Motor nicht anspringt oder unterwegs stehenbleibt

4 **Notfälle** 28

Wie soll man sich bei Pannen, bei leerem Tank, bei Reifenschäden oder einem Unfall verhalten und wie bei einem Einbruch oder Autodiebstahl

5 **Werkzeug** 38

Welches Werkzeug sollte man für die Wagenpflege und Wartung haben, welche Bordwerkzeuge, und was ist qualitativ am besten geeignet

6 **Alles über Motorenöl** 40

Was ist Motorenöl und welche Aufgaben hat es; welche Sorte sollte man nehmen; Gründe für hohen Ölverbrauch; wie man Öl und Filter wechselt

7 **Alles über Kraftstoffe** 46

Benzin und Diesel, wo tankt man am besten; wie man den Verbrauch reduzieren kann und was zu tun ist, wenn man versehentlich das Falsche im Tank hat

8 **Flüssigkeiten und Filter** 50

Hinweise zur Ölstandskontrolle, zum Auffüllen und Wechseln der wichtigen Öle und Fluids und zum Auswechseln von Filtern

9 **Der Motor** 64

Wie arbeitet der Motor und wie seine Nebenaggregate; wonach sollte man öfter einmal schauen und was ist, wenn irgendetwas mit dem Motor nicht stimmt

10 **Kühlung und Heizung** **80**
Was nötig ist, damit der Motor es kühl und die Insassen es angenehm warm haben; Leckagen und Überhitzung in der Anlage

11 **Die Kraftübertragung** **86**
Erläuterungen zum Schaltgetriebe und zur Getriebeautomatik; wie man Kupplung und Gelenkwellen kontrolliert; Wissenswertes über das Differenzial

12 **Das Fahrwerk** **96**
Wichtiges zur Bereifung: Wartung, Pannen, Reifenauswahl; außerdem zur Lenkung, den Bremsen und der Federung; was tun mit losen Radzierkappen

13 **Scheiben, Scheibenwischer und Spiegel** **110**
Klarer Durchblick: was tun bei Kratzern und Sprüngen in der Scheibe; wie Wischerblätter gewechselt und Wascherdüsen wieder frei werden; Einsetzen eines neuen Spiegelglases

14 **Die Elektrik** **116**
Alles über Batterien, Glühlampen und Warnleuchten; wie man trotz leerer Batterie starten kann; warum Sicherungen durchbrennen und wie man sie wechselt

15 **Die Karosserie – außen und innen** **128**
Tipps für die Wagenwäsche, für das Polieren und das Ausbessern kleiner Lackschäden; Rost und Geräusche; Reinigung der Teppiche und Sitzbezüge; wie man Gerüche beseitigt

16 **Wo bekomme ich am besten Hilfe?** **134**
Umgang mit Werkstatt und Mechanikern; Gewährleistung; Kauf und Verkauf des Autos; Versicherungen und Pannendienste

Glossar **144**
Ein Verzeichnis gebräuchlicher technischer Ausdrücke zum besseren Verständnis dessen, worüber Mechaniker (oder auch »Stammtisch-Experten«) reden

Sachregister **156**

Danksagung **160**

Ihr Auto – optimal genutzt

Unser privat benutztes Auto muss im Lauf des Jahres zumeist für viele verschiedene Dinge herhalten: für den Weg ins Geschäft, für den Transport der Kinder zur Schule, für Einkäufe, zum Abschleppen und als Ferienmobil. In diesem Kapitel lesen Sie, wie Ihr Auto alles das leisten kann, ohne gleich ein Vermögen zu kosten. Neben den naheliegenden Möglichkeiten, Betriebskosten zu sparen, geben wir Ihnen Tipps, wie Sie unwillkommene Rechnungen vermeiden und Kosten und Unannehmlichkeiten einer Panne minimieren können. Sie finden Ratschläge für die Sicherheit (Ihre und die des Autos) und lesen, wie Sie Ihre Kinder und seltene, ungewohnte Lasten sicher befördern.

Was Sie stets dabeihaben sollten

Ein paar Dinge sollten Sie immer an Bord haben, um nicht gleich in Verlegenheit zu kommen, wenn Sie denn schon einmal das Pech haben, unterwegs liegen zu bleiben. So ist es in Deutschland Vorschrift, ein Warndreieck und einen Verbandskasten stets im Auto mitzuführen, und auch Ersatzglühlampen sind zu empfehlen.
Das beim Kauf des Wagens mitgelieferte Werkzeug reicht zumeist für nicht viel mehr als für einen Radwechsel. Deshalb ist es ratsam, einige weitere Dinge für alle Fälle dabei zu haben; auch wenn Sie eine Panne nicht selber beheben können, könnte Ihnen ja jemand anders helfen, wenn Sie einen Schraubendreher im Wagen haben.

Warndreieck (Vorschrift)

Antriebsriemen für Generator

Rolle Isolierband

Werkzeug und Ersatzteile für alle Fälle

Hier sehen Sie einige Dinge, die Sie vielleicht mitführen sollten. Die Liste könnte natürlich viel länger sein, aber es gibt sicher einen Kompromiss zwischen dem verfügbaren Platz und dem Wunsch, bei Bedarf das Nötigste an Bord zu haben.

Zündkerze, sauber und mit richtigem Elektrodenabstand (nur Benzinmotor)

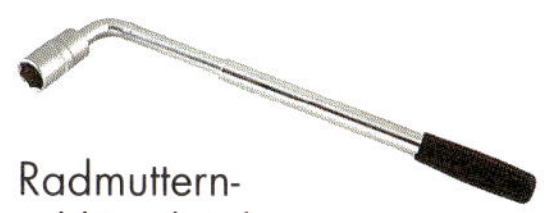
Radmutternschlüssel, teleskopisch ausziehbar

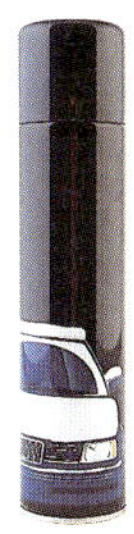
Enteisungs-Spray im Winter

Ersatz-Sicherungen (10-50 Ampere, siehe Handbuch)

kräftiger Bindedraht

Reparatursatz für Kühlwasserschläuche

Feuerlöscher (in einigen Ländern Vorschrift)

Satz Kabelbinder

verschiedene Schlauchbinder

Ersatzglühlampen (in einigen Ländern Vorschrift)

Gummi-Gepäckhalter

Dose Kontaktspray (wasserabsorbierend)

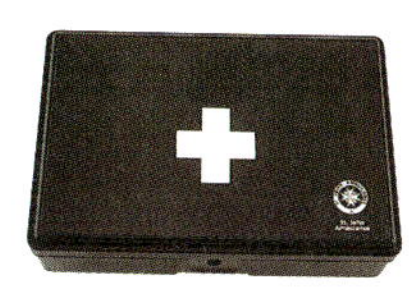
Erste-Hilfe-Kasten (Vorschrift)

Hochspannungs-Zündkabel, soll vom Zündverteiler bis zur entferntesten Kerze reichen (nur Benzinmotor)

Werkzeug

Dieses Werkzeug nimmt nicht viel Platz in Anspruch, kann aber bei der Behebung kleiner Probleme unterwegs nützlich sein. Wenn Sie Ihr Auto selbst warten, brauchen Sie das Werkzeug sowieso (siehe auch Kapitel 5).

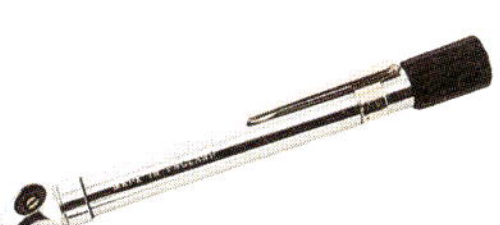
Reifendruckmesser

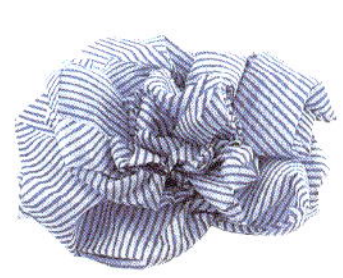
saubere Putzlappen

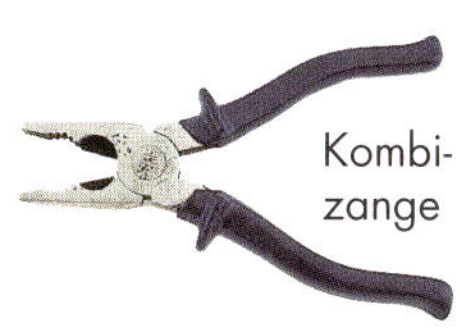
Kombizange

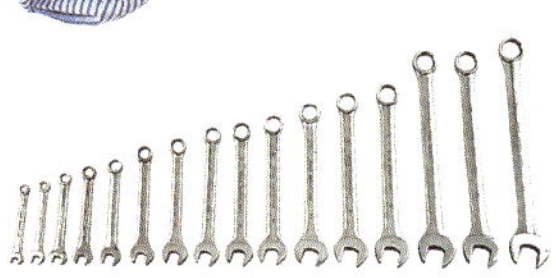
Satz Ring/Gabel- und/oder Steckschlüssel 10-19 mm

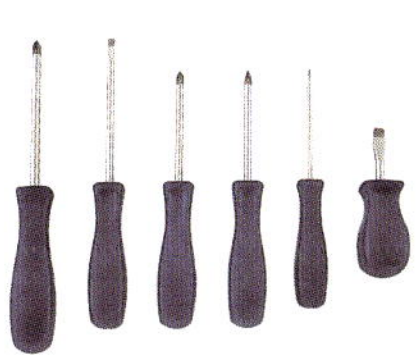
Satz Flach- und Kreuzschraubendreher

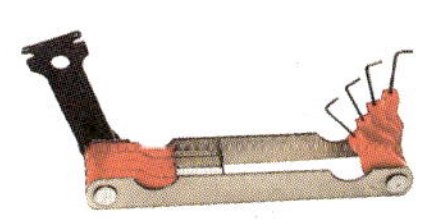
Kerzenschlüssel mit Fühlerlehren (nur Benzinmotor)

Taschenlampe

Fahrzeugpapiere

In Deutschland muss man neben dem Führerschein auch den Kraftfahrzeugschein (»Zulassung«) mitführen, in manchen Ländern außerdem die (grüne) Versicherungskarte und andere Papiere, die Sie bei Auslandsfahrten auf jeden Fall dabei haben sollten. Aber lassen Sie sie nie im Auto!

Wie Sie Geld sparen können

Für viele Leute bedeutet das Auto neben den Ausgaben für Familie und Haus oder Wohnung den größten Kostenfaktor. Bei näherem Hinsehen kann der jährliche Aufwand für den Wagen (Kraftstoff, Versicherung, Steuer, Inspektionen, Reparaturen, Wertminderung usw.) beängstigend sein. Doch es gibt viele Wege zu sparen oder zumindest unnötige Geldausgaben zu vermeiden.
Hier sind ein paar nützliche Tipps.

Kraftstoff

Mittlerweile bildet der Kraftstoff für die meisten Autofahrer den größten Ausgabenposten. Wir sind es gewohnt, den Tank regelmäßig nachzufüllen; doch haben Sie schon einmal nachgerechnet, was Sie der Kraftstoff in einem Jahr kostet? Darüber sollte man nachdenken, wenn man vorhat, den Wagen zu wechseln.

Je nachdem, wo Sie wohnen, kann markenfreier Kraftstoff billiger sein als Markenbenzin von der Großtankstelle. Daher kann das Tanken beim Einkauf im Supermarkt vorteilhaft sein. Zwar behaupten die großen Ölgesellschaften, dass ihre Kraftstoffe wichtige Additive enthalten, die der »Billigkraftstoff« nicht habe, doch es gibt keine definitiven Nachweise dafür, dass Markenbenzin den höheren Preis rechtfertigt, denn auch das billige Benzin muss die Normen erfüllen, und Sie können damit Ihrem Auto mit Sicherheit nicht schaden.

Was das Auto selbst betrifft

Zuerst gibt es da die Wahl zwischen Benzin- und Dieselmotoren. Letztere sind allgemein sparsamer als Benziner, und heutige Diesel stehen ihnen in den Fahrleistungen durchaus nicht nach.

Zweitens gilt: je kleiner der Wagen, desto kleiner und damit auch wirtschaftlicher kann der Motor sein. Doch selbst wenn Sie unbedingt ein Siebenliter-Turbomonster fahren müssen, gibt es immer noch Möglichkeiten, Betriebskosten einzusparen.

Wartung/Instandhaltung

Ein gut gewartetes Auto wird immer wirtschaftlicher sein als ein vergleichbares in schlechtem Zustand, wobei wir nicht nur vom Motor sprechen. Wenn etwa der Reifendruck zu niedrig ist, erzeugt das mehr Reibung zwischen Reifen und Fahrbahn und erhöht den Verbrauch. (Aber fahren Sie deshalb nicht mit höherem als dem vom Hersteller vorgeschriebenen Luftdruck, um Benzin zu sparen!) Ähnlich wirkt es sich aus, wenn die Bremsen schlecht gewartet sind und dauernd Reibung erzeugen, die wiederum Kraftstoff kostet. So kann mangelnde Wartung Ihres Autos auf lange Sicht teuer werden.

Do-it-yourself-Wartung

Beabsichtigen Sie, am Auto dies und jenes selbst zu machen? Eine Stunde Arbeit in der Werkstatt kostet heute meistens so viel wie eine ganze Tankfüllung! Schon wenn Sie nur die einfacheren Arbeiten wie Öl- und Filterwechsel selber ausführen, können Sie damit Geld sparen. Im Kapitel 8 geben wir Hinweise auf das Prüfen und Umgehen mit Flüssigkeiten und Filtern. Wenn Sie aber noch mehr über »Do-it-yourself« lernen möchten, erkundigen Sie sich doch einmal nach Abendkursen zu diesem Thema.

Fahrstil

Die Fahrweise hat in der Tat den größten Einfluss auf den Verbrauch. Es gilt: Je schonender die Fahrweise, um so sparsamer das Auto. Umgekehrt können Sie feststellen, dass mit dem Durchschnittstempo auch der Verbrauch erheblich ansteigt.

Muß man unbedingt fahren?

Auf kurzen Strecken (weniger als zehn Minuten Fahrt) erreicht der Motor nicht seine normale Betriebstemperatur, und Verbrauch und Verschleiß sind deutlich erhöht. Wenn Sie also nicht weit zur Arbeit haben, wäre es nicht besser, zu Fuß zu gehen oder mit Fahrrad oder Bus zu fahren? Manchmal geht das sogar noch schneller.

Wenn Sie Ihr Auto nicht geschäftlich brauchen, kann ein öffentliches Verkehrsmittel auch bequemer, weniger stressig und letztlich billiger sein als der Wagen.

Versicherungen

Es lohnt sich, die Prämien der verschiedenen Gesellschaften zu vergleichen (aber achten Sie auf gleiche Bedingungen!). Häufig können Sie durch höhere Selbstbeteiligung die Beiträge deutlich senken. Das heißt, dass Sie im Schadensfall einen höheren Anteil selbst zahlen müssen, dafür aber auf niedrigere Jahresprämien kommen.

Einsparen kann man eventuell auch bei der Kaskoversicherung durch niedrigere Deckungssummen, z.B. wenn man einen älteren Wagen fährt und befürchten muss, dass unerfahrene Unfallfahrer die Prämienhöhe unverhältnismäßig nach oben treiben. Viele Versicherer gewähren Rabatte, wenn Sie einem Automobilklub angehören, besondere Sicherheitsvorkehrungen am Auto haben, wenige Kilometer pro Jahr fahren usw. (siehe auch Kapitel 16).

Weitere Faktoren

Der Verbrauch wird auch durch andere Faktoren bestimmt, selbst ohne Änderung der Fahrweise:

- Verkehrsstaus
- schwere Lasten im oder hinter dem Wagen
- Dachgepäckträger, die auch leer den Luftwiderstand erhöhen
- häufige Kurzstrecken, auf denen der Motor nicht warm wird
- lange Strecken bei starkem Gegenwind
- längere Bergauf- und Bergabstrecken
- ungewöhnlich heißes oder kaltes Wetter

Wertverlust

Erst wenn Sie Ihr Auto verkaufen oder beim Neukauf in Zahlung geben wollen, stellen Sie fest, wie viel weniger wert es geworden ist seit dem Tag, da Sie es kauften. Der größte Wertverlust beim Neuwagen findet auf jeden Fall im ersten Jahr nach dem Kauf statt. Wenn Sie einen »Jahreswagen« von einem seriösen Händler erwerben, gibt es für das Auto eine ähnliche Garantie wie für den Neuwagen, doch die Wertminderung des ersten Jahres hat jemand anders Ihnen abgenommen.

Natürlich hat die Kilometerleistung großen Einfluss auf den Wiederverkaufswert, doch an Ihrer jährlichen Fahrtstrecke werden Sie wenig ändern können. Neben dem Kilometerstand gibt es hier noch zwei wesentliche Punkte: den Zustand und das ausgefüllte Serviceheft.

Die zehn besten Spartipps

1. **Kaufen Sie keinen Neuwagen; besser einen Jahres- oder Vorführwagen**
2. **Vor dem Kauf die Kosten von Versicherung, Instandhaltung und Kraftstoff checken**
3. **Günstigste Versicherung ausfindig machen**
4. **Schonend fahren, das bedeutet geringere Benzinkosten und weniger Stress**
5. **Zeiten hoher Staugefahr vermeiden, im Stau Motor abstellen**
6. **Reifendruck regelmäßig prüfen; zu wenig Luft erhöht den Verbrauch**
7. **Ganz kurze Strecken ohne Auto zurücklegen**
8. **Tanken an Billigtankstellen spart Kosten**
9. **Wenigstens einige einfache Wartungsarbeiten selbst ausführen**
10. **Vorschriften beachten und möglichst keine »Knöllchen« einfangen!**

Bußgelder

Zu schnelles Fahren und selbst falsches Parken können eine ganze Menge Geld kosten, aber wer Vorschriften missachtet, muss nun einmal dafür berappen.

Sicherung gegen Einbruch und Diebstahl

Heute tun die Hersteller weit mehr für die Sicherheit, und viele Autos haben serienmäßig – abgesehen von der hier gesetzlich vorgeschriebenen Wegfahrsperre -Windschutzscheiben mit eingeätzten Fahrgestellnummern, Alarmanlagen, Radio-Diebstahlsicherungen usw. Sie können aber noch mehr tun, um Kriminellen das Leben schwer zu machen. Einiges davon erscheint ganz selbstverständlich, aber es steht fest, dass die meisten Einbrüche und Autodiebstähle in kürzester Zeit und nahezu gewaltlos vor sich gehen

Stets das Auto verschließen – auch in Ihrer Garage, auf der Einfahrt zu Hause und beim Bezahlen im Kiosk an der Tankstelle nach dem Tanken. Wenn Sie eine elektronische Diebstahlsicherung am Auto haben, stellen Sie sicher, dass sie beim Abschließen aktiviert ist. Vergessen Sie nicht, den Tankverschluss zu sichern und verschließen Sie die Garage, wenn das Auto drin steht. Versicherungen zahlen Einbruch- und Diebstahlschäden oft nicht, wenn das Auto nicht ausreichend gesichert war.

Antenne beim Parken einziehen – oder statt der metallenen Teleskopantenne eine weniger empfindliche Gummiantenne einbauen lassen.

Radio/Musikanlagen im Auto schützen – durch Aktivieren der heute zumeist eingebauten Diebstahlsicherungen (Sicherheits-Code, abnehmbare Bedienleiste).

Wegfahrsperre nachträglich einbauen – bei Autos, die noch keine besitzen. Ihre Elektronik verhindert das unbefugte Anlassen des Motors. Auch mechanische Vorrichtungen, die Lenkrad und Pedal oder Schalthebel blockieren, können als wirksame, sichtbare Sicherung eingebaut werden.

Wertgegenstände nicht sichtbar liegen lassen – lieber im Kofferraum einschließen, wenn Sie sie nicht mitnehmen können. Auf keinen Fall im Handschuhfach deponieren. Autopapiere lässt man sowieso nie im Wagen!

Fenster und Schiebedach schließen – denn sonst erleichtert man Dieben die Arbeit. Bei offenem Fenster lässt sich eine Tür noch wesentlich schneller öffnen.

Teure Leichtmetallräder am Wagen mit entsprechenden Radschlössern sichern. Sie lassen sich leicht verkaufen und sind daher bei Dieben sehr beliebt.

Alarmanlage einbauen – obschon die besten Anlagen recht teuer sind. Aber sie schrecken Diebe und Einbrecher ab. Oft sind sie mit Wegfahrsperren kombiniert; es gibt auch Systeme, die es der Polizei ermöglichen, den gestohlenen Wagen aufzuspüren und zu verfolgen. Wenn eine Alarmanlage eingebaut ist, sollte sie natürlich auch eingeschaltet werden, selbst wenn Sie das Auto nur wenige Minuten allein lassen.

Auto möglichst sichtbar parken – am besten auf einem bewachten oder doch gut einsehbaren Parkplatz. Suchen Sie bei Dunkelheit einen möglichst gut beleuchteten Parkplatz (z.B. unter einer Laterne).

Stets Zündschlüssel abziehen – auch in der Garage oder auf der Einfahrt zu Hause.

Lassen Sie das Kennzeichen oder die Fahrgestellnummer ins Fensterglas einätzen. Das hilft Ihr Auto wiederzuerkennen, wenn es gestohlen wurde und die Diebe versuchen, seine Identität zu ändern. Auch gläserne Sonnendächer und Scheinwerfergläser kann man so sichern; der Aufwand dürfte aber in vielen Fällen kaum lohnen. Das Einätzen führen viele Werkstätten und Glasspezialisten aus.

Kinder im Auto

Die meisten Eltern gurten ihre Kinder im Kindersitz an und glauben, damit alles zu deren Schutz getan zu haben. Leider werden jedoch kleine Kinder oft auf Sitzen transportiert, die unsachgemäß eingebaut oder fehlerhaft angewendet und damit zu einer potenziellen Gefahr für sie werden, wenn doch einmal ein Unfall passiert.

Niemals den Kindern erlauben, im Auto unangegurtet mitzufahren, auch nicht auf einer sehr kurzen Strecke.

Niemals ein Kind auf dem Schoß oder auf dem Arm eines Erwachsenen mitfahren lassen; Sie mögen denken, es wäre in Ihren Armen sicherer, aber das stimmt nicht.

Niemals darauf vertrauen, dass ein größeres Kind mit dem Gurt für Erwachsene auf dem normalen Sitz sicher angeschnallt ist. Das trifft nur zu, wenn man zusätzlich ein geprüftes Polster benutzt.

Stets die Kleinkinder in einem eigens dafür konstruierten Kindersitz angurten. Generell gilt: Kinder unter zwölf Jahren (beziehungsweise einer Körpergröße unter 1,50 Meter) müssen mit geeigneten Rückhaltesystemen gesichert werden; die korrekte Gurtführung ist dabei entscheidend.

Auswahl des Kindersitzes

Wenn der Hersteller eine Altersgruppe angibt, so ist das gewöhnlich nur ein grober Richtwert. Ausschlaggebend ist das Gewicht des Kindes – für ein Kleinkind, das kleiner als der Durchschnitt ist, ist der Sitz länger geeignet als für ein gleichaltriges schwereres Kind.

Der erste Kontakt Ihres Babys zur Außenwelt ist zumeist die Fahrt von der Klinik nach Hause; sorgen Sie deshalb dafür, dass der richtige Sitz für das Baby schon da ist, bevor es geboren wird. Diese ersten Auto-Babysitze sind leicht und mit Tragegriffen versehen, so dass Sie Ihr schlafendes Kind transportieren können, ohne dass es aufwacht.

Alle Sitze für Babys bis zu etwa 9 Kilogramm sind so gebaut, dass das Kind nach rückwärts schaut. Das kann beim Frontalaufprall sicherer sein, weil sein Rücken von der Schale unterstützt und es nicht allein von den Gurten gehalten wird. Nach vorn gerichtete Sitze für Kinder, die schon allein sitzen können, nutzen normalerweise die Dreipunktgurte des Autos, um Sitz und Kind zu halten. Achten Sie darauf, dass diese korrekt fixiert sind und der Gurt nicht verrutschen oder sich lockern kann.

Wählen Sie am besten einen Kindersitz mit leicht einstellbaren »Hosenträgergurten«. Das bietet dem Kind bei jeder Fahrt größtmögliche Sicherheit und hilft Ihnen außerdem, ein strampelndes Kleinkind leichter in und aus dem Sitz zu heben. Inzwischen bieten auch immer mehr Automobilhersteller ab Werk ganz spezielle, auf den Wagentyp zugeschnittene Kindersitzsysteme an. Ihr Nachteil: Sie sind vergleichsweise teuer und passen bei einem Fahrzeugwechsel eventuell nicht mehr.

WARNUNG
Stellen Sie nie einen Kindersitz auf den Vordersitz, wenn Ihr Auto einen Beifahrer-Airbag hat. Beim Auslösen des Airbags könnte das Kind schwere Verletzungen erleiden.

Übelkeit

Als Fahrer können Sie mit einer schonenden Fahrweise viel für dafür tun, dass Ihre Fahrgäste sich wohlfühlen. Bei stickiger Luft im Wagen eventuell Heizung herunterstellen und durch ein Fenster oder das Schiebedach für frische Luft sorgen.

Gegen Reisekrankheit und Übelkeit gibt es diverse Medikamente, doch lesen Sie zuerst die Beipackzettel. Wollen Sie dem Kleinkind ein Medikament gegen die Reisekrankheit geben, tun Sie das nicht, ohne zuvor einen Arzt zu konsultieren. Und vor allem: Beachten Sie die angegebene Dosierung!

Ein Kind »bei Laune halten«

Eigentlich eine Selbstverständlichkeit: Bei der Fahrt im Auto wollen kleine Kinder beschäftigt und »bei Laune gehalten« werden. Nehmen Sie genügend Spielzeug mit, machen Sie viele Pausen und lassen dabei die Kinder, sofern ohne Gefahr möglich, herumtoben

Schwere Lasten befördern

Hin und wieder werden Sie mit Ihrem Wagen eine schwere oder ungewöhnliche Last transportieren müssen. Aber überlegen Sie auch, ob die Ware nicht angeliefert werden oder Sie sich eventuell einen Kleinlaster mieten könnten. Wenn nicht, kann man vielleicht mehrmals fahren?

Dachgepäckträger

Manche Dachträger werden als »universell« angepriesen, andere sind auf ein ganz bestimmtes Modell zugeschnitten. An einigen Modellen haben Sie gar keine andere Wahl als den vom Hersteller vorgesehenen Dachträger zu verwenden.

Viele Autohersteller liefern komplette Transportsysteme mit Dachreling und dazu passenden Gepäckkästen, Fahrradträgern usw. Oder Sie können die Dachreling als universelles Zubehör bestellen, zusammen mit passenden Montageteilen für Ihren speziellen Wagentyp. Das heißt, daß Sie auch beim Wagenwechsel das Ganze weiter verwenden können und dann nur einen anderen Satz Adapter benötigen.

Reling und Dachträger
Hier ist die Reling fest in Schienen entlang des Daches montiert. Es gibt dafür verstellbare Querträger, die leicht an der Reling befestigt werden können.

Gepäckboxen
Es gibt sie in verschiedenen Größen. Ihre aerodynamische Form hilft den Luftwiderstand gering zu halten. Gewöhnlich sind sie abschließbar.

Skibehälter
Darin lassen sich die verschiedenen Sportgeräte mit unhandlichen Formen und Abmessungen gut transportieren.

Fahrraddachträger
Als Alternative zum Träger am Wagenheck ist der Dachträger eine gute Lösung, um Fahrräder zu transportieren.

Benutzung eines Dachgepäckträgers

Stellen Sie zuerst sicher, dass der Gepäckträger richtig auf dem Auto montiert ist.

Als nächstes geht es darum, die Ladung auf dem Träger vernünftig zu verteilen. Üblicherweise finden Sie die zulässige Dachlast in der Betriebsanleitung des Wagens. Überschreiten Sie diese nicht!

Schon ein leerer Dachgepäckträger kann den Verbrauch um 10% erhöhen, und wenn Sie ihn ohne Überlegung beladen, kann das noch weit mehr werden. Sie sollten deshalb den geringst möglichen Luftwiderstand anstreben.

Vor dem Beladen breiten Sie eine große Plastikfolie oder Plane über den Dachgepäckträger, groß genug, um die Ladung komplett darin einzupacken.

Beladen Sie den Dachgepäckträger so, dass die größeren Stücke hinten und die kleineren vorn liegen.

Decken Sie nun die Ladung mit der Folie oder Plane so ab, dass der Fahrtwind sich nicht im Überhang verfangen kann. Dann verzurren Sie die Ladung mit passenden Gurten (am besten mit selbstsperrendem Schloss), mit Seilen oder noch besser mit den handelsüblichen elastischen Gepäckspinnen.

Sorgen Sie dafür, dass die ganze Dachladung sicher nach allen Richtungen verzurrt ist und benutzen Sie im Zweifel weitere Gummiseile. Denken Sie daran, dass sich die Ladung weder in Längs- noch in Querrichtung verschieben darf.

Wenn Sie losfahren, halten Sie nach ein paar Kilometern an und überzeugen Sie sich, dass sich durch Erschütterung und Fahrtwind nichts verschoben oder gelöst hat.

Transport langer Gegenstände

Wenn Sie ungewöhnlich lange Gegenstände befördern müssen, ist dafür der beste Platz auf dem Dachgepäckträger, wobei natürlich die Last sicher verzurrt sein muss und sich nicht nach vorn und hinten verschieben darf.

Wenn Sie die Ladung nicht auf dem Dach transportieren können, klappen Sie die Rücksitze nach vorn (wenn möglich) und schieben die Gegenstände neben den Beifahrersitz, der sich oft umklappen lässt, um mehr Platz für die Ladung zu gewinnen. Achten Sie darauf, dass die Ladung sicher liegt und den Fahrer nicht stören kann. Wenn sich die Heck- oder Kofferraumklappe nicht schließen lässt, binden Sie sie so weit wie möglich herunter, so dass Kennzeichen und Rückleuchten von hinten noch sichtbar sind.

Bei Autos mit Schiebedach kann man häufig Leitern oder lange Gegenstände durch die Dachöffnung schieben. Achten Sie darauf, dass sich diese Gegenstände in Kurven nicht nach der Fahrerseite hin verschieben können. *Auf keinen Fall* dürfen Sie die langen Stücke durch das offene vordere Fenster schieben, so dass sie schräg nach vorn herausragen.

WARNUNG
Alle um mehr als 30 cm über den Stoßfänger Ihres Fahrzeugs hinausragenden Gegenstände müssen Sie mit einer gut sichtbaren roten Fahne absichern.

Sicherheit

Bevor Sie Ihr Fahrzeug beladen, sollten Sie sich über Sicherheits- und andere gesetzliche Vorschriften informieren.

BELADEN Sie den Wagen sachgemäß. Wie oft begegnen uns Autos von Touristen so schwer beladen, dass die Federn hinten auf Anschlag liegen und die Scheinwerfer in den Himmel schauen. Wenn die Federung nicht mehr arbeiten kann, ist das sehr gefährlich und schadet womöglich auch dem Fahrwerk des Wagens. Ihre Scheinwerfer sollten auch bei extremer Beladung noch richtig eingestellt sein.

ÜBERSCHREITEN Sie nie das zulässige Gesamtgewicht Ihres Autos. Die Angabe finden Sie in der Zulassung oder in der Betriebsanleitung.

ACHTEN Sie darauf, dass die Ladung Ihnen nicht die Sicht beeinträchtigt. Wenn die Heckscheibe verdeckt ist, müssen die Außenspiegel unbedingt so eingestellt werden, dass Sie gute Sicht nach hinten haben. Auf keinen Fall darf irgendetwas vor der Windschutzscheibe herunterhängen.

ERHÖHEN Sie den Reifendruck, wenn Sie Schweres transportieren; im Handbuch stehen Einzelheiten darüber. Pumpen Sie ggf. die Reifen auf die für »volle Zuladung« angegebenen Werte auf.

SORGEN Sie dafür, dass hintere Beleuchtung und Nummernschild sichtbar bleiben. Es ist sonst nicht nur gefährlich, sondern auch strafbar.

Fahrradträger

Im Handel gibt es eine ganze Reihe verschiedener Tragsysteme für das Mitführen von Fahrrädern. Welches davon Sie bevorzugen, liegt allein bei Ihnen. Doch wenn Sie ein am Heck montiertes System wählen, bleibt Ihnen noch Platz für Dachlasten.

Wenn Sie ein Fahrrad am Heck befördern, muss auf jeden Fall das Kennzeichen noch lesbar und müssen auch alle hinteren Leuchten gut sichtbar bleiben. Deshalb müssen Sie vermutlich ein zusätzliches Nummernschild kaufen und außerdem einen kompletten Satz Heckleuchten montieren (aber aufpassen, dass sie richtig verkabelt sind!). In der Regel erfordern solche Systeme auch das Vorhandensein einer Anhängerkupplung, sind aber universell einsetzbar, so dass bei einem Fahrzeugwechsel der Träger weiterhin verwendet werden kann.

Anhängerbetrieb

Wenn Sie zum ersten Mal einen Anhänger ziehen, sind da ein paar Punkte zu beachten. Zuerst einmal müssen Sie sicherstellen, dass die Anhängervorrichtung alle Sicherheitsanforderungen erfüllt. Achtung, die Kupplung muss in den Papieren eingetragen werden.

Sie müssen sodann alle einschlägigen Vorschriften für den Hängerbetrieb kennen, insbesondere wenn Sie ins Ausland fahren wollen. Dazu zählen vor allem auch zulässige Höchstgeschwindigkeiten. In einigen Ländern wird eine zusätzliche Kontrollleuchte im Auto verlangt, die sicherstellt, dass die Blinker am Anhänger funktionieren.

Tipps zum Fahren mit Anhänger

VERMEIDEN SIE DAS FAHREN MIT UNBELADENEM ZUGWAGEN UND BELADENEM HÄNGER – sehr große Unterschiede in den Achslasten machen das Auto instabil.

FAHREN SIE ANGEMESSENES TEMPO! – Fuß vom Gas bei schlechtem Wetter und Seitenwind, besonders auf Bergabstrecken! Sobald sich die geringsten Anzeichen für Schlingerbewegungen zeigen, vorsichtig das Tempo verringern, nicht beschleunigen oder scharf abbremsen!

IMMER RECHTZEITIG BREMSEN – bei Anhängern mit eigener Bremsanlage zuerst behutsam, dann stärker abbremsen. Damit vermeiden Sie, dass die Räder des Anhängers blockieren. Wenn Ihr Wagen Schaltgetriebe hat, schalten Sie vor dem Gefälle zurück und nutzen Sie die Bremswirkung des Motors. Bei einer Automatik gehen Sie auf Stellung 2 oder gar 1 (bei starkem Gefälle) herunter.

FAHREN SIE IM ÜBRIGEN NICHT UNNÖTIG IN DEN UNTEREN GÄNGEN – bleiben Sie im größtmöglichen Gang, um die Drehzahl niedrig zu halten, aber lassen Sie den Motor auch nicht »würgen«. So schützen Sie den Motor vor Überhitzung.

KÖNNEN SIE MIT ANHÄNGER RÜCKWÄRTS FAHREN? – Das ist eine ganz verzwickte Sache, wenn man's noch nie gemacht hat. Die Automobilklubs bieten oft Gespannkurse an, bei denen das Fahren mit Hänger geübt werden kann.

Vor der Fahrt

Verkraftet Ihr Wagen die zusätzliche Belastung? – ist das Auto von seiner Größe her und sind vor allem Motor, Bremsen, Reifen und Fahrwerk für den Hängerbetrieb geeignet?

Höchstgewichte und Belastungen dürfen nicht überschritten werden (mit/ohne Bremse am Anhänger) – schauen Sie dazu in Ihre Betriebsanleitung.

Achten Sie auf einwandfreie Sicht am (Wohn-)Anhänger vorbei – in den meisten Fällen ist es nötig, möglich und vorgeschrieben, Zusatz-Außenspiegel anzubringen.

Prüfen Sie überall den Reifendruck – außer wenn es sich um einen leichten, unbeladenen Anhänger handelt, müssen Sie den Reifendruck des Zugwagens (nach Handbuch) auf den Wert für »voll beladen« erhöhen. Prüfen Sie auch den Reifendruck am Anhänger!

Beachten Sie, dass die Scheinwerfer richtig eingestellt sein müssen – lassen Sie bei angekoppeltem Hänger (der das Wagenheck herunterzieht) die Einstellung prüfen! Viele Autos haben heute eine Stellmöglichkeit an der Schalttafel.

Prüfen Sie das Funktionieren der Anhängerbeleuchtung nach dem Ankoppeln – oft gehen die Blinker durch die zusätzliche Belastung zu langsam und erfordern einen leistungsfähigeren Blinkgeber.

Achten Sie besonders auf die richtige Lastverteilung im Anhänger/Wohnanhänger – beachten Sie dazu die Empfehlungen des Herstellers. Allgemein gilt: die schwersten Gegenstände möglichst nahe der Achse des Hängers. Verzurren Sie schwere Gegenstände so, dass sie sich nicht verschieben können. Der Autohersteller gibt gewöhnlich die optimale Aufliegelast am Heck des Zugwagens an. Wenn nötig, verlagern Sie die Last im Anhänger so, dass dieser Wert möglichst eingehalten, auf keinen Fall aber wesentlich überschritten wird.

Motor – Riskieren Sie nicht, den Motor durch zu hohe Anhängelasten zu überfordern. Beim Anhängerbetrieb kann sich herausstellen, dass die Motorkühlung nicht mehr ausreicht. Für diesen Fall wäre der Einbau entsprechend leistungsfähigerer Bauteile (größerer Kühler u.a.) ratsam.

Fahrwerk – Der Anhängerbetrieb beansprucht die Radaufhängungen des Zugwagens zusätzlich und kann auch das Fahrverhalten deutlich verschlechtern. Für diesen Fall sind für viele Modelle verstärkte hintere Federn und Achsbauteile im Handel.

Zubehör

Der Einbau von Zubehör erlaubt es Ihnen, das Auto auf Ihre individuellen Bedürfnisse auszustatten und ihm damit den persönlichen »Touch« zu verleihen. Es gibt ungeheuer viel Zubehör, und der Handel floriert.

Wo man das Zubehör kauft

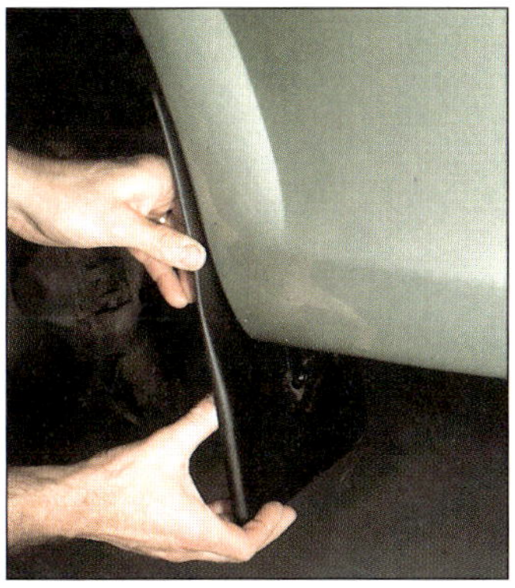

Die Hersteller bieten zumeist eine ganze Liste von »Extras« an, die schier alles enthält, was man sich nur wünschen kann. Vielfach sind solche Extras genau für Ihr Modell konstruiert; so passen die maßgeschneiderten Fußmatten ganz genau und weisen oft auch das Markenlogo auf. Allerdings hat solcher Luxus auch seinen Preis, und Sie werden feststellen, dass Sie qualitativ gutes Zubehör mitunter günstiger im freien Zubehörhandel bekommen als etwa beim Vertragshändler. Die in seriösen Geschäften angebotenen Gegenstände sind aber gewöhnlich von gleicher Qualität – Sie haben also die freie Wahl.

Natürlich können Sie auch versuchen, begehrtes Zubehör aus »Zweiter Hand« zu kaufen. Ratsam ist das allerdings weniger – und vor allem nur bei Zubehör, das keinen TÜV-Eintrag benötigt. Wenn es denn doch so etwas sein soll: Nichts ohne die entsprechenden Papiere kaufen. Überdies gilt: Elektrische Komponenten aus Privathand zu erstehen ist weniger ratsam, denn ihr Zustand lässt sich nur schwer beurteilen. In der Regel ist der Gang zum Autoverwerter die bessere Alternative. Da besteht zumindest die Möglichkeit, zu reklamieren, wenn etwas nicht funktioniert.

Das richtige Zubehör kaufen

Wenn Sie den Kauf von Zubehör beabsichtigen, das spezifisch für Ihr Automodell geeignet sein muss, etwa wie Dachgepäckträger oder Anhängerkupplung, sollten Sie sich im Vorfeld entsprechend informieren und dann, bei der Bestellung, auch alle erforderlichen Angaben parat halten.

Bei manchem Zubehör ist unbedingt fachmännische Montage zu empfehlen. Der Einbau von Autotelefonen oder Alarmanlagen ist kompliziert und verlangt tiefere Eingriffe in die Elektrik. Wer es sich zutraut, kann da viel Geld sparen. Sicherer, allerdings auch erheblich teurer, ist der Einbau durch Fachleute. Die müssen dann nämlich dafür auch gerade stehen und Garantie leisten.

Wenn Sie beabsichtigen, Serienteile des Wagens auszuwechseln (z.B. das Lenkrad oder die Felgen), bewahren Sie die alten Teile auf, um sie beim Verkauf des Autos wieder einbauen zu können. Die Sonderteile (z.B. teure Felgen) können Sie dann für Ihr nächstes Auto aufheben oder getrennt verkaufen.

Allerdings ist auch hier zu beachten, dass die gesetzlichen Bestimmungen nicht verletzt werden dürfen. Ein in den Papieren eingetragenes Zubehörteil darf nicht einfach wieder entfernt werden, und wenn doch, muss auch diese Rückrüstung wieder vom TÜV begutachtet und in den Papieren vermerkt werden.

Garantie/Gewährleistung

Wenn Ihr Auto noch vergleichsweise neu ist, sollten Sie alles vermeiden, was Ihren Garantieansprüchen schaden kann. Generell gilt: Keine Inspektionen versäumen, keine eigenhändigen Reparatur- oder Tuningversuche unternehmen! So etwas besser bei der Fachwerkstatt erledigen lassen, denn die müssen dann auch die Gewährleistung übernehmen

Versicherungen

Vergessen Sie nach dem Einbau kostspieligen Zubehörs (etwa Musikanlagen oder Leichtmetallräder) nicht, Ihre Versicherung darüber zu informieren. Wollen Sie Ihr Auto äußerlich durch einen Karosserie-Kit, durch Spoiler etc. verschönern, beachten Sie bitte, dass das Auswirkungen auf die Versicherungsbedingungen haben kann: Für ein Auto mit wesentlich verändertem Äußeren verlangen manche Versicherungen mitunter höhere Prämien. Veränderungen am Auto zu verschweigen ist allerdings auch keine gute Idee. Übrigens gilt auch hier: Größere Eingriff in die Fahrzeugsubstanz sind eine Sache, die den TÜV angehen könnten, etwa der Einbau eine Sportfahrwerks. Bei allen Modifikationen sollte man sich aber bewusst sein, dass deren Kosten sich beim Wiederverkauf kaum mehr amortisieren lassen. Mehr noch: Je nach Ausführung kann das den Wiederkaufswert des Wagens erheblich schmälern.

Wintervorbereitungen

Der Winter bringt auch Ihrem Auto zusätzliche Beanspruchungen. Bislang versteckte kleinere Mängel treten nun eher zu Tage und werden in Eis und Schnee eventuell zu größeren Problemen. So erfordert das Anlassen in der Kälte mehr Strom, und auch Heizung und Scheibenenteisung werden häufiger benutzt – alles auf Kosten der Batterie (deren Kapazität bei Kälte ohnehin nachlässt).

Fahren unter winterlichen Bedingungen

Sorgen Sie für die passende Ausrüstung, wenn Sie vorhaben, in Eis und Schnee oder bei großer Kälte zu fahren. Im Winter kann sich das Wetter sehr rasch verschlechtern, deshalb seien Sie auch dann, wenn es zunächst gut aussah, auf Schlimmeres vorbereitet.

Wenn die Straßen glatt sind, fahren Sie langsam, behutsam und schonend – und das gilt für das Beschleunigen ebenso wie für das Lenken und Bremsen.

Hinterlassen Sie Ihr Fahrtziel – welche Route Sie nehmen und wann Sie vermutlich am Zielort ankommen.

Sorgen Sie für einen vollen Tank – das erlaubt Ihnen, den Motor im Stau oder bei längerem Stillstand laufen zu lassen, um den Wagen zu heizen, ohne einen leeren Tank befürchten zu müssen.

Führen Sie warme Kleidung und Decken mit – um bei längerem Aufenthalt nicht frieren zu müssen. Eine Tafel Schokolade sollte vielleicht auch an Bord sein.

Nehmen Sie Enteisungsspray mit – und dazu Eiskratzer, Starthilfekabel und Abschleppseil.

Alte Säcke oder Teppichbodenstücke – können nützlich sein, um sie unter durchdrehende Antriebsräder zu legen, damit die Reifen wieder greifen.

Packen Sie eine Schaufel ein – manchmal muss man sein Auto aus dem Schnee herausgraben.

Winterreifen und eventuell Schneeketten – sind in bergigen Gegenden im Winter auf manchen (oder allen) Straßen und Pässen vorgeschrieben. Ebenso zwingend vorgeschrieben kann aber sein, die Ketten wieder abzunehmen, sobald die Straßen schnee- und eisfrei sind (das gilt in den höheren Alpenlagen die ganze Wintersaison über).

Vor Wintereinbruch durchchecken

KÜHLFLÜSSIGKEIT PRÜFEN
Wenn das Kühlmittel (Frostschutz und Wasser) einfriert, kann Sie das den Motor kosten. Sie können die Frostbeständigkeit des Kühlmittels in der Werkstatt oder auch selbst prüfen (das Gerät gibt es preiswert im Handel, siehe auch Kapitel 8). Nur im Notfall dürfen Sie Ihr Kühlsystem mit reinem Wasser füllen – auch im Sommer nicht. Denn außer dem Kälteschutz sorgt das spezielle Kühlmittel für Rostschutz im Motor.

BATTERIE PRÜFEN
Eine leere Batterie ist im Winter das häufigste auftretende Problem. Kontrollieren Sie den Zustand der Batterie, reinigen Sie die Anschlüsse und achten Sie auf deren festen Sitz. Gibt es Anzeichen dafür, dass die Batterie nicht mehr lange leben wird, ersetzen Sie sie vor dem Wintereinbruch. Lesen Sie im Kapitel 14 alles über das Prüfen, Aufladen und den Kauf einer neuen Batterie.

SCHEIBENWISCH- UND -WASCHANLAGE PRÜFEN
Im Winter brauchen Sie sie wesentlich häufiger als sonst. Achten Sie darauf, dass die Wischerblätter in Ordnung sind (neue sind nicht sehr teuer, also lohnt es sich, die alten zu ersetzen). Prüfen Sie die Waschanlage für Windschutzscheibe und ggf. für Heckscheibe und Scheinwerfer. Die Düsen sollen frei sein und nicht über das Dach oder auf die Haube spritzen. In Kapitel 13 finden Sie alles über Scheiben, Scheibenwischer und Spiegel. Füllen Sie den Behälter der Waschanlage immer voll – siehe auch Kapitel 8 hierzu.

KÜHLWASSERSCHLÄUCHE PRÜFEN
Kontrollieren Sie die Schläuche auf Schäden und Leckstellen und erneuern Sie schadhafte Schläuche. Lesen Sie dazu Details im Kapitel 10.

ANTRIEBSRIEMEN PRÜFEN
Kontrollieren Sie den Antriebsriemen für den Generator und seine Vorspannung nach den Angaben in Kapitel 9.

FLÜSSIGKEITEN UND FILTER PRÜFEN
Ergänzen oder ersetzen Sie die diversen Öle und Flüssigkeiten (Fluids), wenn nötig. Sie lesen darüber in Kapitel 8.

BELEUCHTUNG UND BLINKANLAGE PRÜFEN
Stellen Sie sicher, dass die Beleuchtung funktioniert, und ersetzen Sie schadhafte Glühlampen gemäß Kapitel 14.

Ferienfahrten vorbereiten

Wenn Sie mit dem Auto in Urlaub fahren wollen, möchten Sie eine angenehme Fahrt haben. Bevor Sie losfahren, führen Sie deshalb am besten alle Kontrollen durch, die wir bei den Wintervorbereitungen empfehlen. Damit verringern Sie das Risiko unerwarteter Pannen unterwegs erheblich. Sorgen Sie dafür, dass Sie alles bei sich haben, was Ihnen bei Problemen helfen kann – insbesondere im Ausland. Sie finden Hinweise dazu auf Seite 5.

Überladen Sie nicht Ihr Auto. Beim Beladen denken Sie daran, dass alles, was Sie unterwegs brauchen könnten (auch das Werkzeug), leicht erreichbar sein muss.

Auslandsreisen

Versicherungen

Informieren Sie sich über gesetzliche Haftpflichtvorschriften in den Ländern, die Sie berühren. In manchen Ländern der EU und vor allem auch Nicht-EU-Ländern gilt unter Umständen im Schadensfall anstelle Ihrer (erhöhten oder unbegrenzten) vertraglichen Deckung nur die gesetzliche Mindestdeckung. Lassen Sie sich von Ihrer Versicherung auf jeden Fall die »Grüne Versicherungskarte« aushändigen.

Vergewissern Sie sich, dass Ihre Krankenversicherung im Ausland bei Krankheit oder Unfall alle Arzt- und Krankenhauskosten übernimmt. Eine Reiseversicherung deckt im allgemeinen alle Verluste, die Ihnen durch Unfall, Krankheit usw. im Ausland entstehen können. Auch Ihr Gepäck wird dabei gegen Diebstahl, Beschädigung usw. versichert. Lesen Sie auf jeden Fall das Kleingedruckte, damit Sie keine Überraschungen erleben.

Auch die Automobilklubs bieten für die Auslandsreise Schutzbriefe an, die viele Fälle von Autopannen, Unfällen u.ä. abdecken und die Rückbeförderung von Autos und Personen absichern.

Verkehrsvorschriften

Ebenso wichtig ist es, die Verkehrsregeln und -vorschriften des Gastlandes zu kennen; vielerorts drohen bei Verstößen recht fühlbare Bußgelder. Eventuell verlangt das Gastland auch, dass Sie bestimmte Sicherheitsausrüstung bei sich haben – außer dem bei uns vorgeschriebenen Warndreieck und dem Verbandskasten womöglich auch Ersatz-Glühlampen und ähnliches.

Natürlich sollten Sie auch die zulässigen Höchstgeschwindigkeiten kennen, die in den von Ihnen besuchten Ländern gelten. Beachten Sie die geltenden Alkoholbestimmungen – manche Länder erlauben absolut keinen Alkohol am Lenkrad.

Kraftstoffe

Art und Qualität der Kraftstoffe wechselt von einem Land zum anderen. Nach den geltenden Normen werden üblicherweise aber für Benzin »Oktanzahlen« und DIN-Norm an der Tanksäule angegeben, so dass es nicht schwer fallen sollte, den für Ihren Motor geeigneten Kraftstoff herauszufinden.

Papiere

Stets sollten Sie Pass bzw. Personalausweis, Führerschein, Kraftfahrzeugschein und möglichst die Grüne Versicherungskarte (und ggf. Klub- und Versicherungsunterlagen) bei sich haben.

Achten Sie darauf, dass alle Dokumente noch gültig sind und die Termine für TÜV-/AU-Plaketten sowie Versicherung und Kfz.-Steuer während des Urlaubs nicht überzogen werden.

Stellen Sie vor Abreise fest, ob die besuchten Länder eventuell spezielle Dokumente verlangen. Gemeint sind Visa, Internationaler Führerschein, Autobahn-Vignetten und ähnliches.

Vorausplanen

Es ist vorteilhaft, die Reiseroute vor Fahrtantritt zu planen und gute Straßenkarten mitzunehmen. Man bekommt viele verschiedene Kartenwerke, und auch die Automobilklubs versorgen Sie mit ausgezeichneten Routenplänen unentgeltlich oder gegen eine kleine Gebühr. Sie erfahren auch, in welchen Ländern Maut- oder Straßengebühren erhoben werden. Wenn es sich um lange Fahrten handelt, planen Sie auch Zeit für Verkehrsstaus ein und machen Sie auf jeden Fall Pausen – empfohlen werden Abstände von zwei Stunden, in jedem Fall aber wenn Sie spüren, dass Sie müde werden. Auf längeren Strecken mit Kindern dafür Sorge tragen, dass es ihnen nicht langweilig wird.

Sicherheit

Verkehrsunfälle fordern Jahr für Jahr Tausende von Menschenleben. Der schicksalhafte Unfall, unvermeidlich und von niemandem verschuldet, ist äußerst selten. Die meisten Unfälle werden von Beteiligten verursacht. Junge Führerscheinbesitzer erleiden prozentual mehr Unfälle als ältere, und zwar weil bei ihnen Unerfahrenheit und Selbstüberschätzung zusammenkommen. Deshalb sind ihre Versicherungsprämien auch besonders hoch.

Das Arbeiten am Auto ist bei weitem nicht so gefährlich wie das Fahren, aber es kann riskant sein, wenn man bestimmte Dinge außer Acht lässt. Dieses Kapitel will die entsprechenden Sicherheitsaspekte herausarbeiten und die Sinne für das Erkennen möglicher Gefahren schärfen.

Sicherheit während der Fahrt

Heutzutage legen Gesetzgeber und Autohersteller großen Wert auf Sicherheit. Viele jüngere Modelle verfügen über Airbags für Fahrer und Beifahrer und zusätzlich gegen seitlichen Aufprall, ferner Flankenschutz in den Türen und Gurtstraffer, doch es ist immer noch in erster Linie Sache des Fahrers, Unfälle zu vermeiden.

Sie können das Risiko, an einem Unfall beteiligt zu sein, dadurch verringern, dass Sie sich am Lenkrad der möglichen und vermeidbaren Gefahren bewusst sind.

Vor der Fahrt

Zuerst einmal ist es wichtig, dass Sie sich wohlfühlen und sich ohne unnötige Ablenkung auf das Fahren konzentrieren können. Stellen Sie Ihren Sitz bequem ein und richten Sie die Rückspiegel so aus, dass Sie optimale Sicht nach hinten haben. Wenn eine Lenkradverstellung vorhanden ist, bringen Sie das Lenkrad in die angenehmste Position.

Sorgen Sie dafür, dass Frontscheibe und alle übrigen Fenster klare Sicht bieten: Wenn nötig reinigen Sie sie, und fahren Sie auch im Winter nicht los, ehe alle Scheiben enteist sind.

Windschutzscheibe und Rückfenster dürfen keine störenden Reflexe aufweisen.

Wenn Sie müde sind oder vor kurzem Alkohol oder Medikamente zu sich genommen haben, sind Sie vermutlich nicht fit für die Fahrt, denn alles dies kann die Koordination und die Urteilskraft beeinträchtigen und die Reaktionszeiten verlängern. Gehen Sie kein Risiko ein!

Schließlich sollten Sie vor der Abfahrt noch darauf bedacht sein, dass alle Mitfahrer angegurtet sind. Bei einer Straßenkontrolle kann das nämlich sonst teuer werden.

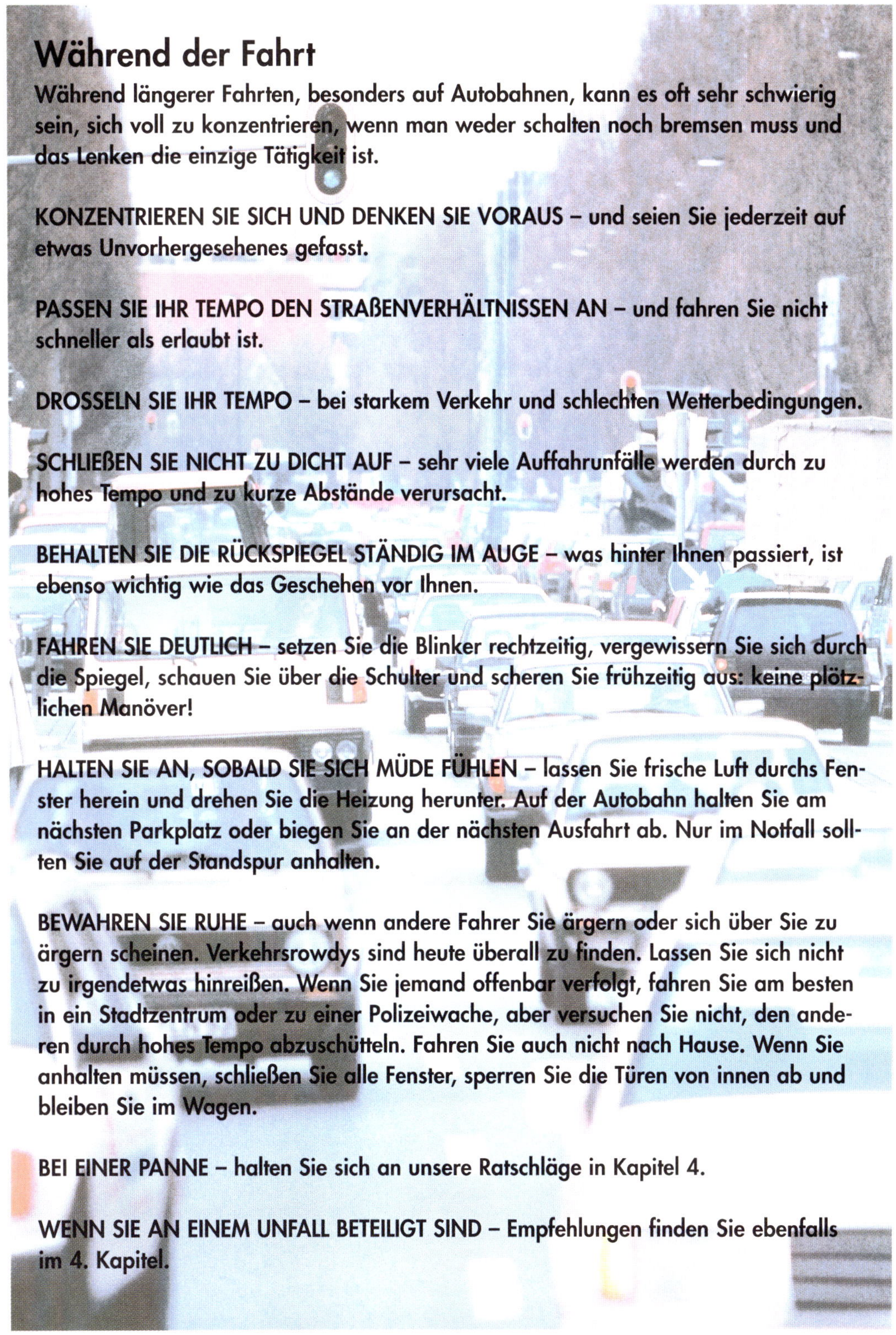

Während der Fahrt

Während längerer Fahrten, besonders auf Autobahnen, kann es oft sehr schwierig sein, sich voll zu konzentrieren, wenn man weder schalten noch bremsen muss und das Lenken die einzige Tätigkeit ist.

KONZENTRIEREN SIE SICH UND DENKEN SIE VORAUS – und seien Sie jederzeit auf etwas Unvorhergesehenes gefasst.

PASSEN SIE IHR TEMPO DEN STRAßENVERHÄLTNISSEN AN – und fahren Sie nicht schneller als erlaubt ist.

DROSSELN SIE IHR TEMPO – bei starkem Verkehr und schlechten Wetterbedingungen.

SCHLIEßEN SIE NICHT ZU DICHT AUF – sehr viele Auffahrunfälle werden durch zu hohes Tempo und zu kurze Abstände verursacht.

BEHALTEN SIE DIE RÜCKSPIEGEL STÄNDIG IM AUGE – was hinter Ihnen passiert, ist ebenso wichtig wie das Geschehen vor Ihnen.

FAHREN SIE DEUTLICH – setzen Sie die Blinker rechtzeitig, vergewissern Sie sich durch die Spiegel, schauen Sie über die Schulter und scheren Sie frühzeitig aus: keine plötzlichen Manöver!

HALTEN SIE AN, SOBALD SIE SICH MÜDE FÜHLEN – lassen Sie frische Luft durchs Fenster herein und drehen Sie die Heizung herunter. Auf der Autobahn halten Sie am nächsten Parkplatz oder biegen Sie an der nächsten Ausfahrt ab. Nur im Notfall sollten Sie auf der Standspur anhalten.

BEWAHREN SIE RUHE – auch wenn andere Fahrer Sie ärgern oder sich über Sie zu ärgern scheinen. Verkehrsrowdys sind heute überall zu finden. Lassen Sie sich nicht zu irgendetwas hinreißen. Wenn Sie jemand offenbar verfolgt, fahren Sie am besten in ein Stadtzentrum oder zu einer Polizeiwache, aber versuchen Sie nicht, den anderen durch hohes Tempo abzuschütteln. Fahren Sie auch nicht nach Hause. Wenn Sie anhalten müssen, schließen Sie alle Fenster, sperren Sie die Türen von innen ab und bleiben Sie im Wagen.

BEI EINER PANNE – halten Sie sich an unsere Ratschläge in Kapitel 4.

WENN SIE AN EINEM UNFALL BETEILIGT SIND – Empfehlungen finden Sie ebenfalls im 4. Kapitel.

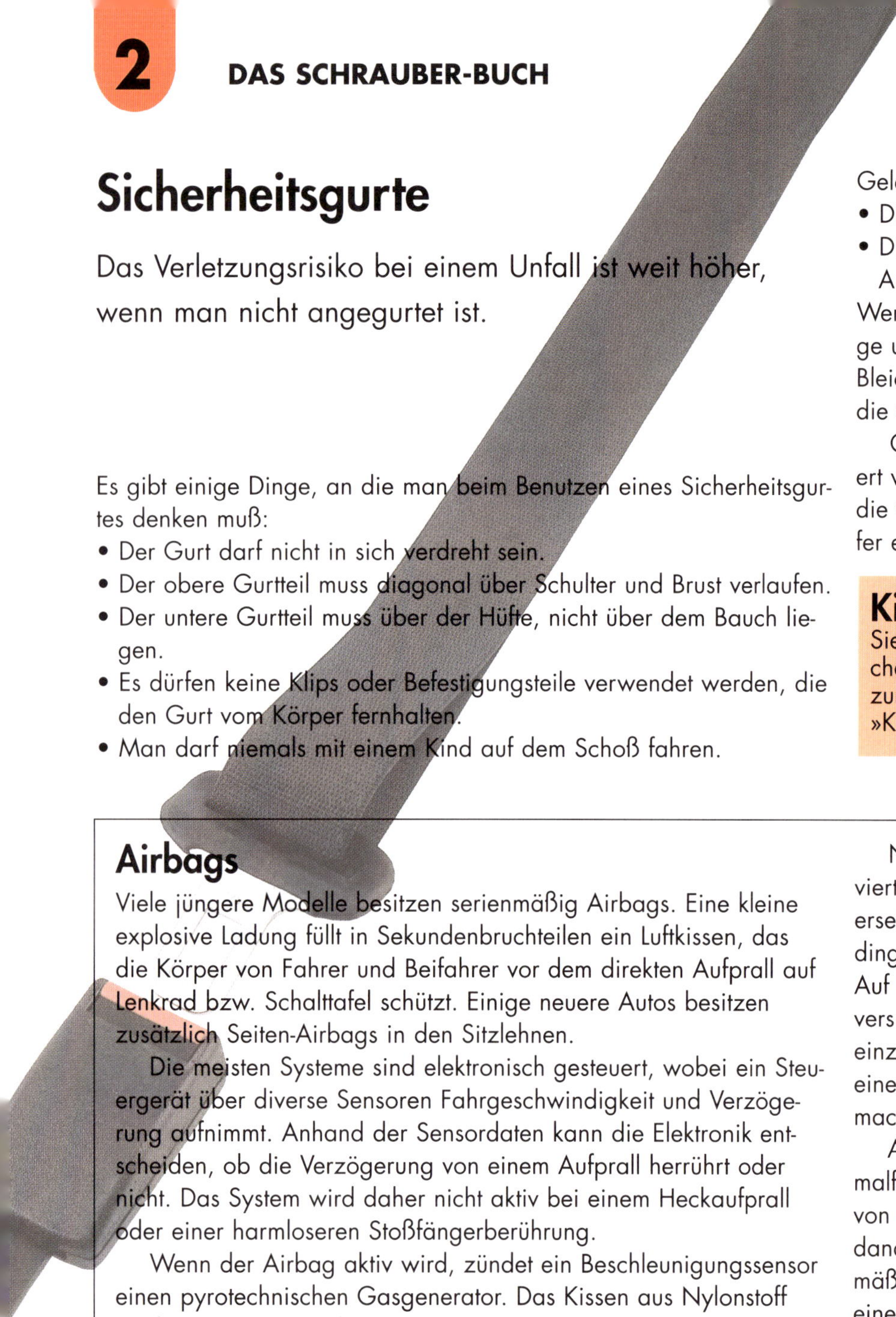

Sicherheitsgurte

Das Verletzungsrisiko bei einem Unfall ist weit höher, wenn man nicht angegurtet ist.

Es gibt einige Dinge, an die man beim Benutzen eines Sicherheitsgurtes denken muß:

- Der Gurt darf nicht in sich verdreht sein.
- Der obere Gurtteil muss diagonal über Schulter und Brust verlaufen.
- Der untere Gurtteil muss über der Hüfte, nicht über dem Bauch liegen.
- Es dürfen keine Klips oder Befestigungsteile verwendet werden, die den Gurt vom Körper fernhalten.
- Man darf niemals mit einem Kind auf dem Schoß fahren.

Gelegentlich sollten auch die Gurte überprüft werden:

- Die Gurte dürfen nicht in sich verdreht sein.
- Die Gurte dürfen nicht angerissen oder ausgefranst sein, und die Aufroller müssen leicht gehen.

Wenn das Gurtgewebe verschmutzt ist, reinigen Sie es mit Seifenlauge und lassen es im Schatten trocknen. Niemals starke Reinigungs-, Bleichmittel oder andere Chemikalien benutzen. Darauf achten, dass die Gurtroller nicht nass werden.

Gurte müssen schon nach mäßigem Aufprall des Wagens erneuert werden. Viele Autos besitzen Gurtstraffer, die bei einem Aufprall die Gurte straff an die Körper der Insassen ziehen. Ist ein Gurtstraffer einmal aktiv geworden, muss der Gurt erneuert werden.

Kindersitze

Sie müssen den jeweiligen Sicherheitsnormen der Länder entsprechen und nach den Vorschriften des Herstellers befestigt werden – zumeist mittels der vorhandenen Sicherheitsgurte (siehe Kapitel 1 – »Kinder im Auto«).

Airbags

Viele jüngere Modelle besitzen serienmäßig Airbags. Eine kleine explosive Ladung füllt in Sekundenbruchteilen ein Luftkissen, das die Körper von Fahrer und Beifahrer vor dem direkten Aufprall auf Lenkrad bzw. Schalttafel schützt. Einige neuere Autos besitzen zusätzlich Seiten-Airbags in den Sitzlehnen.

Die meisten Systeme sind elektronisch gesteuert, wobei ein Steuergerät über diverse Sensoren Fahrgeschwindigkeit und Verzögerung aufnimmt. Anhand der Sensordaten kann die Elektronik entscheiden, ob die Verzögerung von einem Aufprall herrührt oder nicht. Das System wird daher nicht aktiv bei einem Heckaufprall oder einer harmloseren Stoßfängerberührung.

Wenn der Airbag aktiv wird, zündet ein Beschleunigungssensor einen pyrotechnischen Gasgenerator. Das Kissen aus Nylonstoff wird vom Gasgemisch innerhalb von 30-50 Millisekunden mit Stickstoff gefüllt. Danach beginnt das Gas sofort durch eine Öffnung zu entweichen, um die Erstickungsgefahr zu bannen und den Insassen ein schnelles Verlassen des Wagens zu ermöglichen.

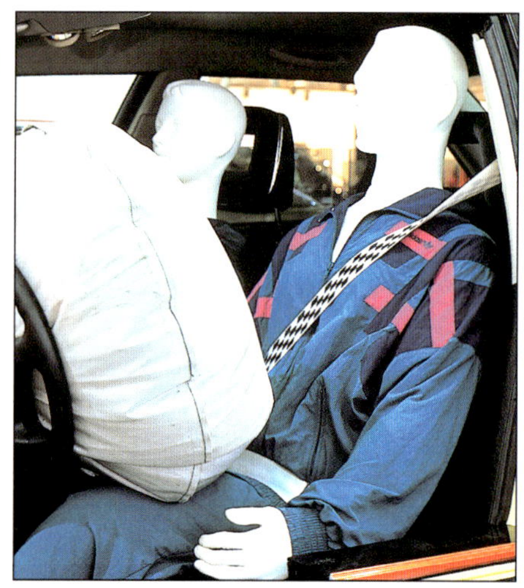

Natürlich müssen aktivierte Airbags anschließend ersetzt werden, was allerdings teuer werden kann. Auf keinen Fall darf man versuchen, Airbags selbst einzubauen. Das darf nur eine autorisierte Werkstatt machen.

Airbags haben im Normalfall eine Lebensdauer von etwa zehn Jahren; danach müssen sie in regelmäßigen Abständen in einer Werkstatt überprüft oder erneuert werden.

Häufig sind Airbag-Warnlampen entweder bei den Instrumenten oder direkt am Airbag selbst vorgesehen, die aufleuchten, wenn ein Defekt vorliegt. In diesem Fall sollten Sie die Airbags so bald wie möglich in einer Werkstatt überprüfen lassen.

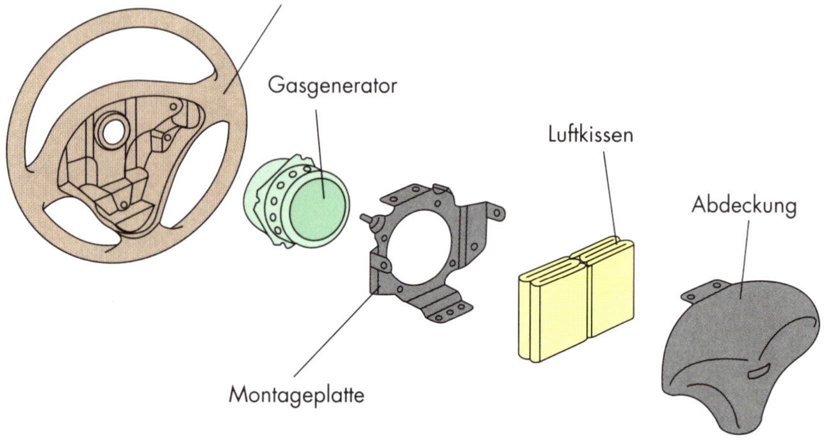

WARNUNG

- Nie an einem Airbag herumbasteln!
- Führen Sie nie eine Arbeit in der Nähe eines Airbags aus, bei der hohe Temperaturen, Schläge oder starke Erschütterungen auf den Airbag übertragen werden könnten!
- Setzen Sie nie ein Kind oder eine gebrechliche, ältere Person auf einen Vordersitz in einem Auto mit Airbags!

Sicherheit bei Arbeiten am Auto

Arbeiten am Auto bergen auch Risiken. Deshalb soll diese Seite einige der möglichen Gefahren aufzeigen, um Sie vor Fehlern und Verletzungen zu bewahren.

Sehr heißes Wasser

Verbrühungen

- Kühlerverschluss nicht öffnen, wenn der Motor noch warm ist!
- Vorsicht beim Ablassen von Öl oder Flüssigkeiten – sie können noch heiß sein!

VORSICHT heiß

Verbrennungen

- Vorsicht vor Verbrennungen an der Abgasanlage und an den Teilen des noch betriebswarmen Motors. Auch Bremsscheiben und Teile der Bremsanlage können heiß sein.
- Die Kühlmittel in der Klimaanlage können Hautverletzungen verursachen.

GEFAHR! Leicht entzündliche Benzindämpfe

Brandgefahr

- Kraftstoff darf nicht auf heiße Motorenteile spritzen. Rauchen und offenes Feuer (auch Funkenbildung) sind in der Nähe des Autos gefährlich.
- Benzindampf ist schwerer als Luft; deshalb arbeiten Sie nicht an der Kraftstoffanlage, wenn das Auto über einer Grube steht.
- Häufigste Brandursachen beim Auto sind elektrische Überlastung und Kurzschluss. Deshalb Vorsicht bei Arbeiten an der elektrischen Anlage!
- Halten Sie einen geeigneten Feuerlöscher in der Nähe bereit.

GEFAHR! Elektrische Schläge

Elektrischer Schlag

- Hantieren Sie nicht an der Zündanlage bei laufendem Motor oder eingeschalteter Zündung.
- Sorgen Sie dafür, dass alle elektrischen Werkzeuge und Geräte geerdet und alle Netzanschlüsse abschaltbar sind.

Absturz

- Riskieren Sie nichts, wenn Sie an oder unter einem aufgebockten Auto arbeiten.
- Vorsicht beim Lösen oder Anziehen von Schrauben am aufgebockten Wagen.
- Bei Pannen unterwegs, etwa einem Radwechsel, schieben Sie das Reserverad unter den Wagen; es kann beim Wegrutschen des Wagenhebers das Schlimmste verhindern.

VORSICHT! Gefährliche Dämpfe und Gase

Rauch- und Gasvergiftungen

- Abgase sind giftig. Lassen Sie den Motor nie in geschlossenen Räumen (z.B. Garagen bei geschlossenen Türen) laufen.
- Auch Benzindämpfe sind giftig, ebenso wie die Dämpfe vieler Reinigungsmittel und Farbverdünnungen.

Gefährliche Flüssigkeiten

Giftige und Reizstoffe

- Hautkontakt mit Batteriesäure, Kraftstoffen und anderen Flüssigkeiten, vor allem Frostschutzmitteln, Bremsflüssigkeit usw. vermeiden.
- Tragen Sie Schutzhandschuhe oder benutzen Sie Hautschutzcreme, wenn Sie mit den genannten Flüssigkeiten in Berührung kommen.
- Einige Kühlflüssigkeiten von Klimaanlagen bilden ein giftiges Gas, wenn sie in die Nähe von offenem Feuer (oder brennenden Zigaretten) kommen.

Die Batterie

- Batterien enthalten Schwefelsäure, die giftig und aggressiv ist und Rostfraß verursacht.
- Das Wasserstoffgas, das sich in Batterien bildet, ist hoch explosiv.
- Beim Aufladen der Batterie und Hantieren mit Überbrückungskabeln unbedingt die Vorschriften des Batterieherstellers befolgen!

Asbest

Asbeststaub kann beim Einatmen oder Schlucken Krebs erregen. Asbest kann in (älteren) Werkstoffen für Dichtungen und Brems- und Kupplungsbelägen enthalten sein.

Airbags

Wenn ein Airbag ungewollt »gezündet« wird, kann dies schwere Verletzungen verursachen.

Das sollten Sie tun:

- Schutzbrille tragen.
- Handschuhe tragen oder Schutzcreme benutzen.
- Jemanden bitten, von Zeit zu Zeit nach Ihnen zu schauen.
- Kleidung, Haare usw. von rotierenden Teilen fernhalten.
- Ringe, Uhren usw. abnehmen, bevor am Auto gearbeitet wird.
- Dafür sorgen, dass Hebe- und Abstützvorrichtungen stabil und geeignet sind.
- Ausgelaufene Flüssigkeiten sofort aufwischen.

Das sollten Sie lassen:

- Versuchen, eine zu schwere Last zu heben.
- Eine Arbeit unter Zeitdruck ausführen oder auf schnellem Wege zu beenden.
- Ungeeignete oder stark abgenutzte Werkzeuge benutzen, die abrutschen können.
- Werkzeug oder Teile irgendwo herumliegen lassen.

Störungen beheben

Moderne Autos sind viel zuverlässiger geworden als die von vor zwanzig Jahren, deshalb hoffen wir, dass Sie auf dieses Kapitel nicht allzu oft zurückgreifen müssen. Es enthält Tipps, wie man Leckstellen untersucht, wie man hässliche Geräusche aufspürt und wie man herausfindet, woran es liegt, dass der Motor nicht anspringt oder plötzlich stehen bleibt. Vielleicht noch wichtiger: Es wird erklärt, in welchen Fällen Sie getrost weiterfahren können, und wann es unklug oder gefährlich wäre, die Fahrt fortzusetzen. Wenn Ihr Auto regelmäßig gewartet wird und wenn Sie von Zeit zu Zeit nach Reifen, Flüssigkeiten, Schläuchen und Antriebsriemen schauen, dann haben Sie schon viel getan, um allen Problemen aus dem Weg zu gehen.

Leckstellen

Ein Leck kann sich als feuchter Fleck unter dem Wagen zeigen oder durch dauernden Nachfüllbedarf bei einer der Flüssigkeiten (siehe Kapitel 8). Wie weiß man aber, ob es eine ernste Sache ist oder ob man eine Weile damit leben kann?

Außer einer ganzen Pfütze unter dem Auto ist auch die Notwendigkeit, einen der Behälter regelmäßig auffüllen zu müssen, ein deutliches Zeichen für ein Leck. Ist es das Motoröl, das immer wieder nachgefüllt werden muss, darf man vermuten, dass der Motor Öl »verbrennt« (siehe Kapitel 6).

Dieselkraftstoff

Symptome
Dieselöl hat – etwa wie Heizöl – einen typisch öligen Geruch und ist eine klare, ölige Substanz. Wie beim Benzin, kann auch beim Diesel ein gerade erst gefüllter Tank durch Ausdehnung der Flüssigkeit ein wenig tropfen. Alles was darüber hinausgeht, ist Grund zur Besorgnis.

Darf man dann mit dem Auto fahren?
Nein, fahren Sie nicht, ehe die Sache in Ordnung gebracht ist.

Ist das Leck leicht zu beheben?
Tropft es aus einem Leitungsanschluss, kann das Übel durch Festziehen der Mutter oder der Schlauchverbindung schon behoben sein. Wenn nicht, versuchen Sie es nicht weiter und fordern Sie Hilfe an.

Bremsflüssigkeit

Symptome
Sie ist klar, dünnflüssig und fast wässrig. Alte Bremsflüssigkeit wird mit der Zeit dunkler. Vergleichen Sie die austretende Substanz mit dem Inhalt des Behälters für Bremsflüssigkeit. Leckagen können nahe bei den Rädern, an den Leitungen unter dem Wagenboden und beim Hauptbremszylinder im Motorraum auftreten.

Darf man dann mit dem Auto fahren?
Nein, sofern Sie meinen, dass die Bremsleitungen undicht sind.

Ist das Leck leicht zu beheben?
Zur Reparatur ist das Zerlegen der Bremsanlage nötig; fordern Sie Hilfe an.

Flüssigkeit aus der Kupplungsbetätigung

Symptome
Leckagen passieren zumeist an den Leitungsanschlüssen oder durch defekte Dichtungen in der Hydraulik.

Darf man dann mit dem Auto fahren?
Mit einer relativ kleinen Leckstelle ist es OK, aber wenn alle Flüssigkeit ausläuft, können Sie nicht mehr kuppeln.

Ist das Leck leicht zu beheben?
Auch hier besteht Hoffnung, dass nur eine Leitungsverbindung festgezogen werden muss. Andernfalls kann der Defekt in der Hydraulik sein, und Sie müssen damit in die Werkstatt.

Benzin

Symptome
Benzin hat einen ausgeprägten, unverwechselbaren Geruch, deshalb ist ein Leck gleich erkennbar. Wenn Sie gerade vollgetankt haben und der Wagen in der heißen Sonne steht, wird der Kraftstoff sich ausdehnen und eine kleine Menge durch die Tankbelüftung austreten. Dasselbe kann beim Parken auf starkem Gefälle passieren.

Ist das Leck offenbar nicht auf diese Weise erklärbar, lassen Sie es sofort vom Fachmann untersuchen.

Darf man dann mit dem Auto fahren?
Nein, fahren Sie nicht, ehe die Sache in Ordnung gebracht ist.

Ist das Leck leicht zu beheben?
Tropft es aus einem Leitungsanschluss, kann das Übel durch Festziehen der Mutter oder der Schlauchverbindung schon behoben sein. Wenn nicht, versuchen Sie es nicht weiter und fordern Sie Hilfe an.

Wie man ein Leck identifiziert (Fortsetzung)

Motorenöl

Symptome
Motorenöl ist, wenn es nicht frisch gewechselt wurde, dunkel bis schwarz. Frisches Öl ist gewöhnlich klar oder grüngelb. Vergleichen Sie die ausgetretene Substanz mit dem Tropfen unten am Ölpeilstab. Häufigste Leckstellen am Motor sind Ölablassschraube (Ablassstopfen), Ölfilter und Ölwannendichtung unter dem Motor.

Darf man dann mit dem Auto fahren?
Mit einem kleineren Leck können Sie fahren, wenn Sie häufiger auf den Ölstand achten.

Ist das Leck leicht zu beheben?
Sofern das Leck vom Ölablassstopfen oder vom Filter herrührt, versuchen Sie es mit dem Festziehen dieser Teile. Andernfalls lassen Sie es baldmöglichst untersuchen.

Wasser

Wenn die ausgetretene Substanz nach klarem Wasser aussieht und Ihr Auto eine Klimaanlage besitzt, handelt es sich vermutlich nicht um ein Leck, sondern um Kondensat aus der Klimaanlage. An einem heißen Tag kann eine ganze Menge Kondenswasser heruntertropfen, die wie eine Leckstelle wirkt (siehe auch auf der folgenden Seite »Kühlwasser« und »Scheibenwaschanlage«).

Automatik-Fluid (nur bei Getriebeautomatik)

Symptome
Das Fluid kann klar oder rotbraun aussehen. Vergleichen Sie die ausgetretene Substanz mit dem Tropfen unten am Peilstab der Automatik. Undichtigkeiten kommen zumeist aus dem Gehäuse oder aus den Leitungen zum Kühler der Automatik (kann am Automatikgetriebe montiert oder in den Wasserkühler integriert sein).

Darf man dann mit dem Auto fahren?
Mit einem kleineren Leck können Sie fahren, wenn Sie häufiger auf den Flüssigkeitsstand im Automatikgetriebe achten.

Ist das Leck leicht zu beheben?
Eine undichte Verbindung können Sie festziehen. Andernfalls sollten Sie es in einer Werkstatt richten lassen.

Öl aus dem Getriebe oder Differential

Symptome
Getriebeöl ist gewöhnlich braun bis rötlich, kann nach längerer Zeit auch sehr dunkel werden. Es ist dickflüssiger als Motorenöl und riecht – besonders heiß – recht unangenehm.

Darf man mit einem Leck weiter fahren?
Mit einem kleineren Leck können Sie fahren, aber wenn der Ölstand im Getriebe zu niedrig wird, kann dies schwere Getriebeschäden verursachen.

Ist das Leck leicht zu beheben?
Die meisten Undichtigkeiten entstehen an Dichtungen und Wellendichtringen, so dass gewöhnlich Ausbau und Reparatur erforderlich sind – also muss das Auto in die Werkstatt.

Scheibenwaschanlage

Symptome
Das Wasser für die Anlage enthält meistens ein Spül- oder Reinigungsmittel und kann danach oder auch nach Spiritus, Alkohol oder Ammoniak riechen. Das Leck kann an einer schlechten Schlauchverbindung oder einer defekten Dichtung am Behälter entstehen.

Darf man mit einem Leck weiter fahren?
Ja.

Ist das Leck leicht zu beheben?
Ja, aber es könnte schwierig sein, an Behälter und Schläuche heranzukommen.

Hydrauliköl aus der Servolenkung

Symptome
Das Fluid kann klar oder rotbraun aussehen. Vergleichen Sie die ausgetretene Substanz mit derjenigen im Behälter der Servolenkung. Undichtigkeiten treten zumeist an den Leitungsverbindungen, der Pumpe oder dem Lenkgetriebe auf.

Darf man mit dem Auto fahren?
Mit einem kleineren Leck können Sie fahren, wenn Sie häufiger auf den Flüssigkeitsstand im Behälter achten.

Ist das Leck leicht zu beheben?
Eine undichte Verbindung können Sie festziehen. Leckt die Pumpe oder das Lenkgetriebe, sollten Sie das in einer Werkstatt richten lassen.

Schmierfett

Symptome
Ausgetretenes Fett ist meistens schwarz oder grau und dick bis klebrig. Wenn Fett unter dem Wagen liegt, ist es zumeist aus einer der Gummimanschetten an Antriebsgelenken oder Lenkgetriebe ausgetreten.

Darf man mit dem Auto fahren?
Ja, aber wenn zu viel fehlt, können die betreffenden Teile trocken laufen und Schaden nehmen.

Sind Undichtigkeiten leicht zu beheben?
Nein, es muss einiges demontiert werden, also suchen Sie eine Werkstatt auf.

Stoßdämpferöl

Symptome
Undichtigkeiten treten meist als dunkle, feuchte Flecken am Stoßdämpfer auf.

Darf man mit einem undichten Stoßdämpfer weiter fahren?
Ja, aber Federung und Handling können sich verschlechtern, also aufgepasst!

Ist der Mangel leicht zu beheben?
Sie brauchen zwei neue Stoßdämpfer; denn wenn einer undicht ist, soll man beide ersetzen. Das macht am besten eine Werkstatt.

Kühlmittel

Symptome
Die heute übliche Kühlflüssigkeit ist von hellgrüner Farbe und hat einen unangenehm süßlichen Geruch, während altes Kühlwasser rostig oder schmutzig-braun sein kann. Um die Leckstelle herum kann eine weiße, kristalline Ablagerung liegen. Leckagen kommen meistens von Schläuchen, vom Kühler oder vom Heizgebläse (letzteres riechen Sie, wenn Sie die Heizung einschalten).

Darf man mit dem Auto fahren?
Mit einem kleineren Leck können Sie fahren, doch wenn zu viel Kühlmittel austritt, kann das den Motor überhitzen.

Sind Undichtigkeiten leicht zu beheben?
An undichten Schlauchverbindungen muss man oft nur den Schlauchbinder festziehen. Einen angerissenen Schlauch können Sie eventuell mit einem Notverband bandagieren. Lecken Kühler oder Heizungsanlage, so lässt sich das vorübergehend mit einem Kühlerdichtmittel kurieren.

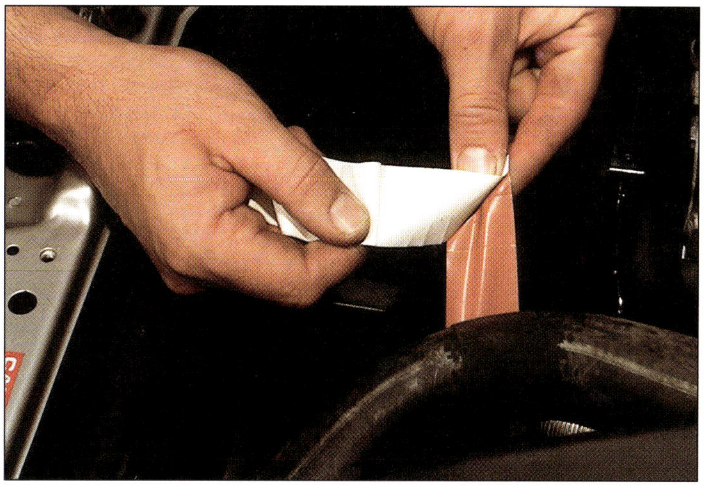

Was ist das für ein Geräusch?

Ein unbekanntes Geräusch kann Probleme bedeuten oder lediglich stören. Wie soll man das herausfinden? Diese Übersicht soll Ihnen bei der Identifikation von Geräuschen helfen und Tipps geben, wie man sie beseitigen kann, selbst wenn Sie es nur einem Mechaniker erklären wollen.

Geräusch	Mögliche Ursache	Anmerkungen
Abgasanlage		
Leichtes »Puffen« oder »Blasen« beim Gasgeben und Gaswegnehmen oder im Leerlauf	Kleines Loch oder Riss in der Abgasanlage	Provisorisch mit Auspuff-Reparatursatz abdichten; Fachwerkstatt aufsuchen.
Plötzlich stärker werdendes Geräusch, besonders beim Gasgeben und Gaswegnehmen	Loch oder Riss im Abgassystem oder defekter Schalldämpfer	Provisorisch mit Auspuffbandage abdichten; Fachwerkstatt aufsuchen.
Metallisches Klappern oder Hämmern bei Schlaglöchern oder beim Gasgeben und Gaswegnehmen	Lose oder gebrochene Auspuffbefestigung	Provisorisch mit Draht anbinden; Fachwerkstatt aufsuchen.
Bremsgeräusche		
Leichtes Quietschen beim ersten sanften Bremsvorgang am Tag	Normale Erscheinung bei Scheibenbremsem	Keine Abhilfe nötig.
Kreischen bei jedem Bremsvorgang	Kann erstes Anzeichen für zu weit abgenutzten Bremsbelag sein	Von Fachwerkstatt untersuchen lassen – könnte durch Behandeln der Metallteile mit Spezialmittel behoben werden, sonst Einbau neuer Bremsbeläge.
Lautes metallisches Schleifen mit und ohne Betätigen der Bremse	Übermäßig abgenutzte Bauteile der Bremse; eingefangener Stein zwischen Scheibe und Belag	Sofort von Fachwerkstatt untersuchen lassen, ehe es größere Schäden gibt.
Klapper- oder Klopfgeräusch beim Bremsen	Verschmutzter Bremsbelag; beschädigte Scheiben oder Trommeln	Sofort von Fachwerkstatt untersuchen lassen.
Geräusche von der Radaufhängung		
Schläge oder Rasselgeräusche beim Überfahren von Schlaglöchern	Abgenutzte oder beschädigte Teile der Aufhängung oder Lenkung; lose oder gebrochene Auspuffaufhängung	Vermutlich nichts Dringendes, doch bald einmal die Werkstatt aufsuchen.
Rumpeln oder Knarren oder metallisches Klicken bei Kurvenfahrt	Ausgelaufene Radlager oder abgenutzte Antriebsgelenke (bei Frontantrieb)	Vermutlich nicht dringend, kann aber bei Vernachlässigung weiteren Schaden zur Folge haben.
»Fauchendes« Geräusch beim langsamen Fahren über Schlaglöcher	Defekte (stark abgenutzte) Stoßdämpfer	Vorsichtig fahren bis neue Dämpfer montiert sind - Fahrverhalten des Wagens verschlechtert sich.
Dauerndes Klicken	Stein oder Metallteil im Reifenprofil verklemmt; Rad berührt ein benachbartes Bauteil	Fremdkörper aus Reifen entfernen; ansonsten Werkstatt aufsuchen.

Geräusch	Mögliche Ursache	Anmerkungen
Geräusche aus dem Motorraum		
Kreischen (besonders in der Kälte)	Loser oder abgenutzter Antriebsriemen (Generatorantrieb)	Vermutlich nicht dringend, aber erneuern lassen, bevor der Riemen reißt.
Dauerndes Summen oder Heulen	Antriebsriemen (Generator) zu fest gespannt; Lager von Generator, Wasserpumpe oder Pumpe der Servolenkung abgenutzt	Vermutlich nicht dringend, kann aber bei Vernachlässigung weiteren Schaden zur Folge haben.
Bei kaltem Motor rhythmisches Klappern	Kolbenklappern	Kein Problem, wenn es bei Erwärmung des Motors verschwindet.
Leichtes metallisches Klappern oben im Motor	Zu großes Ventilspiel	Nichts Ernstes, aber Ventile bei nächster Inspektion einstellen lassen.
Rhythmische, dumpfe oder metallische Schläge	Verschlissene Lager der Pleuel, Kurbelwelle oder Nockenwelle	Könnte ein großes Problem sein, sofort untersuchen lassen.
Hohe metallische Klopftöne bei hoher Motorbelastung (beim Beschleunigen oder bei Bergauffahrt)	»Zündungsklingeln« infolge schlechten Kraftstoffs (Oktanzahl zu niedrig) oder Fehler in der Zündanlage	Schonend fahren, bis geeigneter Kraftstoff verfügbar ist; ansonsten Zündanlage prüfen lassen.
Geräusche der Kraftübertragung		
Heulen oder Jaulen aus dem Schaltgetriebe im Leerlauf, verschwindet beim Treten der Kupplung	Verschlissenes Lager im Getriebe	Sie können weiterfahren, aber lassen Sie es reparieren, ehe es schlimmer wird.
Heulen oder Jaulen aus dem Schaltgetriebe bei getretener Kupplung, verschwindet beim Freigeben des Kupplungspedals	Verschlissenes Ausrücklager der Kupplung	Sie können weiterfahren, aber lassen Sie es reparieren, ehe es schlimmer wird.
Kreischen aus dem Schaltgetriebe bei getretener und eingerückter Kupplung	Falsch eingestellte oder verschlissene Kupplung	Wenn eine Neueinstellung der Kupplung nicht hilft, lassen Sie es reparieren, ehe es schlimmer wird.
Heulen oder Jaulen aus dem Automatikgetriebe in Stellung »N«	Zu wenig Fluid im Getriebe oder starker Verschleiß	Ölstand in der Automatik prüfen und nachfüllen. Ansonsten lassen Sie es überprüfen, ehe es schlimmer wird.
Heulen oder Jaulen beim Gasgeben und Gaswegnehmen	Zu wenig Öl bzw. Fluid im Getriebe; Lagerverschleiß im Getriebe; Verschleiß oder Schaden am Differential	Ölstand im Getriebe prüfen. Wenn der OK ist, können Sie wahrscheinlich vorerst weiterfahren, aber lassen Sie die Kraftübertragung überprüfen, ehe etwas bricht.
Unangenehmes, schabendes Geräusch im Schaltgetriebe beim Schalten	Schlecht eingestellte Kupplung (kuppelt nicht voll aus); verschlissene Synchronisierung; stark abgenutzte Zahnräder	Wenn das Einstellen der Kupplung nicht hilft, werden Sie wohl ein neues Getriebe brauchen.

Warum bleibt der Motor stehen?

Obgleich der Platz nicht ausreicht, um eine umfassende Fehlersuche zu beschreiben für den Fall, dass der Motor stehen bleibt, kann es schon helfen, zu wissen, wo man das Problem zu suchen hat.

Wenn der Motor plötzlich stehen bleibt als hätte man die Zündung ausgeschaltet, liegt das vermutlich an einem Defekt in der Zündanlage. Spuckt dagegen der Motor und hört es sich nach Fehlzündungen an, liegt es wahrscheinlich an der Kraftstoffversorgung. Die folgende Übersicht soll Ihnen einige Tipps geben.

Symptom	Mögliche Ursache
Motor bleibt plötzlich wie ausgeschaltet stehen	Defekt im Zündschloss (oder Schlüssel versehentlich umgedreht); Kabel oder Anschluss in der Zündanlage lose oder defekt; defekte Teile in der Zündanlage; lose oder gebrochene Masseverbindung der Batterie
Motor spuckt oder hat Fehlzündungen und bleibt stehen	Tank ist leergefahren; Sicherheitsschalter der Kraftstoffanlage hat ausgelöst (siehe Kapitel 4 – »Was tun, wenn der Motor nicht anspringt?«); Schmutz oder Wasser in den Kraftstoffleitungen; defekte Bauteile in der Kraftstoffanlage; in Zündanlage eingedrungenes Wasser (infolge Regenwetter oder Wasserdurchfahrt); defekte Teile in der Zündanlage
Motor macht unangenehme Geräusche und bleibt stehen	Mechanischer Fehler, z.B. gebrochener Zahnriemen der Ventilsteuerung

Warum startet der Motor nicht?

Wenn der Motor nicht anspringt, gehen Sie das folgende Flussdiagramm durch, um den Grund herauszufinden. Auch wenn Sie nicht imstande sind, das Problem selbst zu beheben, können Sie zumindest einem Mechaniker die Situation besser erklären.

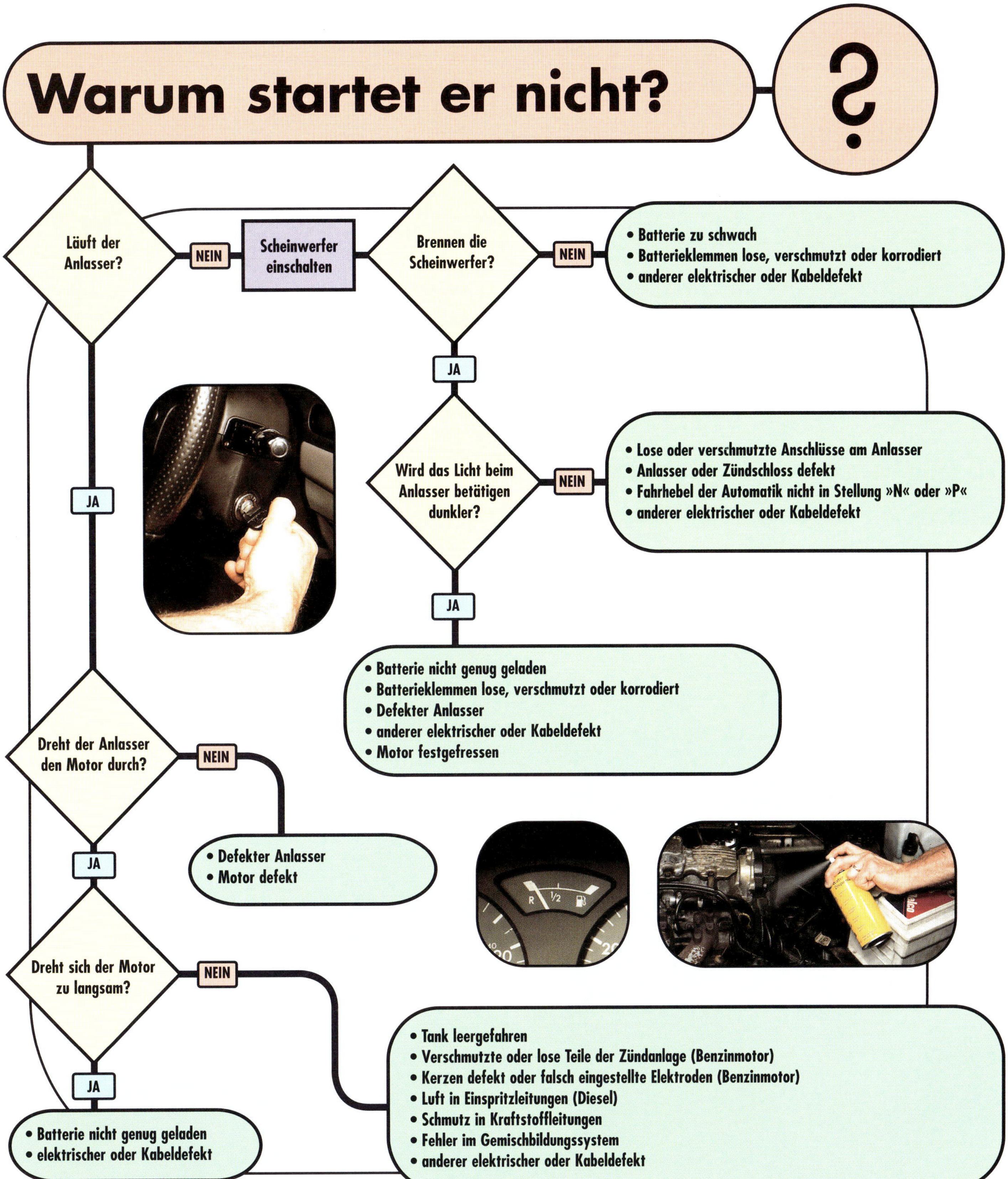

Notfälle

Niemand beginnt eine Autofahrt in der Erwartung, dass er eine Panne oder einen Unfall haben wird. Reifenpannen sind heute viel seltener als früher, laminierte Scheiben zerbrechen nicht mehr, und selbst vor dem leergefahrenen Tank schützt uns heute zumeist eine Warnleuchte – wenn wir sie denn beachten. Nur kriminelle Elemente sind fast überall ein ständig zunehmendes Risiko, besonders, wenn ein Wagen an einsamer Stelle liegen bleibt.

Auf den folgenden Seiten geben wir Ratschläge, was man in verschiedenen Notsituationen tun kann. Das meiste davon entspricht gesundem Menschenverstand. Und doch ist es vielleicht gut, es in aller Ruhe durchzulesen, um sicher zu sein, dass man in den beschriebenen Situationen weiß, was zu tun ist.

Was tun, wenn man unterwegs liegen bleibt?

Wenn Sie das Pech haben, mit dem Auto liegen zu bleiben, versuchen Sie, Ruhe zu bewahren und logisch zu denken. Sie wissen vermutlich nicht, was der Grund ist. Aber bitte keine Panik – die Mehrzahl aller Pannen hat ganz simple Ursachen und kann von einem guten Mechaniker auf der Straße behoben werden.

Auf normalen Straßen

Versuchen Sie anzuhalten, wo genügend andere Personen sind. Wenn möglich, bringen Sie das Auto aus dem fließenden Verkehr, schalten die Warnblinkanlage ein und stellen das Warndreieck weit genug zurück auf. Öffnen Sie die Motorhaube – dann erkennen andere Autofahrer und eventuelle Polizeistreifen gleich, dass Sie ein Problem haben.

Versuchen Sie *nie*, per Anhalter weiterzukommen.

Wenn Sie zum nächsten Telefon gehen müssen, nehmen Sie die Kinder mit. Nennen Sie nach Möglichkeit:

1. den Standort
2. das Modell, Kennzeichen und Farbe Ihres Wagens
3. den vermuteten Grund für die Panne und erkennbare Anzeichen
4. ob Sie allein sind oder kleine Kinder dabei haben
5. Ihre Mitgliedsnummer im Automobilklub (ADAC, AVD o.ä.).

Es macht nichts, wenn Sie diese Daten nicht alle dabeihaben.

Gehen Sie zurück zum Auto, und – außer wenn Gefahr besteht, dass andere Autos auffahren – bleiben Sie drin sitzen, schließen die Fenster, verriegeln die Türen von innen und warten auf Hilfe.

Wenn jemand anhält und Hilfe anbietet, sprechen Sie mit ihm durch das geschlossene Fenster, bis Sie ganz sicher sind, dass Sie ihm trauen können. Bitten Sie ihn *stets*, sich auszuweisen. Es muss Ihre persönliche Entscheidung sein, die Hilfe zu akzeptieren oder nicht.

Auf der Autobahn

Rollen Sie bis auf die Standspur und bleiben Sie möglichst weit weg vom fließenden Verkehr. Schalten Sie die Warnblinkanlage ein und stellen das Warndreieck genügend weit zurück auf. Wenn Sie kein Handy dabeihaben, steigen Sie zur Beifahrertür aus, nehmen die Kinder mit und gehen zur nächsten Notrufsäule, immer an der rechten Seite der Standspur. An den weißen Pfosten entlang der Autobahn finden Sie Pfeile, die zur nächsten Säule weisen. Die Notrufanlage verbindet Sie mit dem Kontrollzentrum. Beim Telefonieren beobachten Sie den fließenden Verkehr.

Wenn Sie jedoch ein Handy dabeihaben, steigen Sie zur Beifahrertür aus, nehmen (wieder) die Kinder mit und benutzen das Handy, um Ihren Automobilklub oder die Polizei anzurufen.

Informieren Sie den Gesprächspartner über:

1. den genauen Standort (an der Notrufsäule stehen Hinweise dafür)
2. Modell, Kennzeichen und Farbe Ihres Wagens
3. den vermuteten Grund für die Panne und erkennbare Anzeichen
4. ob Sie allein sind oder kleine Kinder dabei haben
5. Ihre Mitgliedsnummer im Automobilklub (ADAC, AVD o.ä.)

Es macht nichts, wenn Sie einige Angaben nicht machen können.

Gehen Sie wieder zum Wagen, aber bleiben Sie ein Stück weit weg, etwa hinter der Leitplanke. Steigen Sie nur dann ein, wenn Sie sich unsicher fühlen. Denn auf der Standspur passieren oft schlimme Unfälle.

Pannenhilfe

Obschon es auf den ersten Blick nicht ganz billig erscheint, lohnt es sich allemal, einem der Automobilklubs mit einer großen Pannenhilfe-Organisation beizutreten, denn es kann Ihnen im Ernstfall größere Ausgaben ersparen. Wenn Sie eine Panne unterwegs haben und kein Klubmitglied sind, müssen Sie sich anderweitig Hilfe holen und Ihr Auto womöglich abschleppen lassen, und das kostet Sie bestimmt mehr als den jährlichen Klubbeitrag. Auch wenn Sie nur die niedrigste Beitragsklasse wählen (ohne diverse Zusatzversicherungen), sparen Sie schon beim ersten Notfall leicht den Beitrag wieder ein. Üblicherweise wird Ihnen auch der Ab- oder Rücktransport von Personen und Autos bei Pannen und Unfällen im Ausland angeboten. Auf jeden Fall aber bietet Ihnen eine solche Pannenhilfe-Organisation das sichere Gefühl, dass im Notfall die Helfer immer in Ihrer Nähe sind.

Wie man ein Rad wechselt

Ein Radwechsel ist eine einfache Angelegenheit, vorausgesetzt, Sie wissen, wo Werkzeug und Reserverad liegen und wie man mit dem Wagenheber umgeht. Wenn Sie das Auto gerade erst gekauft oder auch sonst noch nie ein Rad gewechselt haben, probieren Sie es doch einmal zu Hause, dann wissen Sie, was Sie bei einer Panne tun müssen.

1 Handbremse anziehen und den ersten Gang einlegen (oder »P« bei der Automatik). Feste Gegenstände als »Bremskeile« vor und hinter dasjenige Rad legen, das dem zu wechselnden diagonal gegenüber liegt.

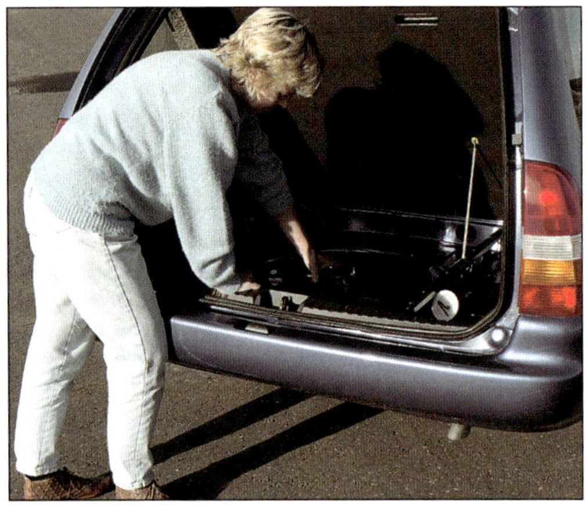

2 Reserverad, Wagenheber und Radmutternschlüssel hervorholen; sie liegen gewöhnlich unter einer Abdeckung im Kofferraumboden (siehe Handbuch).

3 Soweit vorhanden, die Zierkappe mit einem Schraubendreher abheben. Mit dem Radmutternschlüssel alle Muttern des zu wechselnden Rades um etwa eine halbe Umdrehung lösen.

Wenn Sie unterwegs eine Reifenpanne haben, sorgen Sie dafür, dass der Wagen den Verkehr so wenig wie möglich gefährdet. Stehen Sie auf einer stark befahrenen Straße und können nicht sehr weit zur Seite ausweichen, ist es sicherer, Hilfe zu holen als einen Unfall zu riskieren. Halten Sie ganz rechts an, schalten die Warnblinkanlage ein und stellen das Warndreieck weit genug hinter dem Wagenheck auf.

Manchmal sitzen die Radmuttern oder Radschrauben sehr fest. Abhilfe bringt dann ein recht langer Hebel. Ein Tipp: Im Handel gibt es teleskopisch ausziehbare Radmutternschlüssel, oder Sie führen ein Stück Rohr mit, das Sie notfalls über den Schaft des Schlüssels schieben können.

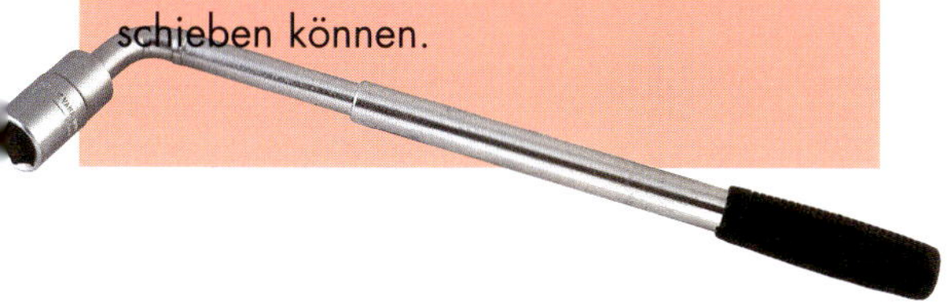

4 Obere Platte des Wagenhebers möglichst nahe dem zu wechselnden Rad sicher unter dem Karosserieboden platzieren (wie und wo genau, steht im Handbuch). Zur Sicherheit das Reserverad unter das Auto legen (nahe dem zu wechselnden Rad, aber ein Stück neben dem Wagenheber). Wagen so weit anheben, dass das Rad einige Zentimeter über dem Boden schwebt.

5 Das Rad kann auf Stiftschrauben mit Muttern sitzen, oder es sind Radschrauben in Gewindebohrungen eingedreht. Muttern oder Schrauben ganz herausdrehen und das Rad abnehmen. Reserverad unterm Auto hervorziehen und das abgenommene Rad – nur zur Sicherheit – gleich wieder an dessen Stelle legen.

6 Reserverad auf die Stiftschrauben aufsetzen bzw. vor die Gewindelöcher platzieren. Muttern bzw. Radschrauben eindrehen und sie so weit anziehen, dass das Rad gerade fest sitzt. Das andere Rad unter dem Auto herausziehen, Wagenheber ablassen und beiseite legen.

7 Eine Radschraube/-mutter festziehen, dann folgt die diagonal gegenüberliegende, und dann in gleicher Weise (über Kreuz) die übrigen. Zierkappe wieder aufdrücken (das Ventil sollte zugänglich bleiben).

8 Wenn alles fertig ist, gewechseltes Rad, Werkzeug und Wagenheber wieder an ihrem Platz verstauen (»Bremskeile« wieder herausnehmen!). Luftdruck des »neuen« Rades an der nächsten Tankstelle (oder mit Ihrem Reifenprüfer) kontrollieren. Wichtig ist, den platten Reifen so bald wie möglich reparieren zu lassen.

DAS RAD WIEDER ANSETZEN

Sind nur Gewindelöcher da, in die die Radschrauben eingedreht werden müssen, kann das passende Ansetzen des Rades schwierig sein, weil Sie gleichzeitig sein Gewicht anheben müssen. Setzen Sie einen Fuß unter das Rad und helfen Sie damit, es in die richtige Position zu heben.

Not- oder Raumsparräder

Solche Reserveräder sind schmäler als die normalen, oder ihr Reifen ist ohne Luft zusammengefaltet und muss erst aufgepumpt werden. Für sie gibt es Tempolimits, die auf dem Notrad vermerkt bzw. im Handbuch nachzulesen und unbedingt zu befolgen sind. Wenn Sie ein solches Rad montieren mussten, lassen Sie bitte das defekte Rad schnellstmöglich instandsetzen!

Was ist bei einem Unfall zu tun?

Erstes Gebot ist Sicherheit. Das erscheint selbstverständlich, aber es gibt gewisse Dinge, die leicht übersehen werden und die die Lage verschlimmern können. Versuchen Sie klare Gedanken zu fassen und Panik zu vermeiden!

1. Weitere Auffahrunfälle und Feuer sind die Haupt-Risiken bei einem Verkehrsunfall.

- Warnen Sie, wenn möglich, den übrigen Verkehr.
- Schalten Sie die Warnblinkanlage ein.
- Stellen Sie das Warndreieck weit genug hinter dem Wagen auf, um ankommende Fahrer aufmerksam zu machen. (Abseits der Schnellstraßen ist eventuell zu entscheiden, aus welcher Richtung kommende Fahrzeuge mehr gefährdet sind).
- Schicken Sie jemanden, der den ankommenden Verkehr rechtzeitig warnt und Zeichen zum Verlangsamen gibt.
- Schalten Sie die Zündung aus und erlauben Sie niemand zu rauchen. Falls Benzin ausläuft, beachten Sie die Feuergefahr.

2. Leisten Sie erste Hilfe, soweit es Ihnen möglich ist.

3. Schicken Sie jemanden, um Polizei und Notarzt zu rufen, und sorgen Sie dafür, daß alle wichtigen Informationen übermittelt werden. Das sind vor allem genauer Unfallort, Anzahl der beteiligten Fahrzeuge und ggf. Zahl und Schwere der Verletzungen.

- Rufen Sie den Notarzt/Krankenwagen, sofern das nicht die Polizei übernimmt.
- Rufen Sie die Feuerwehr, wenn Sie einen Brand für möglich halten.
- Rufen Sie in beiden Fällen die Polizei, auch bei reinen Sachschäden, die mehr als Bagatellschäden sind.

4. Wenn Sie selbst Unfallbeteiligter sind, geben Sie jedem, der einen vernünftigen Grund zu fragen hat, Auskunft über sich und Ihre Fahrzeugdaten.

Wesentliche festzuhaltende Details

Die nachstehenden Einzelheiten sind wichtig für das Ausfüllen eines Unfallberichtes für Ihre Versicherung und hilfreich für die ggf. hinzugezogene Polizei. Benachrichtigen Sie Ihre Versicherung, wenn Sie in den Unfall verwickelt sind, auch dann, wenn Sie selbst keine Ansprüche stellen werden.

1. Namen und Adressen des/der anderen beteiligten Fahrer sowie der Fahrzeughalter, wenn diese nicht identisch sind.
2. Namen und Adressen von Zeugen. Besonders wichtig sind neutrale Zeugen.
3. Beschreibung der Verletzungen, die Sie und andere erlitten haben.
4. Einzelheiten der entstandenen Sachschäden.
5. Versicherungsdaten der anderen Fahrer/Fahrzeuge.
6. Kennzeichen des/der anderen Fahrzeug(e).
7. Name/Nummer der den Unfall aufnehmenden Polizisten.
8. Ort, Datum und Uhrzeit des Unfalls.
9. Geschwindigkeiten der beteiligten Fahrzeuge.
10. Breite und Zustand der Straße, Beschilderung und Wetterverhältnisse.
11. Wesentliche (Brems-)Spuren und Trümmer auf der Straße.
12. Grobe Unfallskizze.
13. Ob die Fahrzeuginsassen Gurte angelegt hatten.
14. Sichtverhältnisse, evtl. Dunkelheit, Straßen- und Fahrzeugbeleuchtung.
15. Machen Sie Fotos von der Unfallszene, wenn Sie eine Kamera an Bord haben.
16. Informieren Sie die Polizei auf jeden Fall sofort, wenn andere Beteiligte sich weigern, Name und Adresse zu nennen oder wenn Sie den Verdacht auf eine Straftat haben.

Was der Gesetzgeber bei Unfällen vorschreibt

Wenn Sie an einem Unfall beteiligt sind, bei dem Schäden und/oder Verletzungen bei einer anderen Person, einem Fahrzeug, einem Tier oder einem zur Straße gehörenden Gegenstand entstehen:

1 Halten Sie an.
2 Geben Sie Namen und Adresse von Ihnen selbst und dem Fahrzeugeigentümer, Fahrgestellnummer Ihres Wagens und Versicherungsdaten jedem an, der Grund hat, Sie danach zu fragen.
3 Wenn Sie die Angaben zu (2) nicht machen, informieren Sie unverzüglich die Polizei über den Unfall.

Was ist beim Diebstahl Ihres Autos zu tun?

Wenn Sie den Wagen auf einem Parkplatz abgestellt hatten, sind Sie sicher, dass Sie ihn an der richtigen Stelle suchen? Das scheint simpel, aber riesige Parkplätze und mehrstöckige Parkhäuser können ganz schön konfus machen!

Das erste, was Sie tun müssen, wenn er wirklich gestohlen wurde, ist, die Polizei zu benachrichtigen und ihr folgende Information zu geben:

- Ihren Namen und Ihre Adresse.
- Marke/Modell, Farbe und Kennzeichen Ihres Autos.
- Ort, an dem es zuletzt abgestellt war.
- Uhrzeit beim Verlassen des Wagens und bei der Rückkehr zum Abstellplatz.
- Einzelheiten über wichtige Dinge, die Sie im Auto hatten.

Nachdem Sie die Polizei benachrichtigt haben, melden Sie den Diebstahl Ihrer Versicherung und geben Sie ihr die gleiche Information zunächst telefonisch und unverzüglich. Später werden Sie noch Formulare ausfüllen müssen. Viele Versicherungen, aber vor allem die Automobilclubs stellen Ihnen, wenn Ihr Wagen nicht mehr fahrbereit ist, direkte Hilfe zur Verfügung und sorgen für Ihren weiteren Transport.

Was ist beim Einbruch in Ihr Auto zu tun?

Kontrollieren Sie, ob Gegenstände aus dem Wagen gestohlen wurden und wenn ja, notieren Sie alle Einzelheiten dazu. Als Zweites prüfen Sie, ob Schäden am Fahrzeug entstanden sind, womöglich auch solche, die die Benutzung des Wagens verhindern (Verkabelung, Zündschloss, Lenkung usw.) und nicht sogleich erkannt werden konnten.

Nach dieser Überprüfung rufen Sie die Polizei und geben Sie ihr folgende Information:

- Ihren Namen und Ihre Adresse.
- Marke/Modell, Farbe und Kennzeichen Ihres Autos.
- Ort, an dem es zuletzt abgestellt war.
- Uhrzeit beim Verlassen des Wagens und bei der Rückkehr zum Abstellplatz.
- Einzelheiten über die Schäden und alle gestohlenen Gegenstände.

Nachdem Sie die Polizei benachrichtigt haben, melden Sie den Einbruch Ihrer Versicherung und geben Sie ihr die gleiche Information zunächst telefonisch und unverzüglich. Später werden Sie noch Formulare ausfüllen müssen. Viele Versicherungen, aber vor allem die Automobilklubs stellen Ihnen, wenn Ihr Wagen nicht mehr fahrbereit ist, direkte Hilfe zur Verfügung und sorgen für Ihren weiteren Transport.

Was tun, wenn der Motor nicht anspringt?

Kaum etwas anderes ist so frustrierend wie ein Motor, der nicht startet. Doch versuchen Sie logisch zu denken. Zu Hause ist das Ganze nicht so schlimm wie irgendwo unterwegs, womöglich in abgelegenen Gegenden. Wenn Sie als Klubmitglied auch Hilfe zu Hause beanspruchen können, rufen Sie Ihre Helfer an. Ansonsten arbeiten Sie sich durch folgende Prüfungen:

1 Anlasssperre mit Zahlencode: Code und Startprozedur sollten bekannt sein. Andernfalls bleibt der Motor »mausetot«.

2 Automatikgetriebe: Der Motor lässt sich nur in Position »N« oder »P« starten. Das dient der Sicherheit und ist kein Defekt.

3 Wenn das gewohnte Anlassergeräusch nicht ertönt (oder es nur »Klick« macht), dürfte der Anlasser defekt oder die Batterie leer sein (siehe »Batterie« unter Kapitel 14).

4 Leerer Tank: Nie der Kraftstoffanzeige hundertprozentig vertrauen; sie kann auch fehlerhaft sein. Überlegen, ob der Tank nicht wirklich leergefahren sein kann (natürlich nicht, wenn gerade erst getankt wurde). Tipps für das weitere Vorgehen siehe nächste Seite.

5 An jüngeren Modellen mit Benzinmotoren gibt es einen Sicherheitsschalter in der Kraftstoffanlage, der den Zufluss bei einem Unfall automatisch abtrennt. Dieser Schalter könnte auch durch ein schweres Schlagloch ausgelöst worden sein; er muss manuell wieder eingeschaltet werden. Im Handbuch steht, wo er sitzt und was zu tun ist. In den meisten Fällen muss oben am Schalter ein Knopf gedrückt werden.

6 Zündkabel auf Feuchtigkeit prüfen (wasserabsorbierenden Kontaktspray anwenden) oder ob die Kerzen beim Benziner verbraucht sind. Weitere Möglichkeiten sind Luft oder Wasser im Kraftstoffsystem (Dieselmotoren), durch Verschmutzung blockierte Benzinleitungen, ein völlig verschlissener Motor oder ein sonstiger schwerer Defekt. Fachmännische Hilfe erforderlich.

Was tun, wenn der Tank leer ist?

Versuchen Sie nicht länger, den Motor anzulassen in der Hoffnung, noch die letzten Tropfen aus dem Tank zu ergattern; denn Sie saugen Luft und vermutlich auch Schmutz aus dem leeren Tank in die Anlage, und das würde auch mit aufgefülltem Tank das Starten erschweren (und kann den Kat beschädigen).

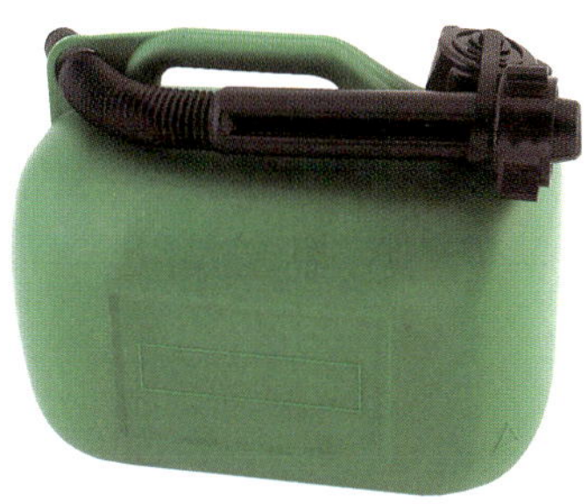

Wenn Sie einen Reservekanister dabeihaben, schalten Sie die Zündung aus (Rauchen verboten!) und leeren den Inhalt in den Tank. Betätigen Sie den Anlasser mehrmals nicht länger als zehn Sekunden, und wenn der Motor anspringt, tanken Sie an der nächsten Tankstelle voll. Springt der Motor immer noch nicht an, sind wahrscheinlich Luft und Schmutz im Kraftstoffsystem und bereiten Probleme. Dann brauchen Sie Hilfe von Fachleuten.

Sind Sie irgendwo in der »Wildnis« oder auf einer Autobahn liegengeblieben, ist noch nicht alles verloren. Auf der Autobahn können Sie die Notrufsäule benutzen und um Hilfe bitten, und wenn Sie Klubmitglied sind, wird man Ihnen einen Kanister Benzin bringen.

Warum aber ist Ihnen der Kraftstoff überhaupt ausgegangen? Hat die Benzinuhr noch genügend Reserve angezeigt, lassen Sie sie prüfen, vermutlich ist sie oder der Geber defekt. Gibt es irgendwo ein Leck, müssten Sie es eigentlich riechen können. Dann fahren Sie nicht weiter, bis das Leck behoben ist!

Was tun, wenn irgendwo ein Leck ist?

Das können Sie in Kapitel 3 nachlesen.

Autos mit Dieselmotor

Auch nach dem Wiederauffüllen des Tanks kann es Probleme mit dem Anspringen geben. Der Grund ist Luft, die der Motor zum Schluss in die Leitungen gesaugt hat. Daher sind die meisten Wagen mit einer Handpumpe ausgerüstet (siehe Handbuch), um das Starten zu erleichtern. Das ist zumeist ein großer Knopf oben auf dem Kraftstofffilter oder ein Gummibalg an einer der Leitungen. Schalten Sie die Zündung ein und drücken Sie so lange den Knopf oder Balg, bis Sie deutlichen Widerstand fühlen (kann über dreißig Hübe erfordern); das zeigt an, dass die Luft ausgepumpt ist. Jetzt versuchen Sie nochmals mit voll gedrücktem Gaspedal anzulassen, und normalerweise wird der Motor jetzt anspringen. Geschieht das nicht, ist vermutlich Luft in die Einspritzpumpe gelangt, und Sie brauchen die Hilfe von Fachleuten.

Was tun, wenn die Windschutzscheibe zerbricht?

Die meisten modernen Autos haben laminierte Windschutzscheiben (Schichtglas), die zwar auch zerspringen, wenn ein Stein auftrifft, aber man kann weiter gut hindurchschauen, und das Glas »zerbröselt« nicht wie bei älteren Scheiben.

Kleine Kratzer und Sprünge können sogar oft repariert werden. Wenn sich ein kleiner Sprung zeigt, lassen Sie ihn sofort reparieren, denn wenn er größer wird, kostet es eine neue Scheibe.

Wenn Ihnen die Sicht genommen ist oder die Scheibe bricht, halten Sie an einem sicheren Ort und schalten die Warnblinkanlage ein. Versuchen Sie nie, die Scheibe nach außen herauszudrücken oder -schlagen, Sie werden sich verletzen. Fahren Sie nicht ohne Windschutzscheibe, der Fahrtwind ist stärker als Sie glauben, und Ihnen fliegen leicht Glasteilchen, Insekten und Straßenschmutz ins Gesicht.

Es gibt mobile Glas-Reparaturdienste, die auf Anruf auch unterwegs helfen können – es lohnt sich, die Telefonnummer einer solchen Firma bei sich zu haben. Ihre Versicherung übernimmt, je nach Leistungsumfang – und abgesehen von Ihrem vertraglichen Eigenanteil – die Kosten von Reparatur und Neueinbau.

Was tun, wenn der Motor überhitzt ist?

Überhitzung entsteht meistens bei längeren Staus; beobachten Sie in diesem Fall die Temperaturanzeige. Zu hohe Temperatur kann schwere Motorschäden verursachen, deshalb sollte man Warnzeichen ernstnehmen.

Wenn die Temperaturanzeige funktioniert, ist das erste Anzeichen für Überhitzung, dass die Nadel sich auf das rote Feld zu bewegt. Oft ist auch eine Warnleuchte vorhanden. Wenn Sie eines dieser Anzeichen erkennen, drehen Sie die Heizung voll auf und dazu das Gebläse auf die höchste Stellung; das nimmt dem Motor einige Wärme ab. Steigt das Fernthermometer weiter, fahren Sie an einen sicheren Platz und stellen den Motor ab.

Im Extremfall kann das erste Anzeichen auch Dampf sein, der vom Motorraum aufsteigt. Halten Sie dann so rasch wie möglich an. Öffnen Sie nicht die Haube, ehe sich der Dampf verzogen hat.

Kommt kein Dampf aus dem Motorraum, öffnen Sie die Haube, damit Wärme abstrahlen kann, und warten Sie, bis der Motor abkühlt. Ein sehr heißer Motor braucht dazu einige Zeit, und es kann gut eine halbe Stunde dauern, bis die Temperatur wieder normal ist.

Schauen Sie unter das Auto, ob Kühlmittel heraustropft – seine Farbe ist zumeist grün, gelb oder rosa, und es dampft. Ist ein Leck vorhanden, holen Sie fachmännische Hilfe (siehe Anfang dieses Kapitels »Was tun, wenn man unterwegs liegen bleibt?«).

Wenn der Motor abgekühlt ist, prüfen Sie den Kühlmittelstand (siehe Kapitel 8). Wenn kein Leck vorliegt und kein Dampf ausgetreten ist, wird das Kühlmittel wahrscheinlich an der oberen Marke sein, denn Hitze dehnt es aus. Ist der Wasserstand OK und kein Leck vorhanden, können Sie die Fahrt fortsetzen, aber beobachten Sie die Temperaturanzeige!

Ist zu wenig Flüssigkeit im Behälter, ist es Zeit zum Nachfüllen (siehe Kapitel 8). Notfalls können Sie klares Wasser einfüllen. Wenn nahezu alles Kühlmittel fehlt, füllen Sie bei noch heißem Motor kein kaltes Wasser ein: Es könnte einen Motorschaden verursachen.

Wie entsteht Überhitzung?

Abgesehen davon, dass es an einem sehr warmen Sommertag im Stopp-and-Go-Verkehr dem Motor einfach zu heiß wird, sind die häufigsten Gründe für Überhitzung (Einzelheiten siehe Kapitel 10):

- Zu wenig Kühlmittel
- Ventilator defekt
- Leckstelle
- Wasserpumpe defekt
- Antriebsriemen der Wasserpumpe gerissen (falls vorhanden)

Legen Sie einen großen, dicken Putzlappen auf den Kühlerverschluss und lösen Sie ihn ganz langsam, um den Druck abzubauen. Vorsicht, Gefahr von Verbrühungen vom heißen Kühlmittel!

Was tun bei einem Leck?

Das können Sie in Kapitel 3 nachlesen.

Probleme mit der Abgasanlage

Die Auspuffanlage hält nicht ewig, und wenn Sie ein Fahrzeug einige Jahre in Gebrauch haben, werden Sie einen Teil der Anlage erneuern müssen. Aber es gibt Spezialisten, die solche Arbeiten mit Garantie ausführen und dabei billiger sind als die Vertragshändler.

Der Auspuff hängt herunter oder fällt ab

Wenn die Auspuffanlage klappert oder auf die Fahrbahn aufsetzt, liegt das gewöhnlich an einer gebrochenen Halterung. Provisorisch können Sie Rohr und Schalldämpfer mit einem kräftigen Draht hochbinden.

Ist ein Teil des Abgasrohrs angebrochen, lässt es sich immer noch mit Draht in seine alte Lage bringen.

Ist etwas an der Anlage ganz abgebrochen, werden Sie eine geräuschvolle Fahrt zur nächsten Auspuff-Fachwerkstatt antreten müssen!

WARNUNG
Verbrennen Sie sich nicht die Finger an einem heißen Auspuff!

Bläst die Anlage durch?

Einen durchblasenden Auspuff erkennt man am Geräusch beim Gasgeben und Gaswegnehmen. Es stört sehr, und außerdem werden heiße Abgase in die Luft geblasen – das kann die umliegenden Bauteile beschädigen, und giftige Abgase können ins Wageninnere eindringen.

Es kann sich dabei um eine undichte Rohrverbindung oder um ein Loch in der Anlage handeln.

Provisorisch kann man durchblasende Stellen mit einem Reparatursatz oder einer Bandage flicken (folgen Sie der mitgelieferten Anleitung), doch wenn es sich um ein Loch handelt, ist der Einbau neuer Teile nötig.

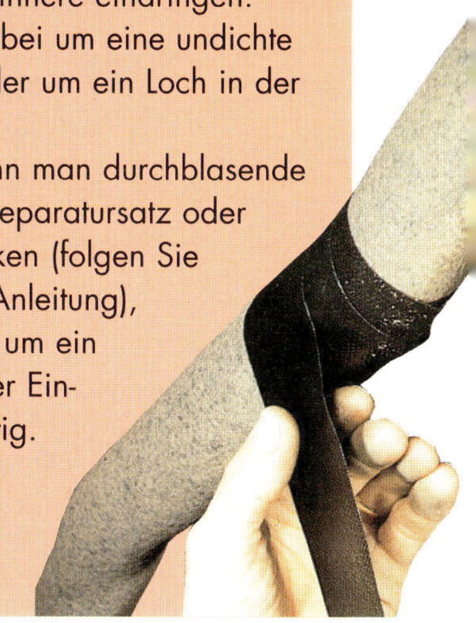

Wie man ein Fahrzeug abschleppt

Abschleppösen sind heute an fast allen Autos vorn und hinten angebracht. Oft sind sie unter Verkleidungen versteckt, und einige Modelle haben im Werkzeugsatz Ösen, die bei Bedarf eingeschraubt werden müssen (lesen Sie in Ihrem Handbuch nach).

Natürlich brauchen Sie ein geeignetes Schleppseil, das Sie für den Notfall immer an Bord haben sollten. Ebenfalls empfehlenswert: eine Abschleppstange.

Wenn Sie noch nie ein Fahrzeug abgeschleppt haben, beachten Sie bitte folgende Punkte:

- Wenn Ihr Fahrzeug abgeschleppt wird, muss der Zündschlüssel in Stellung »Ein« sein, so dass die Lenksperre frei ist. Außerdem funktionieren in dieser Stellung Blinker, Hupe, Bremslichter usw. ganz normal. Ist aber die Batterie leer oder besteht ein anderes elektrisches Problem, müssen Sie Handzeichen geben.
- Wenn Sie in einem Wagen im Schlepp sind, arbeitet die Servounterstützung der Bremse nicht, weil der Motor nicht läuft, und jedes Bremsen verlangt weit höhere Pedalkraft. Also müssen Sie auch längere Bremswege einkalkulieren. Auch die Servolenkung, so vorhanden, arbeitet nicht ohne laufenden Motor, und entsprechend erfordert auch das Lenken weit mehr Kraft als üblich. Falls die Panne, wegen der Sie geschleppt werden, es zulässt, lassen Sie den Motor im Leerlauf laufen, so dass Bremse und Lenkung normal betätigt werden können. Achtung! An Citroën-Modellen mit Hydrofederung (z.B. BX, CX, XM) funktioniert die Bremsanlage **nur** bei laufendem Motor!
- Hat der geschleppte Wagen ein Automatikgetriebe, muss der Wählhebel in Stellung »N« stehen. Viele Hersteller empfehlen, ein bestimmtes Tempo und eine Fahrtstrecke im Schlepp nicht zu überschreiten – lesen Sie darüber in der Bedienungsanleitung nach. Ideal wäre es beim Abschleppen von Wagen mit Automatik, die getriebenen Räder vom Boden anzuheben.
- Am Heck des geschleppten Fahrzeugs sollten Sie ein Schild »Im Schlepp« anbringen beziehungsweise den Warnblinker einschalten.
- Stellen Sie sicher, dass beide Fahrer vor Antritt der Fahrt genau die Fahrtroute untereinander abgestimmt haben.
- Beim Wegfahren sollte der ziehende Wagen sehr langsam anfahren, um das Seil zuerst schonend straff zu ziehen.
- Der Fahrer des geschleppten Wagens hat dafür zu sorgen, dass das Seil ständig straff ist, nötigenfalls durch vorsichtiges Bremsen.
- Fahren Sie jederzeit behutsam, besonders beim Anfahren aus dem Stand.
- Nehmen Sie sich viel Zeit für das Verlangsamen und Halten, besonders beim Annähern an Kreuzungen und an Autokolonnen.

WARNUNG
Schleppen Sie keinen Unfallwagen ab, er könnte in nicht verkehrssicherem Zustand sein.

Werkzeug

Wer vorhat, Wartungsarbeiten an seinem Auto selbst durchzuführen, braucht eine Reihe einfacher Werkzeuge und Hilfsmittel. Mit dem Bordwerkzeug, das die meisten Autohersteller mitliefern, können Sie kaum mehr als einen Radwechsel vornehmen. Doch auch wenn Sie eigentlich die Wartungsarbeiten nicht selber machen wollen, ist es besser, Sie haben zusätzlich ein paar wichtige Dinge für Notfälle bei sich. Denn wenn Sie eine Panne auch nicht selbst beheben können, gibt es vielleicht jemanden, der Ihnen hilft, wenn Sie einen Schraubendreher dabei haben.

Nun müssen Sie zwar nicht gerade die teuerste Ausrüstung kaufen, aber im allgemeinen kostet Qualität halt etwas mehr, hält dann aber auch entsprechend länger.

Was brauche ich?

Die im Kapitel 1 (»Was Sie stets dabeihaben sollten«) vorgeschlagene Ausrüstung reicht aus, wenn Sie Ihr Auto nicht selbst reparieren wollen.

Haben Sie jedoch vor, vieles selber zu machen, sind hier noch ein paar weitere wichtige Gegenstände.

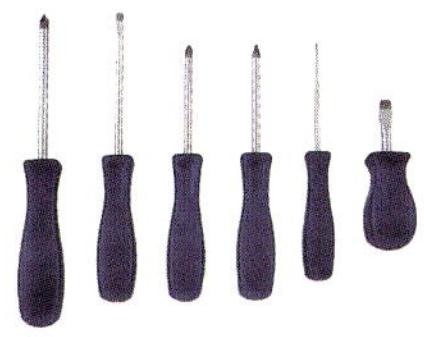
Satz Flach- und Kreuzschraubendreher

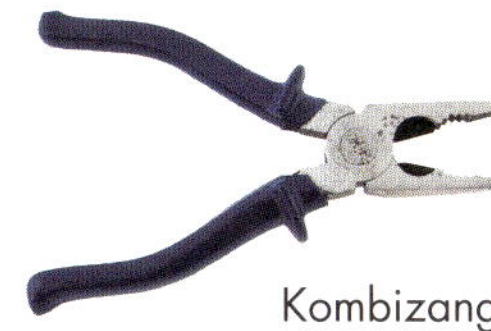
Kombizange

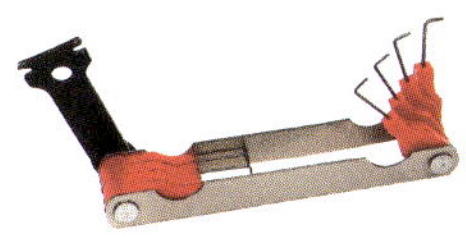
Kerzenschlüssel mit Fühlerlehren (nur Benzinmotor)

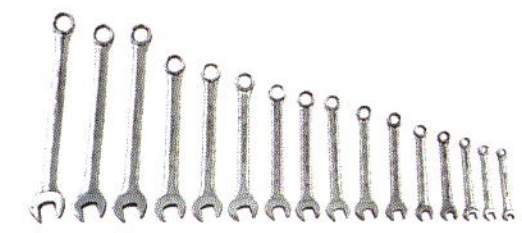
Satz Ring/Gabel- und/oder Steckschlüssel 10-19 mm

saubere Putzlappen

Werkzeugkasten, um alles beisammen zu haben

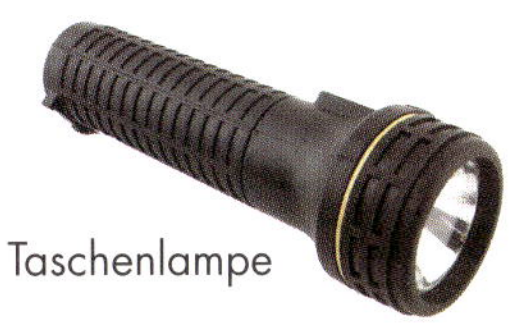
Taschenlampe

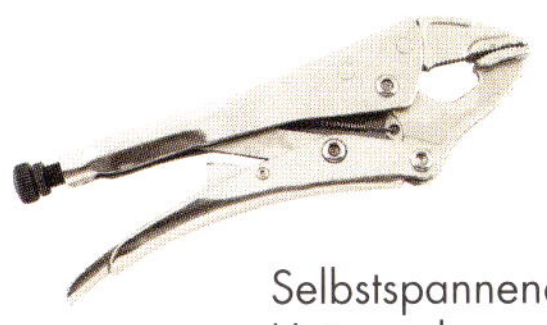
Selbstspannende Universalzange

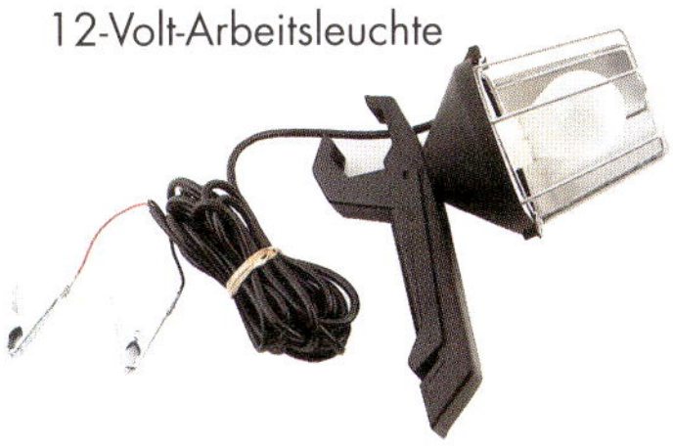
12-Volt-Arbeitsleuchte

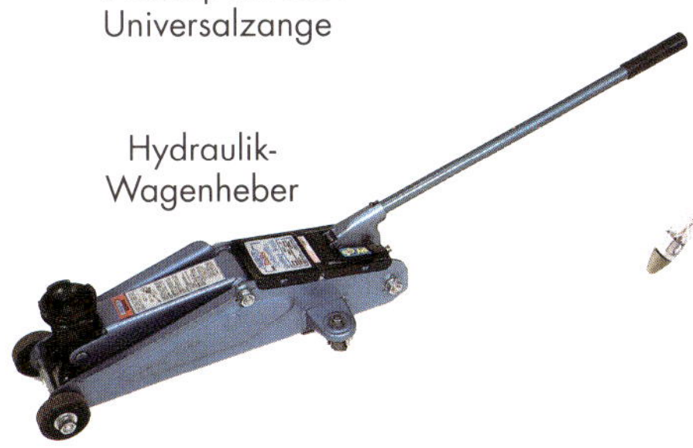
Hydraulik-Wagenheber

Ölspritzkanne

An sonstiger Werkstattausrüstung werden Sie vermutlich noch folgende Dinge brauchen:

- Steckschlüsselsatz von 8-26 mm
- Drehmomentschlüssel
- Spezialwerkzeug für Ölfilter
- Schlüssel für Ölablassschrauben
- Trichter
- Auffangwanne zum Ölablassen
- verstellbare Universal- oder Wasserpumpenzange
- Reißnadel
- Kabellampe
- Stützböcke
- Schlüssel für Brems-Entlüfterschrauben
- Gerätesatz zum Entlüften der Bremse
- Gummihammer
- Kugelhammer zum Ausbeulen
- Reifenpumpe
- kleine Drahtbürste
- kleine Metallsäge
- feines Schleifpapier
- elektrische Bohrmaschine mit Bohrersatz
- Arbeitskleidung/Overall
- alte Zeitungen und Putzlappen zum Unterlegen und Aufwischen

Nachdem Sie eine vernünftige Werkzeugausstattung beisammen haben, sollten Sie das alles entsprechend pflegen. Lassen Sie keine Werkzeuge nach Gebrauch herumliegen. Sehen Sie sich bei allen Arbeiten vor und benutzen Sie Werkzeuge nie für Aufgaben, für die sie nicht geeignet sind.

Allgemein gibt es Sicherheitsvorschriften für Werkstattausrüstungen, und entweder am Gerät selbst oder auf der Verpackung befinden sich häufig Prüfvermerke. Sie finden aber auch viele Werkzeuge im Handel, die keinerlei Normen erfüllen, nur taugen sie auch oft nicht viel und halten nicht lange durch.

Sie müssen sicher nicht die teuersten Artikel kaufen, aber es lohnt sich, das ganz billige Werkzeug zu meiden.

Natürlich müssen Sie bei der Wahl Ihrer Ausrüstung Kompromisse machen. Gerade wenn Sie knapp bei Kasse sind, ist es gut, für die am meisten benutzten Werkzeuge ein wenig mehr auszugeben; so müsste ein guter Satz Schraubenschlüssel ein Leben lang halten, während das gleiche in minderer Qualität rasch abnutzt und auch nie richtig passt. Wenn Sie es sich leisten können, sind Ring/Gabelschlüssel (ein Ende Ring-, ein Ende Gabelschlüssel) die beste Lösung, da sie die Vorteile beider Arten Schlüssel vereinigen.

Wenn Sich herausstellt, dass Sie einen Gegenstand brauchen, der für seinen Preis zu selten benutzt wird, gibt es sicher die Möglichkeit, ihn bei einer Werkstatt am Ort oder einer Ausleihfirma gegen geringe Gebühr zu mieten oder auszuleihen.

Alles über Motorenöl

Das Öl im Motor soll die Schmierung und Reinigung der Bauteile und auch einen Teil der Kühlung übernehmen. Es hilft auch Korrosion und Ablagerungen im Kurbeltrieb zu unterbinden und den Verbrauch zu reduzieren.

Eine Pumpe saugt Öl aus dem Ölsumpf in der Wanne, fördert es unter Druck durch das Ölfilter und weiter durch dünne Kanäle im Motor zu den wichtigen beweglichen Teilen und zurück in die Ölwanne.

Ohne dieses Öl würde der Motor sehr rasch festfressen. Es sorgt für einen dünnen Schmierfilm zwischen den Lagerflächen – ohne diesen würde die Reibung die Metallteile überhitzen und durch die Beschädigung der Lager den Motor zerstören.

Warum muß man den Ölstand kontrollieren?

Das Prüfen des Ölstands ist das wichtigste Mittel, um für einen ungestörten Motorlauf zu sorgen. Sinkt der Ölspiegel zu weit ab, erhöht sich der Verschleiß, und es wird bald eine Überholung oder gar ein neuer Motor fällig.

Auch ein einwandfreier Motor verbraucht eine kleine Ölmenge, und es kann deshalb sein, daß Sie zwischen den Ölwechseln etwas Öl nachfüllen müssen.

Einige Modelle besitzen daher einen Ölstandmesser, der aber nur richtig anzeigt, wenn der Wagen auf ebenem Grund abgestellt und die Zündung eingeschaltet ist, der Motor aber noch stillsteht. Wenn der Motor läuft, funktioniert die Anzeige nicht.

Das zumeist rote Warnlicht an der Schalttafel soll anzeigen, daß der *Öldruck* abgesunken ist (wegen einer erheblichen Leckage, zu niedrigem Ölspiegel oder übermäßigem Verschleiß im Motor). Es handelt sich *nicht* um ein Ölstands-Warnlicht! Wenn diese Warnlampe aber im Betrieb aufleuchtet, stellen Sie bitte sofort den Motor ab!

Wie prüft man den Ölstand?

Sie benötigen einen sauberen Putzlappen, eine Dose Motoröl der richtigen Sorte (wenn nachgefüllt werden muß) und einen Trichter.

Zuerst stellen Sie den Wagen auf ebenen Boden und lassen ihn wenigstens fünf Minuten mit abgestelltem Motor stehen.

1 Peilstab (zumeist auffallend farblich gekennzeichnet) aus seinem Rohr ziehen.

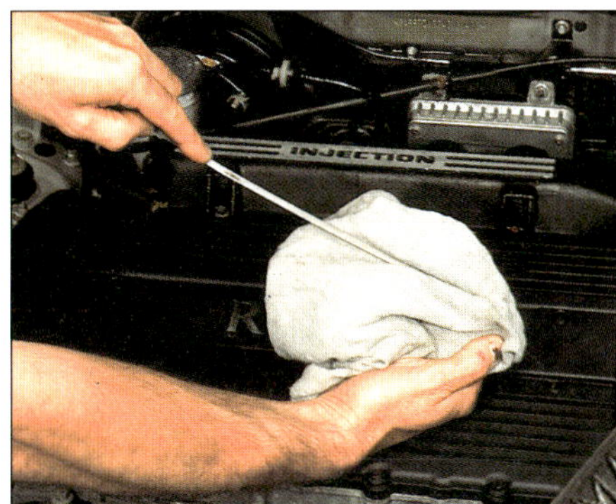

2 Öl mit einem sauberen Lappen vom Peilstab abwischen und die beiden Markierungen unten am Peilstab beachten.

3 Den Stab langsam bis zum Anschlag in seine Rohrführung einschieben und wieder herausziehen. Der Ölstand sollte zwischen oberer und unterer Markierung gut erkennbar sein.

4 Ist der Spiegel bis nahe der unteren Markierung abgesunken, muß Öl nachgefüllt werden. Dazu dient die Verschraubung oben am Motor auf dem Ventildeckel. In der Nähe können auch Verschraubungen für andere Behälter liegen; im Zweifel bitte im Handbuch nachlesen!

5 Verschraubung abdrehen bzw. Deckel hochziehen und durch den Trichter zunächst wenig Öl auffüllen. Nicht zu viel, denn ein zu hoher Ölspiegel kann Leckagen und sogar Schäden verursachen.

6 Einen Augenblick warten, bis das Öl ganz hinuntergelaufen ist, dann wieder den Ölstand wie oben prüfen. Wenn nötig, das Ganze so lange wiederholen, bis der Ölspiegel die obere Markierung am Peilstab erreicht. Zuletzt die Öleinfüllöffnung fest verschließen, übergelaufenes Öl abwischen und sicherstellen, daß der Peilstab ganz bis zum Anschlag im Rohr steckt.

Warum braucht der Motor so viel Öl?

Es ist ganz normal, zwischen den Ölwechseln ein oder zwei Mal Motoröl nachzufüllen. Bei älteren Autos mit hoher Kilometerleistung kann es sich um mehr als einen halben Liter je tausend Kilometer handeln. Stellen Sie fest, daß es wesentlich mehr ist, dürfte vermutlich ein Problem vorliegen.

Am häufigsten ist das eine Leckstelle, die sich dadurch äußert, daß der Motor schmierig-naß ist und sich eventuell unter dem Wagen ein schwarzer Fleck befindet. Ausgetretenes Öl verteilt sich meistens gleichmäßig über den ganzen Motor, so daß die genaue Leckstelle schwierig zu finden ist. Achten Sie auf Öl in Filternähe oder an der Ablaßschraube (siehe in diesem Kapitel: »Wie man Öl und Filter wechselt«) und versuchen Sie, beide festzuziehen. Aber ziehen Sie Schraube und Filter nicht zu fest, denn dann kann erst recht ein Leck entstehen! Trifft das alles jedoch nicht zu, kommt das Öl vermutlich aus einer der Dichtungen oder Dichtringe, und es bleibt nur ein Besuch in der Werkstatt.

Ein anderer Grund für Ölverlust ist die Verbrennung im Inneren. Das erkennt man zumeist am blauen Rauch aus dem Auspuffrohr, besonders beim Kaltstart. Bei einem schon ziemlich betagten Motor läßt sich das Übel vorübergehend durch Ölzusätze bessern, doch langfristig hilft nur eine Motorüberholung (oft ist es billiger, einen Austauschmotor einzubauen).

Wo ist sonst noch Öl nötig?

Der Motor ist nicht das einzige Bauteil, das Öl braucht. Auch Getriebe (siehe Kapitel 11) und, wo vorhanden, die Servolenkung (siehe Kapitel 12) benötigen Öl. Sorgen Sie dafür, daß jede Baugruppe die für sie geeigneten Schmierstoffe bekommt, sonst können schwere Schäden entstehen.

Regelmäßig ein paar Tropfen gutes Maschinenöl sollten Türscharniere und Schlösser bekommen. Das verhindert Quietschgeräusche, Korrosion und Verschleiß und sorgt für einwandfreies Funktionieren. Ölen Sie aber nicht zu reichlich, denn sonst finden Sie die Schmiere später irgendwo an der Kleidung wieder!

Einige Tropfen Öl an der Lagerung der Pedale und an den Gelenken unter der Haube (z.B. am Gasgestänge, wenn man drankommt) zahlen sich ebenfalls aus. Das läßt die beweglichen Teile funktionieren wie neu und verhindert Schwergängigkeit.

Wann muß das Öl gewechselt werden?

Das Motorenöl verändert sich im Betrieb, es verschmutzt und büßt allmählich seine Schmier- und Reinigungskraft ein. Dadurch entsteht Verschleiß innerhalb des Motors, der zu einem teuren Problem werden kann. Erlaubt man dem Öl, sich gar zu sehr zu verschlechtern, beginnt es schwarzen Schlamm zu bilden, der die engen Schmierkanäle verstopft, so daß es zu beschleunigtem Verschleiß und zuletzt zum Motorschaden kommt. Sparen beim Ölwechsel stellt sich dann als falsche Sparsamkeit heraus.

Einen Eindruck vom Zustand des Öls erhalten Sie, wenn Sie den Ölstand mit Hilfe des Peilstabs prüfen. Öl im Motor wird sehr bald nach dem Wechsel – faktisch schon nach wenigen hundert Kilometern – dunkel, viel rascher als sich seine Eigenschaften verschlechtern. An seiner Farbe läßt sich also wenig erkennen. Fühlt sich ein Tropfen, den Sie zwischen den Fingern verreiben, sandig an und riecht er verbrannt, dann ist ein Wechsel überfällig. Warten Sie nicht mit dem Wechsel, bis am Peilstab schwarzer Schlamm erscheint, denn dann kann es schon zu spät sein.

Grundsätzlich sollten Sie Ölwechsel gemäß den Empfehlungen des Herstellers vornehmen; nicht seltener, eher häufiger. Einzelheiten stehen in Ihrem Handbuch. Die meisten Hersteller nennen Intervalle von 10 000 bis 20 000 Kilometern, doch wenn Sie können, wechseln Sie schon nach 10 000 km, egal was der Hersteller dazu sagt. Beachten Sie, daß Öl seine Qualität schon allein mit dem Altern verschlechtert, so daß auch bei relativ geringer jährlicher Fahrtstrecke ein Ölwechsel pro Jahr angezeigt ist. Zu oft kann es gar nicht werden!

Wie arbeitet ein Ölfilter?

Das Filter sondert die im Öl befindlichen winzigen Schmutz- und Metallpartikel aus, die sonst Schäden an den Motorteilen verursachen können.

Nach längerer Zeit beginnt sich das Filter zuzusetzen, und das Öl kann nicht mehr frei durchströmen. Ist das Filter völlig zugesetzt, öffnet sich ein Bypassventil und läßt eine bestimmte Ölmenge passieren. Doch nun bleiben Schmutz- und Metallteilchen im Kreislauf, und das ist nicht gut.

Bei jedem Ölwechsel soll deshalb das Filter ausgetauscht werden.

Passen Sie auf, daß Sie jeweils das richtige Filter für Ihren Motor kaufen! Geben Sie beim Kauf des Filters Motorgröße und Baujahr an, um wirklich das Richtige zu bekommen. Filter für die gängigen Modelle gibt es in den meisten Zubehörgeschäften.

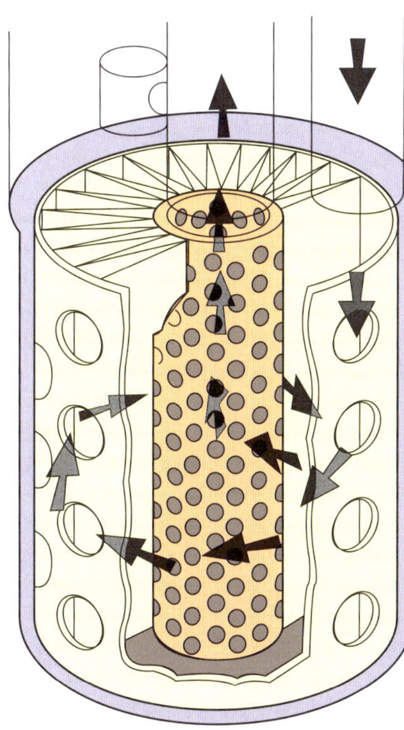

Leckagen

Lesen Sie hierzu auf der vorigen Seite »Warum braucht der Motor so viel Öl?« und die Hinweise im Kapitel 9.

Wie man Öl und Filter wechselt

Der Ölwechsel ist eine der einfachsten Arbeiten am Auto, und Sie können Geld sparen, wenn Sie ihn selbst ausführen. Warum etwas teuer bezahlen, wenn man es selbst billiger machen kann?

Sie brauchen reichlich saubere Putzlappen, Wegwerfhandschuhe, einen Auffangbehälter (allgemein für 5 Liter), Werkzeug für das Ölfilter, einen passenden Schlüssel für den Ablaßstopfen, neues Ölfilter, neuen Dichtring für den Ablaßstopfen, die richtige Menge des vorgeschriebenen Motorenöls und einen Trichter.

Zunächst soll der Wagen auf ebenem Boden stehen und der Motor nach einer kurzen Fahrt betriebswarm sein.

1 Einfüllverschraubung oben am Motor entfernen. Ölablassstopfen unter dem Wagen an der Ölwanne aufsuchen. Das Altöl fließt am Anfang in kräftigem Strahl aus, also stellt man den Auffangbehälter so, dass nichts vorbeiläuft.

2 Handschuhe überziehen und Ölablassstopfen mit dem passenden Schlüssel lösen. Die letzten Gewindegänge von Hand herausschrauben, dabei den Stopfen noch fest in die Bohrung drücken. Wenn er lose ist, den Stopfen schnell zur Seite ziehen, so dass das Öl frei in den Behälter laufen kann.

3 Das alte Öl etwa zehn Minuten lang auslaufen lassen. Stopfen sauberwischen und den alten Dichtring gegen den neuen auswechseln.

4 Wenn das Öl nicht mehr fließt, Ölwanne um die Ablassbohrung herum sauberwischen, Stopfen wieder eindrehen und festziehen, aber nicht überdrehen.

5 Das Ölfilter, gewöhnlich ein zylindrischer Blechtopf in der Nähe der Ölwanne vorn, hinten oder an einer Seite aufsuchen. Näheres siehe Handbuch.

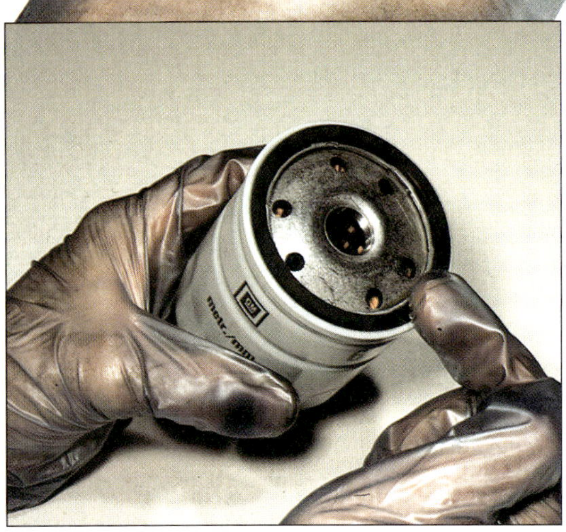

6 Ölfilter mit dem Spezialwerkzeug lösen (gegen den Uhrzeigersinn). Nach dem Lösen das Filter von Hand herausdrehen und das restliche Öl in den Auffangbehälter laufen lassen.

7 Die Stelle, wo das Filter saß, sauber wischen. Den Dichtring für das neue Filter leicht mit sauberem Öl bestreichen.

8 Das neue Ölfilter von Hand einschrauben, bis der Dichtring den Motorblock berührt. Dann noch eine halbe bis dreiviertel Umdrehung mit der Hand festziehen. Auffangbehälter und Werkzeug unter dem Auto entfernen.

9 Im Handbuch ist angegeben, wie viel Liter Öl in den Motor eingefüllt werden muss. Etwa zwei Drittel dieser Menge mit Hilfe des Trichters in die Einfüllöffnung geben.

10 Das Öl einige Minuten nach unten laufen lassen, dann die Füllhöhe mit dem Peilstab messen(siehe »Wie prüft man den Ölstand?« in diesem Kapitel).

11 Weiteres Öl einfüllen und den Vorgang so lange wiederholen, bis der Ölspiegel die obere Markierung am Peilstab erreicht. Zuletzt die Öleinfüllöffnung fest verschließen, übergelaufenes Öl abwischen und sicherstellen, dass der Peilstab ganz bis zum Anschlag im Rohr steckt.

12 Motor anlassen. Die rote Öldruckwarnlampe braucht einige Sekunden, bis sie ausgeht (falls sie nicht ausgeht, Motor abstellen!). Motor ansonsten einige Minuten laufen lassen und kontrollieren, ob bei Ölfilter und Stopfen alles dicht ist. Wenn nötig, noch etwas fester anziehen, aber nicht überdrehen.

13 Motor abstellen und ein paar Minuten warten, bis das Öl wieder in der Wanne versammelt ist, dann noch einmal die Füllhöhe mit dem Peilstab prüfen. Falls nötig, noch etwas Öl nachfüllen, aber nicht zu viel. Altöl in einen Kanister gießen und bei der örtlichen Sammelstelle abliefern (Annahmestelle für »Problemmüll« oder auch eine Tankstelle, wenn sie es akzeptiert. Überdies können Sie das Altöl auch dort zurückgeben, wo Sie das neue Öl gekauft haben). Den Behälter nie irgendwo im Grünen oder in ein Gully ausleeren!

Das wär's – so einfach ist das!

Was für ein Motorenöl soll ich einfüllen?

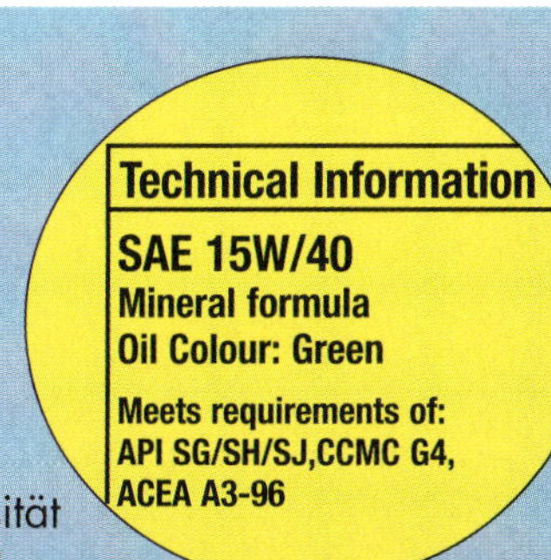

Obgleich alle Öle ähnlich aussehen, gibt es unterschiedliche Typen und Grade, und jedes Öl ist für eine andere Aufgabe entwickelt. Daher ist es wichtig, dass Sie nur Öle verwenden, die den Vorschriften des Autoherstellers entsprechen. Lesen Sie deshalb zuerst in Ihrer Bedienungsanleitung nach, welchen Typ der Hersteller empfiehlt. Manchmal ist der empfohlene Öltyp auch am Motor oder irgendwo sonst unter der Haube angezeigt. Oft werden auch verschiedene Viskositäten angegeben, je nach dem Klima, in dem der Wagen hauptsächlich benutzt wird.

Die beiden wesentlichen Merkmale, nach denen man in der Ölvorschrift schauen muss, sind die Viskosität (Dünn-/Dickflüssigkeit), die durch den »SAE«-Grad ausgedrückt wird, und die Qualität, die nach »API« oder »ACEA« spezifiziert wird. Diese Angaben finden Sie an der Verpackung des Öls, und fast alle bekannten Marken führen entsprechende, geeignete Öle. Übrigens sind die qualitativen Unterschiede zwischen einem Markenöl und einem »No-name«-Produkt aus dem Baumarkt nicht besonders groß: Auch hier lässt sich sparen!

Eine weitere Entscheidung müssen Sie selbst treffen: Die Motorenöle auf Mineral-Basis sind nämlich die billigsten, die semi-synthetischen rangieren in der mittleren und die synthetischen in der höchsten Preislage. Die letzteren geben zwar den höchsten Schutz, sind aber eigentlich nur für Hochleistungsmotoren sinnvoll. Für die meisten normalen Pkw-Motoren sind Öle auf Mineral-Basis völlig ausreichend.

Alles über Kraftstoffe

In den meisten Fällen macht der Kraftstoff den größten Ausgabenposten bei den Unterhaltskosten eines Wagens aus. Natürlich haben Sie in der Regel keine Chance, sich gegen hohe Benzinpreise zu wehren; der Hersteller gibt vor, welche Kraftstoffsorte getankt werden muss. Und je neuer der Wagen, desto größer die Chance, dass die teuerste Sorte, nämlich Superbenzin getankt werden muss. Die einfachste Möglichkeit, die Kosten in diesem Bereich etwas zu reduzieren, besteht darin, den Wagen öfter stehen zu lassen, sich eine sparsame Fahrweise anzugewöhnen und ständig Ausschau zu halten, wo der Sprit gerade besonders günstig ist. Dieses Kapitel stellt die möglichen Kraftstoffe – Benzin, Diesel, Flüssiggas (LPG) und Elektrizität – vor, gibt einige Verbrauchstipps und sagt, was man tun kann, wenn versehentlich das Falsche getankt wurde.

Die verschiedenen Kraftstoffarten

Es gibt vor allem zwei Arten Kraftstoff für Personenwagen: Benzin und Diesel (siehe Kapitel 9). Daneben sind, ganz vereinzelt, noch Fahrzeuge mit Flüssiggas (LPG) und noch seltener mit Elektrizität anzutreffen, doch beides sei hier nur der Vollständigkeit halber erwähnt.

Benzin und Diesel werden aus Erdöl gewonnen. Weil Benzin heute ein so wichtiger Kraftstoff geworden ist, ist bei der Erdölverarbeitung der Benzinanteil gegenüber der Zeit, in der erstmals nach Öl gebohrt wurde, bedeutend angestiegen. Heute wird fast die Hälfte des Erdöls zu Benzin verarbeitet.

Nachdem Benzin und Diesel in der Raffinerie aus dem Erdöl gewonnen wurden, werden sie mit verschiedenen Additiven (Zusätzen) und anderen Chemikalien versetzt, um sie für unsere Motoren geeignet zu machen.

Die Reserven an natürlichem Erdöl sind begrenzt, wobei es nun keine Rolle spielt, ob sie in 50 oder in 100 Jahren zur Neige gehen: Erdöl ist ein kostbarer Rohstoff. Die meisten Autohersteller arbeiten daher an der Entwicklung noch sparsamerer Motoren, um diese Reserven möglichst zu strecken.

Einzelheiten über die Art und Weise, wie Motoren diese Kraftstoffe verbrennen, finden Sie in Kapitel 9.

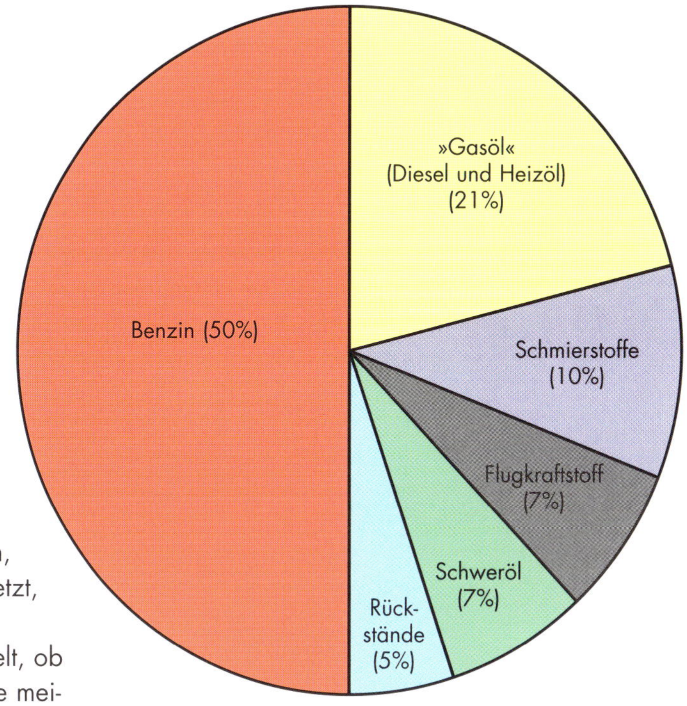

ANTEILE DER CRACK-PRODUKTE AUS ERDÖL

Benzin

Ohne Zweifel sind die Abgase von Benzinmotoren weltweit verantwortlich für vielfältige Probleme der Luftverschmutzung. Heute müssen Fahrzeugmotoren mit Abgasanlagen ausgerüstet sein, die den Schadstoffausstoß erheblich verringern, und auch die Kraftstoffe müssen »sauberer« sein. In vielen Ländern müssen die Autos mit unverbleiten Kraftstoffen betankt werden, die umweltfreundlicher sind als verbleites Benzin, das sich im übrigen nicht mit dem Katalysator (dem »Kat«) verträgt.

Diesel

Dieselfahrzeuge sind sparsamer als Benziner. Dieselmotoren erzeugen (angeblich) weniger Schadstoffe, haben aber eine höhere Rußemission.

Flüssiggas (LPG)

LPG ist eine Mischung aus verflüssigten Gasen aus dem Erdöl. Das verflüssigte Gas wird unter Druck in Behältern (»Flaschen«) gespeichert und wird wieder zu Gas, ehe es im Motor verbrannt wird. Zwar entsprechen LPG-Motoren dem konventionellen Ottomotor (siehe Kapitel 9), doch sie brauchen einen unter Druck stehenden Kraftstofftank und eine eigene Gemischbildungsanlage.

Ein mit Flüssiggas betriebener Motor verbraucht mehr als ein vergleichbarer Benziner, doch sein Schadstoffausstoß ist deutlich geringer.

Da LPG aus Erdöl hergestellt wird, nehmen auch hier die Reserven ab, so dass es trotz seiner Umweltfreundlichkeit langfristig keine Alternative zu Benzin und Diesel bietet.

Elektrizität

Elektrofahrzeuge sind mit einer Anzahl Batterien ausgerüstet, die einen Elektromotor speisen, der den Wagen antreibt.

Wenngleich das Elektroauto wenig oder gar keine Schadstoffe produziert und niedrige Betriebskosten hat, sind doch heute noch die Batterien echte Schwergewichte und müssen sehr häufig nachgeladen werden. Das bedeutet, dass Elektroautos nur relativ kurze Strecken zwischen den einzelnen Stopps zum Batteriewechsel (oder zum Aufladen) zurücklegen können. Außerdem darf man davon ausgehen, dass die Kraftwerke, die den Ladestrom für die Batterien produzieren, selbst erhebliche Schadstoffmengen ausstoßen. Elektroautos sind also doch nicht so »grün« wie es den Anschein hat.

Viele der großen Autohersteller erforschen Elektroantriebe, um Leistungen und Einsatzbedingungen zu verbessern; deshalb könnten sie sich in Zukunft weiter verbreiten.

Tanken

Obgleich wir alle gewohnt sind, unsern Wagen laufend aufzutanken, ohne uns viel dabei zu denken, bleibt dieser Vorgang potenziell gefährlich. Beim Auftanken mit Benzin entweichen Benzindämpfe, die im Gemisch mit der Umgebungsluft ein hoch explosives Gas bilden. Die größten Risiken beim Tanken sind offene Flammen und Funken und das versehentliche Verschütten von Benzin.

Beim Selbsttanken sind einige gesetzlich vorgeschriebene Vorsichtsmaßnahmen zu beachten...

Rauchen ist verboten, aber ebenso die Benutzung eines Handys während des Tankvorgangs

Faktoren, die den Verbrauch beeinflussen

Abgesehen davon, dass ein offensichtliches Leck vorliegen könnte, hängt der Verbrauch in erster Linie vom Fahrstil ab – kräftiges Gasgeben, scharfes Bremsen und häufiges Schalten erfordern zusätzlichen Kraftstoff. Daher gilt, und auch das ist eine Binsenweisheit: Im Prinzip verbraucht man mit dem schonendsten Fahrstil auch am wenigsten Benzin. Darüber hinaus spielen der richtige Reifendruck, die Anzahl der elektrischen Verbraucher im Wagen (der ständige Betrieb der Klimaanlage kann den Verbrauch um gut einen halben Liter pro 100 Kilometer nach oben treiben), die Beladung wie auch das Fahren mit Dachgepäckträgern oder Winterreifen eine Rolle.

Überdies können schlecht eingestellte oder defekte Bauteile des Gemischbildungssystems (Vergaser, Einspritzung) den Verbrauch erhöhen; bei den heutigen Wagen ist da allerdings für Heimwerker kaum mehr etwas zu machen: Der Gang zur Werkstatt wird nicht zu umgehen sein.

Um zu entscheiden, ob Ihr Wagen zu viel Benzin verbraucht, sollten Sie vor allem eine realistische Vorstellung vom normalen Verbrauch haben. Seien Sie nicht überrascht, wenn er nicht den Herstellerangaben entspricht. Sie sind zumeist in speziellen Versuchen ermittelt, die ein »normales« Fahren simulieren.

1. Tanken Sie voll und stellen Sie den Tages-Kilometerzähler auf Null.
2. Tanken Sie nicht nach, bis die Benzinuhr nur noch etwa »1/4 voll« anzeigt.
3. Lesen Sie vor dem Auftanken die gefahrene Kilometerzahl ab.
4. Notieren Sie genau, wieviel Sie tanken.
5. Berechnen Sie den Verbrauch wie folgt:

$$\frac{\text{getankte Liter} \times 100}{\text{gefahrene Kilometer}} = \text{Liter pro 100 Kilometer (l/100 km)}$$

Wenn Sie also 56 Liter tanken mussten und seit dem letzten Tanken 800 km gefahren sind, ergibt sich:

$$\frac{\text{56 Liter} \times 100}{\text{800 Kilometer}} = \text{7 Liter pro 100 km}$$

Für alle, die es ganz genau wissen wollen, hier die Möglichkeit, den Verbrauch schnell zu errechnen. Wenn Sie die Berechnung mit mehreren Tankfüllungen wiederholen, erhalten Sie eine recht genaue Vorstellung von Ihrem Gesamtverbrauch.

Es wird Sie überraschen, wie sehr die Verbrauchszahlen schwanken können. So ist der Kraftstoffverbrauch auf längeren Fahrten ein ganz anderer, als wenn Sie dieselbe Kilometerzahl mit lauter Kurzstrecken von und zur Arbeit zurücklegen. Sie werden sogar feststellen, dass der Verbrauch von Jahreszeit zu Jahreszeit schwankt.

Wenn Sie dennoch meinen, dass der Verbrauch deutlich höher als normal ist und Sie keine andere Erklärung dafür finden, könnte doch irgendwo ein Leck sein. Wenn dem so ist, fahren Sie mit diesem Auto nicht weiter (siehe auch Kapitel 9).

Verbleites Benzin und Benzin mit Blei-Ersatz

Seit Januar 2000 bekommt man in den EU-Ländern kein verbleites Benzin mehr. Dafür wird an manchen Tankstellen Benzin mit Blei-Ersatz angeboten, ebenso Additive, die dem unverbleiten Benzin beigegeben werden, um bei älteren Motoren (die bleifreien Sprit nicht vertragen) Verschleißschäden zu vermeiden.

1 Motor abstellen und Zündung ausschalten

2 Beim Tanken von Diesel Wegwerfhandschuhe benutzen, wenn vorhanden

3 Tankdeckel abnehmen und an einen sicheren Ort legen

4 Einfüllrohr ganz in den Tankstutzen einführen

5 Langsam und aufmerksam tanken; Fingerhebel am Füllrohr sollte nicht ganz in der höchstmöglichen Stellung arretiert werden

6 Beim Herausnehmen des Füllrohrs aus dem Tankstutzen vermeiden, daß Benzin auf den Lack oder auf den Boden tropft

7 Füllrohr wieder korrekt in seine Halterung einhängen

8 Tankdeckel wieder fest aufschrauben

9 Wenn Benzin übergelaufen ist, Sand darauf streuen, der in der Nähe der Säule liegen müssten beziehungsweise das Tankstellen-Personal informieren

Zuletzt das Bezahlen nicht vergessen!

Tank nicht weiter füllen, nachdem das Einfüllrohr automatisch abgeschaltet hat

Anzeige an der Säule für den getankten Kraftstoff beobachten

Probleme mit Dieselkraftstoff

Wenn es Probleme gibt, dann zumeist im Zusammenhang mit Kälte oder dem Eindringen von Wasser.

Kälteprobleme

Wenn Sie im Winter Diesel tanken, ist er anders beschaffen als im Sommer. Das liegt daran, daß Diesel bei großer Kälte geliert und sogar einfrieren kann, so daß man dem »Winterdiesel« Zusatzstoffe beimischt, die davor schützen sollen.

Die meisten Diesel-Pkws besitzen eine Kraftstoffvorwärmung, die dem Motor vorgeschaltet ist und normalerweise alle Kälteprobleme beseitigt.

Passiert es Ihnen doch einmal, daß Dieselkraftstoff geliert, bleibt Ihnen nur, den Motor von außen anzuwärmen – aber nie mit offener Flamme! – oder auf wärmeres Wetter zu warten. Am sichersten ist es, das Auto in die Garage zu schieben und den Motor mit einem elektrischen Heizgerät zu erwärmen.

Wasser im Kraftstoff

Gewöhnlich besitzen Dieselfahrzeuge einen Wasserabscheider, und zu den regelmäßigen Wartungsarbeiten gehört das Ablassen des Wassers. Gelangt Wasser ins Kraftstoffsystem, kann es Rost erzeugen. Sorgen Sie für das Ablassen des Wasserabscheiders in den vorgeschriebenen Abständen oder noch häufiger, um Probleme auf jeden Fall zu vermeiden (siehe auch Kapitel 8).

Probleme mit Benzin

Es gibt sie zumeist nur infolge von Schmutz, der Motorstörungen verursachen kann. Haben Sie den Eindruck, dass das Benzin verunreinigt ist, achten Sie darauf, ob das Problem auch nach dem nächsten Tanken noch da ist. Wenn ja, muss die Kraftstoffanlage geprüft werden.

Moderne Fahrzeuge, die nur mit unverbleitem Benzin betrieben werden dürfen, haben im Tankstutzen einen verengten Durchlass, in den nur Füllrohre von Bleifrei-Tanksäulen passen, so dass man auch versehentlich keinen verbleiten Kraftstoff tanken kann.

Was ist zu tun, wenn der falsche Kraftstoff getankt wurde?

Unverbleit statt verbleit (bzw. Benzin mit Blei-Ersatz)

Wenn Sie erst wenige Liter unverbleites Benzin eingefüllt haben, hören Sie damit auf, fahren an die andere Säule und tanken weiter mit Bleibenzin (wenn überhaupt noch verfügbar). Damit gibt es keine Probleme.

Auch wenn Sie versehentlich unverbleites Benzin ganz vollgetankt haben, fahren Sie normal weiter, bis der Tank etwa halbleer ist, und tanken dann mit Bleibenzin/Bleiersatzbenzin voll. Motorschäden sind nicht zu befürchten.

Diesel statt Benzin

Versuchen Sie nicht, den Motor anzulassen; wenn Sie es täten, würde er nicht lange laufen, und Sie müssten alle Teile der Kraftstoffanlage gründlich reinigen und prüfen lassen.

Vielmehr muss der Tankinhalt abgelassen, der Tank gereinigt und mit Benzin befüllt werden, ehe Sie wieder fahren können. Fordern Sie Hilfe an!

Benzin statt Diesel

Wenn Sie erst wenige Liter Benzin eingefüllt haben, hören Sie damit auf, fahren an die Diesel-Säule und tanken weiter mit Diesel. Damit werden Sie keine Probleme haben.

Haben Sie versehentlich mit Benzin vollgetankt, versuchen Sie nicht, den Motor anzulassen; wenn Sie es täten, würde er nicht lange laufen, und Sie müssten alle Teile der Kraftstoffanlage gründlich reinigen und prüfen lassen – und das könnte teuer werden!

Auch in diesem Fall muss der Tankinhalt abgelassen, der Tank gereinigt und mit Diesel befüllt werden, ehe Sie wieder fahren können. Fordern Sie Hilfe an!

Leckstellen

Fahren Sie nicht weiter, wenn Sie vermuten, dass irgendwo Benzin heruntertropft, denn das könnte sich leicht an heißen Motoren- oder Auspuffteilen entzünden. Daraus entsteht eventuell rasch ein Brand oder gar eine Explosion.

Lesen Sie bitte im Kapitel 3 nach, was im Fall einer Leckstelle zu tun ist.

Flüssigkeiten und Filter

Alle Autos sind von Flüssigkeiten (auch: »Fluids«) und Filtern abhängig, um einwandfrei zu funktionieren. Betrachten Sie die Flüssigkeiten als das »Blut« in den Adern Ihres Wagens – wenn Flüssigkeiten verschmutzen oder austreten, gibt es meistens Probleme. Filter sind dazu da, Schmutz und sonstige Verunreinigungen von den Flüssigkeiten, von der Ansaugluft (Luftfilter) oder auch vom Wageninnern (Pollenfilter) fernzuhalten.

Um Probleme zu vermeiden, sollten alle Flüssigkeiten regelmäßig überprüft und, ebenso wie die Filter, zu den vom Hersteller empfohlenen Zeiten erneuert werden.

Was ist zu prüfen und wann?

Für jede der im folgenden beschriebenen Prüfungen schlagen wir vernünftige Intervalle vor; doch das ist nur als Leitfaden zu verstehen, und Sie sollten dazu die Herstellerempfehlungen befolgen. Sie sind manchmal länger und manchmal kürzer als unser Vorschlag. Und vergessen Sie nicht, dass verschiedene Flüssigkeiten und Filter schon allein durch die Zeit altern und daher auch bei geringer jährlicher Fahrtstrecke nach bestimmter Zeit Flüssigkeit und Filter erneuert werden sollten. Grundsätzlich gilt: Ein »zu oft« gibt es nicht, aber ein »zu selten« könnte richtig Ärger bereiten.

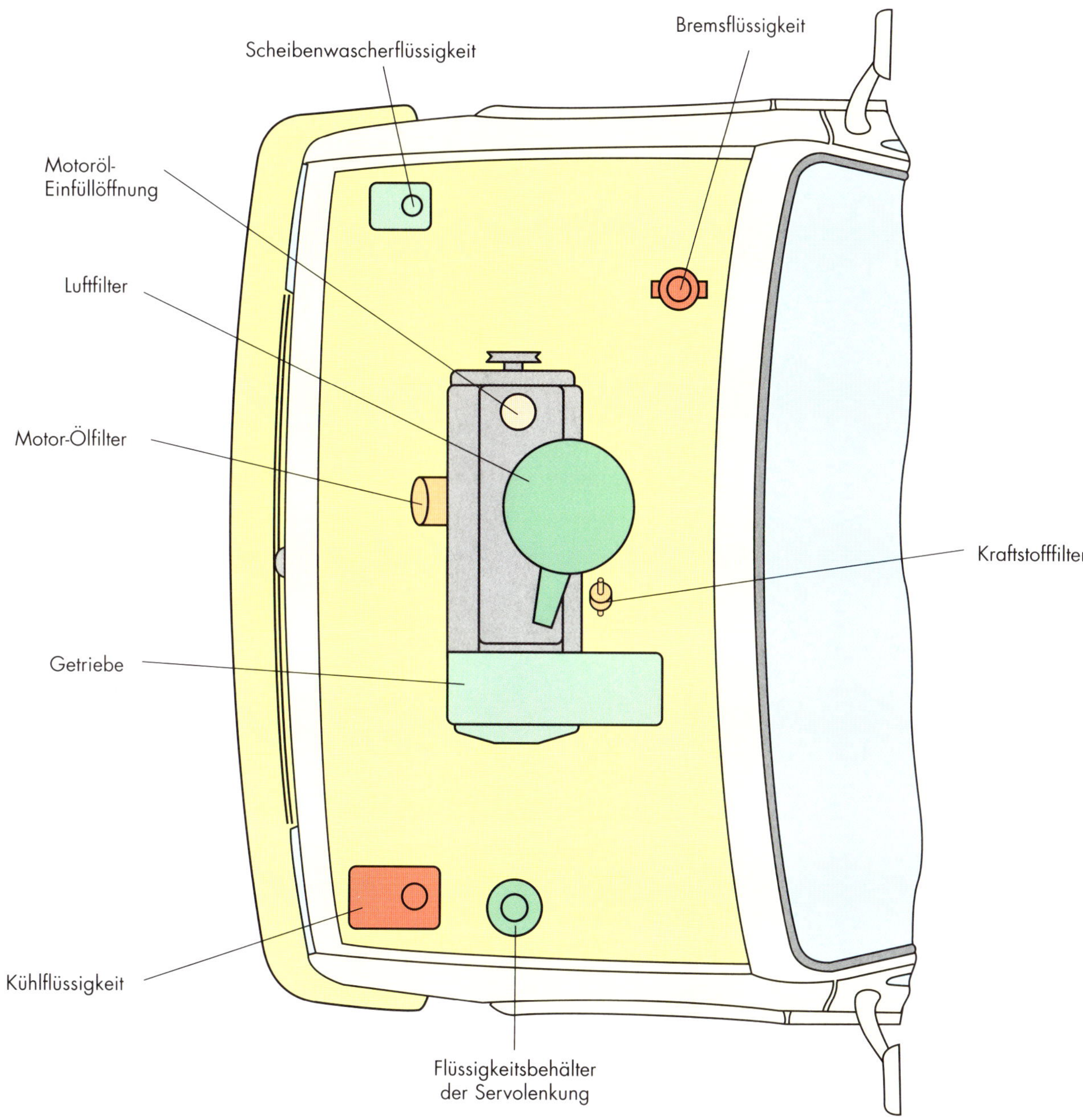

TYPISCHE FLÜSSIGKEITEN UND FILTER IM MOTORRAUM

Motoröl und Ölfilter

Wenn der Ölpegel im Motor zu weit absinkt, kann ein schwerer Motorschaden die Folge sein; also ist es ganz wichtig, regelmäßig den Ölstand zu prüfen. Bei älteren Autos prüfen Sie einmal wöchentlich und vor längeren Fahrten den Ölstand.

Öl und Filter sollten Sie nach den Empfehlungen des Herstellers erneuern (üblich: jährlich oder alle 10 000 km).

Lesen Sie bitte über den Ölwechsel in Kapitel 6.

Bremsflüssigkeit

Sinkt der Spiegel im Behälter der Bremsflüssigkeit zu weit ab, arbeiten die Bremsen schlecht oder gar nicht mehr. Nur regelmäßiges Prüfen lässt erkennen, ob irgendwo ein Leck vorliegt. Der Flüssigkeitsstand fällt aber auch allmählich mit dem Verschleiß der Bremsbeläge ab. Müssen Sie jedoch immer wieder Fluid nachfüllen, besteht mit Sicherheit eine Leckstelle. Fahren Sie mit dem Auto nicht weiter, ehe das Leck gefunden und abgedichtet ist.

Prüfen Sie den Flüssigkeitsstand einmal wöchentlich oder vor längeren Fahrten. Die Bremsflüssigkeit sollte jährlich – ohne Rücksicht auf Kilometer – erneuert werden. **Bitte beachten:** Einige Citroën-Modelle verwenden nicht die übliche Bremsflüssigkeit – siehe Warnung Seite 61!

WARNUNG
Bremsflüssigkeit ist giftig, leicht entzündlich und wirkt ätzend auf den Lack. Waschen Sie jeden Spritzer auf Ihrer Haut oder dem Lack sofort mit viel Wasser ab!

1 Wagen auf ebenen Boden stellen, dann den Behälter der Bremsflüssigkeit sauberwischen. Der Spiegel soll zwischen »MAX« und »MIN« stehen.

2 Wenn nachgefüllt werden muss, Deckel abnehmen. Oft taucht seine Innenseite ins Fluid; nach dem vorsichtigen Abnehmen legt man ihn deshalb auf saubere Putzlappen zum Abtropfen.

3 Behälter bis zur »MAX«-Markierung auffüllen. Nur die im Handbuch empfohlene Bremsflüssigkeit verwenden, und zwar stets aus einem frisch geöffneten Behältnis.

4 Deckel wieder aufsetzen bzw. handfest verschrauben.

Kühlmittel/»Kühlwasser«

Das Kühlmittel wird durch den Wassermantel des Motors gepumpt (außer bei luftgekühlten Motoren) und nimmt dort Wärme auf, die es über den Kühler wieder abgibt. Zu niedriger Wasserstand kann Überhitzung und schwere Motorschäden verursachen. Gelegentlich kann es nötig sein, etwas aufzufüllen, doch regelmäßiger Nachfüllbedarf lässt auf ein Leck oder ein anderes Problem schließen, das behoben werden sollte, ehe Schlimmeres passiert. Achten Sie darauf, dass Sie das richtige Kühlmittel verwenden; manche Autos brauchen Kühlmittel, die nicht mit anderen vermischt werden dürfen (Angaben finden Sie im Handbuch).

Prüfen Sie den Wasserstand einmal wöchentlich oder vor längeren Fahrten. Das Kühlmittel sollte nach den Empfehlungen des Herstellers erneuert werden. Einige Hersteller befüllen das System mit »Lifetime«-Kühlmittel, das das ganze Autoleben halten soll (eventueller Hinweis im Handbuch).

Der Kühlmittelbehälter kann transparent sein oder innen einen Schwimmer (Anzeige für den Flüssigkeitsspiegel) haben, den man erst nach dem Öffnen sieht.

1 Prüfen, ob der Wasserspiegel an der Markierung bzw. zwischen »MAX« und »MIN« steht. Vorsicht beim Abschrauben des Deckels (siehe Warnung!); ggf. dann erst Anzeige des Schwimmers prüfen.

2 Fehlt Flüssigkeit im Behälter, wird eine 50%ige Mischung von Frostschutzmittel mit destilliertem Wasser (nur im Notfall Leitungswasser) nur bis zur Markierung (nicht höher!) aufgefüllt.

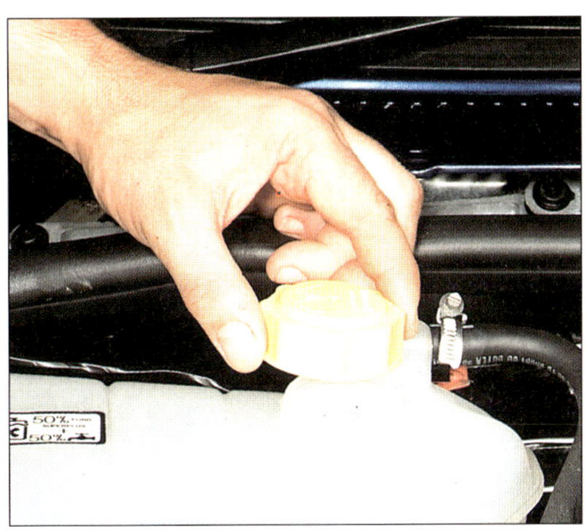

3 Deckel gut festschrauben und übergelaufenes Kühlmittel abwischen.

WARNUNG
Öffnen Sie nie den Kühlmittelbehälter bei heißem Motor: Verbrühungsgefahr! Drehen Sie den Deckel behutsam und lassen Sie den Systemdruck entweichen. Waschen Sie Spritzer auf Ihrer Haut und auf dem Lack (der dafür empfindlich sein kann) rasch mit viel Wasser ab.

Fluid der Servolenkung

Sofern Ihr Auto eine Servolenkung besitzt und zu wenig Flüssigkeit im Behälter ist, kann ein zischendes oder kreischendes Geräusch beim Lenken auftreten. Bei sehr viel Flüssigkeitsverlust bzw. einer Leckage im System könnte die Anlage Schaden nehmen und die Lenkung sehr schwergängig werden.

Die meisten Anlagen verwenden das Fluid für Automatikgetriebe, doch Sie sollten im Handbuch nachlesen; verschiedene Systeme brauchen verschiedene Flüssigkeiten. Mit dem falschen Fluid könnten Sie Probleme bekommen. Lassen Sie die Servolenkung untersuchen, wenn Sie häufig nachfüllen müssen.

Prüfen Sie den Flüssigkeitsstand einmal monatlich oder vor längeren Fahrten.

Der Behälter der Servolenkung kann transparent sein und außen Markierungen haben, oder im Deckel befindet sich ein Peilstab.

1 Beim nicht durchsichtigen Behälter muss man den Deckel abnehmen, um den Flüssigkeitsstand zu kontrollieren. Behälter zuerst sauber abwischen, dann Deckel abschrauben.

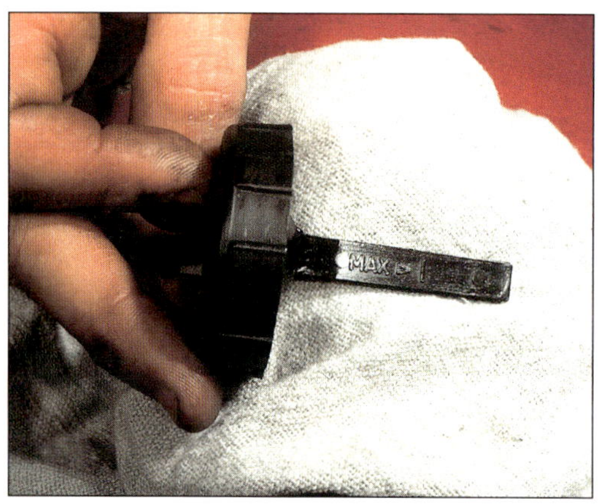

2 Flüssigkeitsstand ablesen und bei Bedarf auffüllen. Manchmal sind am Peilstab »WARM«- und »KALT«-Markierungen, und die Flüssigkeit soll entsprechend hoch stehen, je nachdem, ob der Motor heiß oder kalt ist.

3 Ist bei einem transparenten Behälter der Flüssigkeitsstand zu niedrig, dreht man den Deckel ab und füllt bis zur korrekten Markierung auf. Nicht zu viel einfüllen. Deckel wieder fest aufschrauben.

Scheibenwaschanlage

Sie können für die Scheibenwaschanlage klares Wasser verwenden, doch es gibt gute Zusatzmittel, durch welche die Scheiben sauberer werden und die im Winter dafür sorgen, dass die Düsen nicht zufrieren. Beachten Sie die Mengenangaben auf der Packung.

Kontrollieren Sie den Wasserstand einmal monatlich oder vor längeren Fahrten, wenn Sie wollen, auch bei jedem Tankstopp.

Der Behälter für die Scheibenwaschanlage ist meistens irgendwo im Motorraum versteckt. Hat Ihr Wagen auch eine solche an der Heckscheibe und evtl. auch für die Scheinwerfer, so können dafür eigene Behälter (für die Heckscheibe u.U. im Kofferraum) vorgesehen sein, oder alle Anlagen werden aus einem Behälter gespeist.

1 Vor dem Auffüllen sollte der Behälter sauber abgewischt werden. Dann den Deckel abziehen.

2 Behälter auffüllen und den Deckel wieder aufsetzen. Übergelaufene Flüssigkeit abwischen. Ein Trichter erleichtert das Einfüllen.

3 Eine verstopfte Spritzdüse kann man vorsichtig mit einer Stecknadel reinigen. Mit der Stecknadel lässt sich die Düse auch in ihrer kugeligen Halterung bewegen, um die Spritzrichtung genau einzustellen. Nur die Nadel möglichst nicht in der Düse abbrechen!

WARNUNG
Füllen Sie nie Kühlmittel bzw. Frostschutzmittel für das Kühlsystem in die Scheibenwaschanlage. Es ist nicht nur gesundheitsschädlich, sondern schadet auch dem Lack und den Verkleidungen. Verwenden Sie nur Qualitätsprodukte für Scheibenwaschanlagen.

Öl für Schaltgetriebe

Wenn der Ölpegel im Getriebe absinkt, werden hässliche Geräusche und Schaltschwierigkeiten auftreten (letztere können auch durch eine nicht vollständig trennende Kupplung verursacht sein – siehe Kapitel 11). Fehlt noch mehr Öl, sind Getriebeschäden zu erwarten. Es gibt verschiedene Arten Getriebeöl, und es ist wichtig, das richtige einzufüllen. Lesen Sie das bitte im Handbuch nach oder fragen Sie die Werkstatt.

Der Ölstand sollte entsprechend den Empfehlungen des Herstellers, sonst etwa jährlich oder alle 20 000 km, kontrolliert werden. Manche Modelle besitzen »lebenslang versiegelte« Getriebe, deren Ölstand gar nicht kontrollierbar ist. Wenn Sie bei diesen ein Leck vermuten, lassen Sie das in der Werkstatt prüfen.

Getriebeölwechsel empfehlen die Hersteller mancher Wagen z.B. nach 100 000 km Fahrtstrecke. Informieren Sie sich in der Betriebsanleitung oder fragen Sie die Vertragswerkstatt.

Doch auch das Prüfen des Ölstands und das Nachfüllen sind oft nicht ganz problemlos; wenn Sie es vorhaben, achten Sie darauf, dass Sie die richtigen Schrauben lösen! Am besten überlassen Sie diese Arbeit aber den Fachleuten.

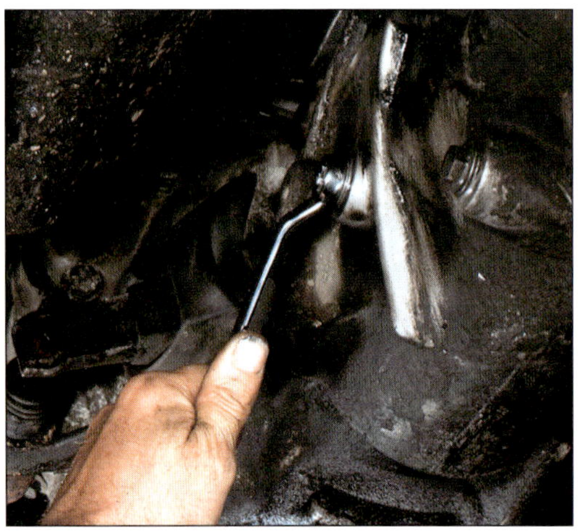

1 Bei den meisten Schaltgetrieben befindet sich der Stopfen zur Ölkontrolle seitlich am Gehäuse (etwa auf halber Höhe). Zunächst einmal muss das Auto auf ebenem Boden stehen, dann löst man diesen Kontrollstopfen, der zumeist nur von unten her erreichbar ist. Auffangbehälter für das eventuell auslaufende Öl bereitstellen.

2 Üblicherweise soll nun das Getriebeöl bis zur Unterkante der Gewindebohrung des Kontrollstopfens stehen, seltener ist eine bestimmte Höhe unterhalb dieser Bohrung vorgeschrieben. Auch das Auffüllen (wenn es denn sein muss) geschieht im allgemeinen durch diese Bohrung.

3 Manchmal haben Getriebe an ihrer Oberseite einen Einfüllstopfen, durch dessen Bohrung dann das Nachfüllen geschieht. Übergelaufenes Öl abwischen und Kontrollstopfen wieder hineindrehen (soweit vorhanden auch den Einfüllstopfen).

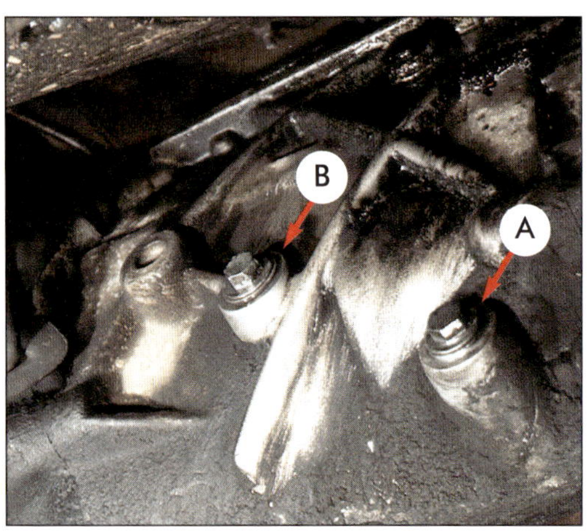

4 Für den Getriebeölwechsel befindet sich nahe dem Gehäuseboden eine Ablassschraube. Auffangbehälter unter das Getriebe stellen, Ablassschraube (A) sowie den Kontrollstopfen (B) herausschrauben und Öl ablassen. Wenn alles Öl heraus ist, Ablassschraube wieder eindrehen und vorgesehene Ölmenge durch die Bohrung der Einfüllschraube bzw. des Kontrollstopfens einfüllen.

Automatik-Getriebeöl

Sinkt der Flüssigkeitsspiegel im Automatikgetriebe ab, so kann das System nicht mehr korrekt arbeiten, und dies ist auch der Grund für die meisten Probleme mit der Automatik. Auch Schäden an den Bauteilen sind zumeist auf zu niedrigen Ölstand zurückzuführen. Es gibt verschiedene Typen von Fluid, und es ist wichtig, das richtige einzufüllen. Lesen Sie das bitte im Handbuch nach oder fragen Sie die Werkstatt. Muss häufiger nachgefüllt werden, lassen Sie die Automatik unverzüglich prüfen und instandsetzen.

Der Flüssigkeitsstand sollte entsprechend den Empfehlungen des Herstellers, sonst etwa jährlich oder alle 10 000 km, kontrolliert werden.

Die folgenden Ratschläge stellen nur eine Leitlinie dar – lesen Sie bitte in der Betriebsanleitung nach, wie im Einzelfall der Flüssigkeitsstand zu kontrollieren ist. Allerdings wird in den meisten Fällen die gleiche Methode angewandt, nämlich ein Peilstab in einem Rohr wie beim Motoröl. Die Kontrolle wird meistens bei warmem Getriebe nach einer kurzen Fahrt durchgeführt.

Lassen Sie das Fluid gemäß den Empfehlungen des Herstellers wechseln (gewöhnlich etwa alle 50 000 km).

1 Bei laufendem Motor und angezogener Handbremse tritt man das Bremspedal und schiebt den Wählhebel durch alle Stellungen, beginnend und endend in »P«. Dann den Motor eine Minute lang im Leerlauf laufen lassen und (bei laufendem Motor) den Peilstab aus seiner Führung ziehen. Peilstab sauber abwischen und ihn dann wieder vorsichtig in sein Führungsrohr schieben.

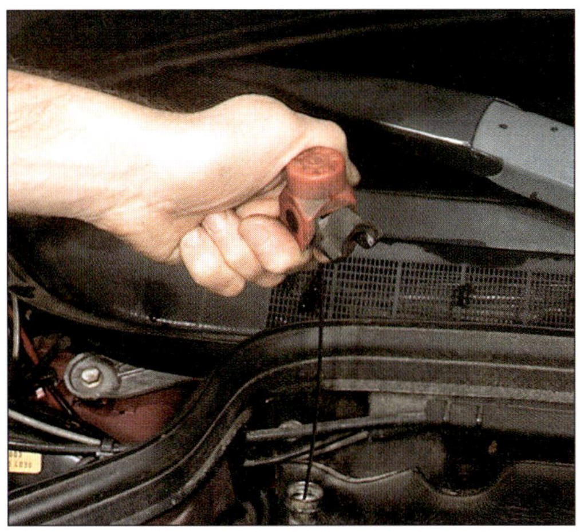

2 Peilstab wieder herausziehen und den Flüssigkeitsstand prüfen. Häufig hat der Peilstab zwei Sätze Markierungen, der eine ist für »WARM« (ca. 80 °C), der andere für »KALT« (ca. 20 °C).

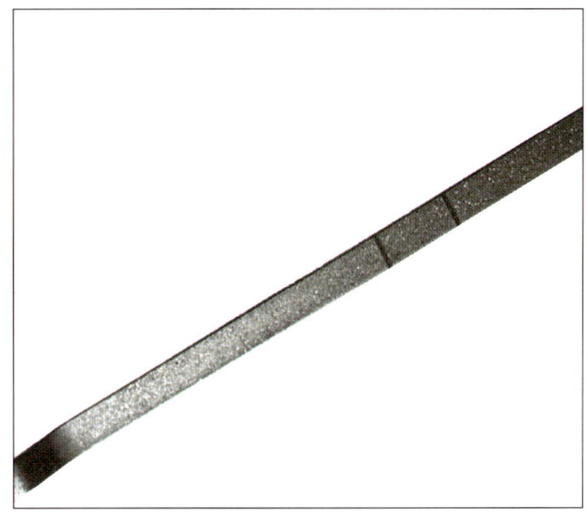

3 Ölstand am Peilstab ablesen. Wenn nachgefüllt werden muss, Motor abstellen.

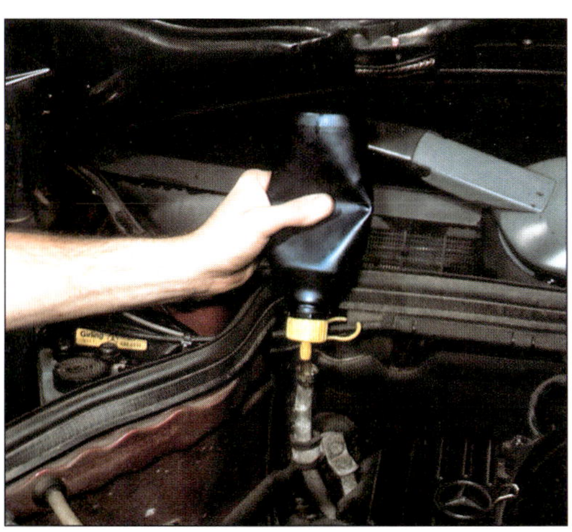

4 Gewöhnlich geschieht das Auffüllen durch des Führungsrohr des Peilstabs; deshalb braucht man eine Flasche mit einer dünnen Tülle oder einen sauberen Trichter. Nicht zu viel einfüllen und sorgfältig das Eindringen von Staub und Schmutz ins Getriebe vermeiden.

5 Flüssigkeitsstand bei laufendem Motor kontrollieren und den Peilstab wieder einschieben, wenn der Ölspiegel stimmt.

Fluid für die Kupplungshydraulik

Viele Modelle mit Schaltgetriebe haben eine hydraulisch betätigte Kupplung. Das System ist zuweilen versiegelt oder hat einen gemeinsamen Nachfüllbehälter mit der Bremse. Andernfalls gibt es im Motorraum einen eigenen Behälter für die Kupplung (siehe Handbuch). Wenn ein Nachfüllen des Fluids erforderlich ist, muß in der Anlage ein Leck sein. Mit einer größeren Leckage kann die Kupplung nicht mehr arbeiten, also lassen Sie die Anlage prüfen, wenn häufiger nachgefüllt werden muss.

Prüfen Sie den Flüssigkeitsstand einmal monatlich oder vor längeren Fahrten.

1 Wagen auf ebenen Boden stellen, dann den Behälter der Bremsflüssigkeit sauberwischen. Der Spiegel soll zwischen »MAX« und »MIN« stehen. Sind keine Markierungen vorhanden, sollte der Spiegel an der Oberkante des Behälters stehen.

2 Wenn nachgefüllt werden muss, Deckel abnehmen.

3 Bis zur »MAX«-Markierung Bremsflüssigkeit auffüllen. Nur das im Handbuch empfohlene Fluid verwenden, und zwar jeweils aus einem frisch geöffneten Behältnis. Ältere Flüssigkeit kann dazu führen, dass die Kupplung nicht korrekt arbeitet.

4 Zum Schluss den Deckel wieder aufsetzen.

WARNUNG
Hydraulikflüssigkeit ist giftig, leicht entzündlich und wirkt ätzend auf den Lack. Waschen Sie jeden Spritzer auf Ihrer Haut oder dem Lack sofort mit viel Wasser ab!

Öl im Achsantrieb (Differenzial)

An Autos mit Hinterradantrieb wird der Achstrieb laut, wenn zu wenig Öl im Gehäuse ist. Ist nur sehr wenig Öl vorhanden, können Schäden am Achstrieb/Differenzial auftreten. (Bei Fronttrieblern ist der Achstrieb mit dem Schaltgetriebe im gleichen Gehäuse.)

Es gibt verschiedene Arten von Getriebeöl für Achstriebe, und es ist wichtig, das richtige einzufüllen. Lesen Sie das bitte im Handbuch nach oder fragen Sie die Werkstatt.

Der Ölstand im Achstrieb sollte entsprechend den Empfehlungen des Herstellers, sonst etwa jährlich oder alle 20 000 km, kontrolliert werden, obgleich manche Hersteller auch gar keine Ölstandsprüfung vorschreiben. Sie sollten auch nach dem Öl schauen, wenn der Achstrieb laut wird (heulende oder mahlende Geräusche), oder wenn sichtbar Öl ausgetreten ist (veröltes Achsgehäuse oder Tropfen auf dem Boden).

Wenn es vom Hersteller gefordert wird, lassen Sie das Öl gemäß seinen Empfehlungen wechseln (gewöhnlich etwa alle 100 000 km). Bei anderen Modellen wird kein Ölwechsel vorgeschrieben. Lesen Sie das bitte im Handbuch nach oder fragen Sie die Werkstatt.

Das Kontrollieren und Erneuern des Hinterachs-Getriebeöls kann kompliziert sein, daher ist es vielleicht besser, das in einer entsprechend ausgerüsteten Werkstatt machen zu lassen.

An den meisten Hinterachsen wird der Ölstand mit Hilfe eines Kontrollstopfens im Differenzialdeckel geprüft. Ehe Sie diesen herausschrauben, sollten Sie ein Gefäß drunterschieben.

1 Zunächst einmal muss das Auto auf ebenem Boden stehen, dann den Kontrollstopfen am Differenzialdeckel herausschrauben (zumeist nur von unten her erreichbar).

2 Üblicherweise soll nun das Öl bis zur Unterkante der Gewindebohrung des Kontrollstopfens stehen. (Hinweis im Handbuch, sonst die Werkstatt fragen.)

3 Muss Öl aufgefüllt werden, geschieht das ebenfalls durch diese Bohrung. So viel auffüllen, dass der Spiegel die Unterkante der Gewindebohrung erreicht.

4 Übergelaufenes Öl abwischen und den Kontrollstopfen wieder einschrauben.

5 Für den Ölwechsel befindet sich nahe dem Gehäuseboden ein Ablassstopfen. Behälter unter die Achse stellen, Ablassstopfen und Kontrollstopfen herausschrauben und Öl auslaufen lassen. Wenn alles Öl heraus ist, Ablassstopfen wieder einsetzen und vorgesehene Ölmenge durch die Bohrung des Kontrollstopfens einfüllen.

Luftfilter

Das Filter hat die Aufgabe, Staub und Schmutzpartikel am Eindringen in den Motor zu hindern. Ist das Filter sehr verschmutzt oder verstopft, kann der Motor nicht einwandfrei arbeiten, und der Verbrauch dürfte ansteigen. Fehlt der Filtereinsatz ganz oder ist er gerissen, saugt der Motor Schmutzteilchen an, die teure Schäden verursachen können. Beim Kauf eines neuen Filtereinsatzes müssen Sie Modell, Hubraum und Baujahr Ihres Autos angeben.

Wechseln Sie den Einsatz in den vom Hersteller empfohlenen Intervallen, gewöhnlich alle zwei Jahre oder nach etwa 40 000 km.

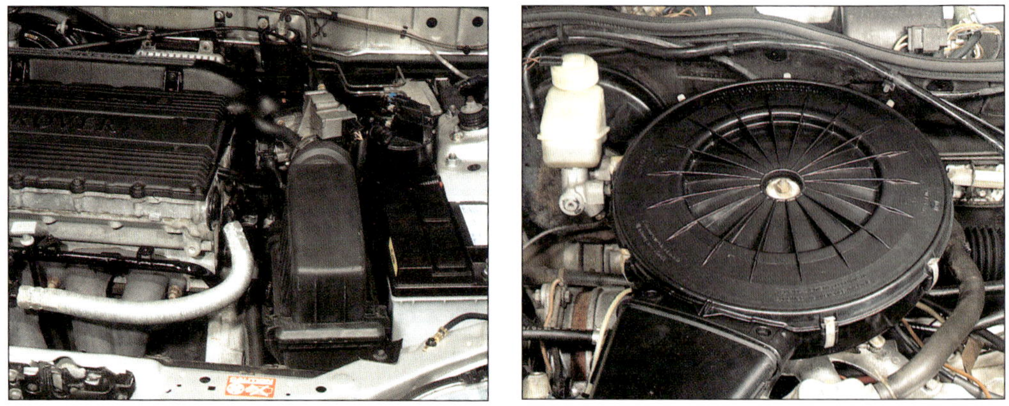

Der Luftfiltereinsatz befindet sich im allgemeinen in einem rechteckigen Gehäuse in Motornähe oder in einem kreisrunden oben auf dem Motor. Vielfach ist zunächst ein Schlauch oder ein Kabel abzuklemmen, ehe man den Deckel des Filtergehäuses abnehmen kann.

1 Klips oder Halteschrauben des Deckels lösen und diesen vom Gehäuse abheben.

2 Filtereinsatz herausnehmen und darauf achten, welche Seite oben ist (einige passen in beiden Richtungen). Der neue Filtereinsatz muss identisch sein.

3 Gehäuse und Deckel mit einem sauberen Putzlappen gut auswischen. Keinen Staub oder Schmutz in die Ansaugseite des Motors fallen lassen.

4 Den neuen Einsatz in das saubere Gehäuse, und zwar mit der richtigen Seite nach oben, einsetzen, dann den Deckel auflegen und wieder mit den Klips oder Schrauben befestigen.

LHM-Fluid (für einige Citroën-Modelle)

Bestimmte Citroën-Modelle verwenden ein gemeinsames Hydrauliksystem für Federung, Bremsen und Servolenkung. Dieses System enthält ein spezielles Hydraulik-Fluid (LHM). Wie bei jeder Hydraulik kann häufigerer Nachfüllbedarf nur auf ein Leck in der Anlage hinweisen, das unverzüglich aufgespürt und behoben werden muss.

Der Flüssigkeitsstand in der Anlage sollte wöchentlich oder vor längeren Fahrten kontrolliert und das Fluid alle 60 000 km gewechselt werden. Das Wechseln ist etwas kompliziert und sollte am besten in einer Fachwerkstatt ausgeführt werden.

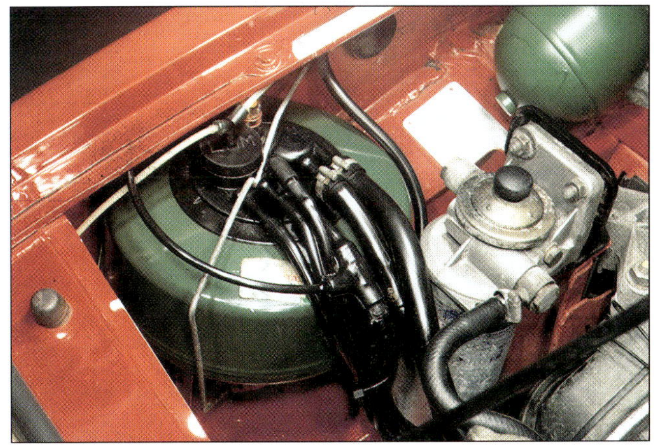

Um den Flüssigkeitsstand zu kontrollieren, Motor anlassen und mit dem Motor im Leerlauf die Höheneinstellung (Bodenfreiheit) im Wageninnern auf die Stufe »Maximum« stellen.

1 Der Flüssigkeitsstand der Anlage kann an einem Schauglas auf dem LHM-Behälter im Motorraum abgelesen werden. Der Schwimmer im Schauglas soll zwischen den beiden Markierungen stehen. Die Anzeige ist nur dann korrekt, wenn sich der Wagen in der Stellung mit dem größten Bodenabstand stabilisiert hat.

2 Ist ein Nachfüllen nötig, nur sauberes, neues LHM-Fluid verwenden. Einfülldeckel oben auf dem Reservoir (Foto) abnehmen und bei laufendem Motor Fluid nachfüllen, bis der Schwimmer im Schauglas zwischen den beiden Markierungen steht. Wenn der Fluidstand in Ordnung ist, Deckel wieder aufsetzen und Motor abstellen.

WARNUNG

Die in den Hydrauliksystemen von Citroën-Modellen verwendete mineralische Flüssigkeit LHM ist von grüner Farbe. Die Verwendung aller übrigen Stoffe einschließlich normaler Bremsflüssigkeit beschädigt Gummidichtungen und Schläuche der Anlage. Halten Sie LHM im Original-Gebinde verschlossen. Beachten Sie aber, dass die meisten Citroën-Modelle mit konventioneller Federung (Federn und Stoßdämpfer statt Hydraulik) handelsübliche Bremsflüssigkeit in ihrer Bremsanlage und Automatikgetriebe-Fluid in ihrer Servolenkung verwenden. Füllen Sie bei diesen Modellen niemals LHM ein!

Kraftstofffilter – Dieselmotor

Das Filter hat die Aufgabe, Schmutzpartikel aus dem Kraftstoff am Eindringen in die Einspritzanlage zu hindern. Schmutzteilchen können Düsen usw. verstopfen und dazu führen, dass der Motor unrund oder gar nicht mehr läuft; eventuell können sie auch schwere Schäden anrichten. Nach einiger Laufzeit setzt sich das Filter voll Schmutz, und das Dieselöl kann nur noch schwer durchlaufen. Um Probleme zu vermeiden, muss das Filter in empfohlenen Intervallen gewechselt werden.

Außer für das Ausfiltern von Schmutz sind die meisten Dieselfilter auch für das Abscheiden von Wasser zuständig, das ebenfalls am Eindringen in die Bauteile der Einspritzung gehindert werden muss. Das Wasser wird nach Öffnen eines Stopfens am Filter abgelassen.

Das Wasser aus dem Filter sollte alle sechs Monate oder alle 10 000 km, bzw. wenn die zugehörige Warnlampe aufleuchtet (falls vorhanden), abgelassen werden. Auch zum Winteranfang sollte man es herauslassen, um keine Probleme mit dem Einfrieren zu bekommen.

Das Dieselfilter sollte gemäß den Empfehlungen des Herstellers erneuert werden (üblich: alle 30 000 km).

Zum Entfernen des Wassers passenden Auffangbehälter unter den Filter stellen. Ablassschraube an der Filterunterseite um eine Umdrehung lösen. Dieselöl und Wasser herauslaufen lassen, bis nur noch sauberes Dieselöl ohne Wasser kommt (erkennbar an Farbe und Konsistenz). Schraube wieder festziehen und abgelassene Flüssigkeit umweltgerecht entsorgen.

1 Das Vorgehen beim Filterwechsel ist verschieden. Das Handbuch bzw. die Fachwerkstatt gibt Auskunft.

2 Müssen Leitungen und Schläuche demontiert werden, sollte man sich zuvor Notizen machen, welche an welche Stelle gehören. Bei dieser Arbeit wird unweigerlich Dieselöl verschüttet; deshalb Vorsichtsmaßnahmen treffen!

3 Nach dem Filterwechsel muss die Anlage entlüftet werden. Dazu dient üblicherweise eine Handpumpe mit dickem Knopf oder Gummibalg in der Leitung zum Dieselfilter, mit der Diesel aus dem Tank gepumpt und dabei das System entlüftet wird (Einzelheiten im Handbuch).

WARNUNG
Dieselkraftstoff kann Hautreizungen hervorrufen. Tragen Sie Wegwerfhandschuhe oder benutzen Sie Schutzcreme.

Kraftstofffilter – Benzinmotor

Einige ältere Autos besitzen kein Kraftstofffilter. Moderne Autos, vor allem die mit Einspritzmotoren, sind stets damit ausgerüstet. Das Filter soll Schmutzpartikel aus dem Kraftstoff am Eindringen in die Anlage hindern. Schmutzteilchen können Düsen usw. verstopfen und dazu führen, dass der Motor unrund oder gar nicht mehr läuft; eventuell können sie auch schwere Schäden anrichten. Nach einiger Laufzeit setzt sich das Filter voll Schmutz, und der Kraftstoff kann nur noch schwer durchlaufen. Um Probleme zu vermeiden, muss das Filter in empfohlenen Intervallen gewechselt werden.

Das Filter sollte gemäß den Empfehlungen des Herstellers erneuert werden (üblich: alle 100 000 km).

Weil Sie zum Wechseln des Filters Leitungen demontieren müssen, ist es sicherer, den Filterwechsel einer Werkstatt zu überlassen.

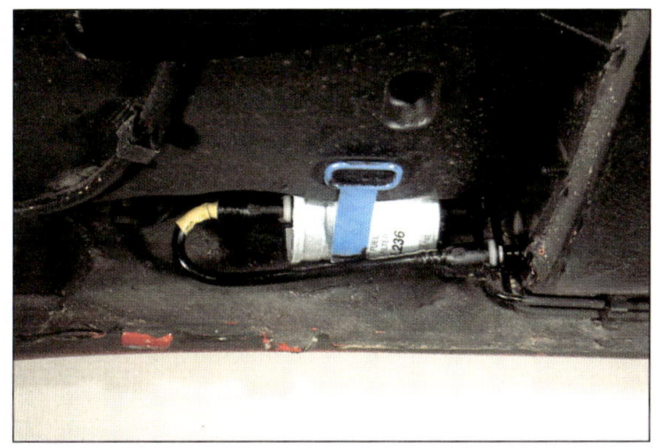

WARNUNG
In Benzinleitungen kann Kraftstoff unter Druck stehen. Schrauben Sie keine Leitungen ab, wenn Sie nicht sicher sind, was passiert.

Pollenfilter

Manche Autos schützen die Insassen mit Hilfe eines Filters vor Pollen, um allergischen Reaktionen vorzubeugen. Das Filter soll die angesaugte atmosphärische Luft zur Heizungs-/Lüftungsanlage von Pollen freihalten.

Das Pollenfilter sollte gemäß den Empfehlungen des Herstellers erneuert werden (üblich: alle zwei Jahre oder 30 000 km).

1 Pollenfilter gibt es in verschiedenen Formen und Größen. Gewöhnlich müssen einige Verkleidungsteile ausgebaut werden, ehe man das Filter erreicht.

2 Das Pollenfilter sitzt zumeist unter dem Windlauf im Motorraum vor der Windschutzscheibe, seltener innen hinter der Spritzwand.

Der Motor

Der Verbrennungsmotor hinterließ tiefe Spuren auf fast allen Gebieten des Lebens im 20. Jahrhundert. Wären die Konstrukteure der ersten Motoren in der Lage, heutige Triebwerke zu sehen, wären sie sicher verwundert, wie wenig sich daran geändert hat. Gewiss, moderne Werkstoffe und Elektronik ließen Motoren leichter, leiser und weitaus leistungsfähiger werden, doch die Mechanik im Innern blieb davon fast unberührt.

Dieses Kapitel erläutert, wie ein Motor funktioniert, wie er instand gehalten werden kann und was zu tun ist, wenn etwas nicht in Ordnung ist. Wenn Sie wissen möchten, was ein Zahnriemen der Ventilsteuerung tut und wie ein Katalysator arbeitet – hier sind die Antworten. Sie finden außerdem Tipps für eigene Wartungsarbeiten wie Kerzenwechsel oder Prüfen des Generatorriemens.

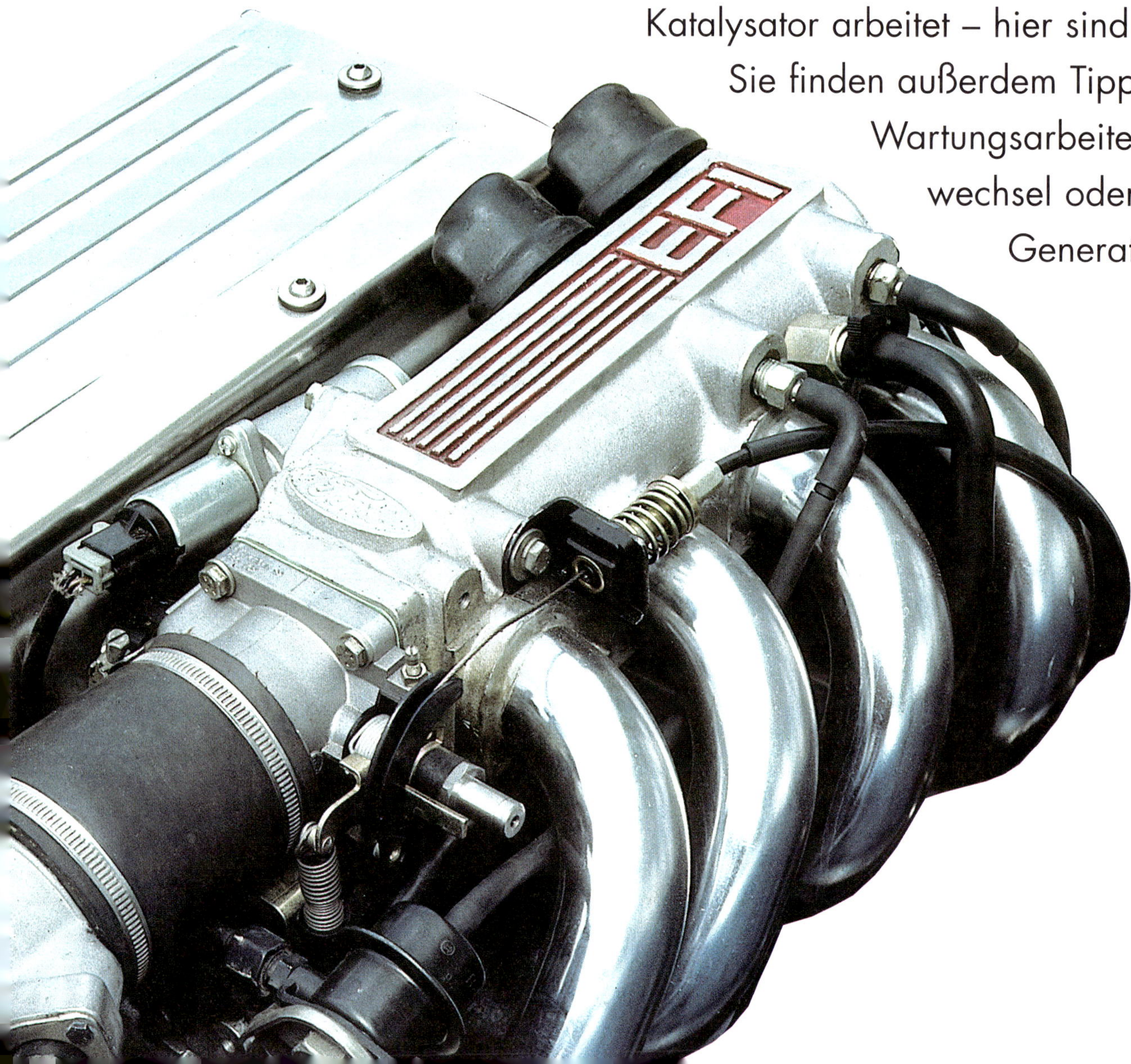

Wie funktioniert er?

Der Motor ist eine Maschine, die chemische Energie (Kohlenwasserstoffe im Kraftstoff) in mechanische Energie in Form von Bewegung umsetzt. Er tut dies, indem er in seinen Zylindern Kraftstoff verbrennt – daher die Bezeichnung »Verbrennungsmotor«.

Ein Kraftstoff-Luft-Gemisch dringt infolge Unterdrucks in den Zylinder ein, wird vom Kolben verdichtet und dann entzündet. Bei der Verbrennung expandiert das Gas sehr rasch und drückt den Kolben im Zylinder nach unten.

Der Kolben ist mit der Kurbelwelle durch ein Pleuel verbunden, das die lineare in eine Drehbewegung umwandelt und die Kurbelwelle dreht. Sie ist mit der Kraftübertragung gekoppelt und treibt so die Räder des Fahrzeugs an.

Ein- und Auslassventile im Kopf des Zylinders sind die Pförtner, die das Kraftstoff-Luft-Gemisch eintreten lassen, den Zylinder verschließen und nach der Verbrennung die verbrannten Gase in die Auspuffanlage austreten lassen. Diese Ventile werden geöffnet und geschlossen von einer Nockenwelle. Sie wird von der Kurbelwelle gewöhnlich über eine Kette oder einen Zahnriemen angetrieben.

In jedem Viertaktmotor bewegt sich der Kolben je zweimal auf und ab (zwei Aufwärts- und zwei Abwärtshübe machen insgesamt vier Hübe oder Takte), um einen Arbeitszyklus zu vollenden. Die vier Takte sind:

a) *Einlasshub* – der Kolben bewegt sich abwärts und hinterlässt Unterdruck im Zylinder, der bewirkt, dass Kraftstoff-Luft-Gemisch (beim Diesel: reine Luft) durch das Einlassventil einströmen kann.

b) *Verdichtungshub* – der Kolben bewegt sich bei geschlossenen Ventilen aufwärts und verdichtet das eingeströmte Gemisch (bzw. die Luft), bis es kurz vor der höchsten Stellung (beim Diesel: der eingespritzte Kraftstoff) zur Entzündung kommt.

c) *Arbeitshub* – der Kolben wird durch die Verbrennung heftig nach unten getrieben und gibt diese Bewegung über das Pleuel an die Kurbelwelle weiter.

d) *Auslasshub* – der Kolben bewegt sich (durch das im Arbeitshub erzeugte Schwungmoment) wieder aufwärts und schiebt die verbrannten Gase durch das offene Auslassventil hinaus. Der Kreislauf beginnt dann wieder mit dem Einlasshub.

Beim Benzinmotor (fachsprachlich: »Ottomotor«) wird das Kraftstoff-Luft-Gemisch durch den Funken an der Zündkerze gezündet (siehe »Zündkerzen« Seite 70).

Beim Diesel strömt über das Einlassventil reine Luft in den Zylinder. Ihre Temperatur steigt beim Verdichten so an, dass der kurz vor Ende des Verdichtungshubs durch eine Düse direkt in den Zylinder eingespritzte Kraftstoff sich selbst entzündet. (Eine Einspritzpumpe versorgt die Düsen mit Kraftstoff unter hohem Druck.)

DAS VIERTAKTVERFAHREN

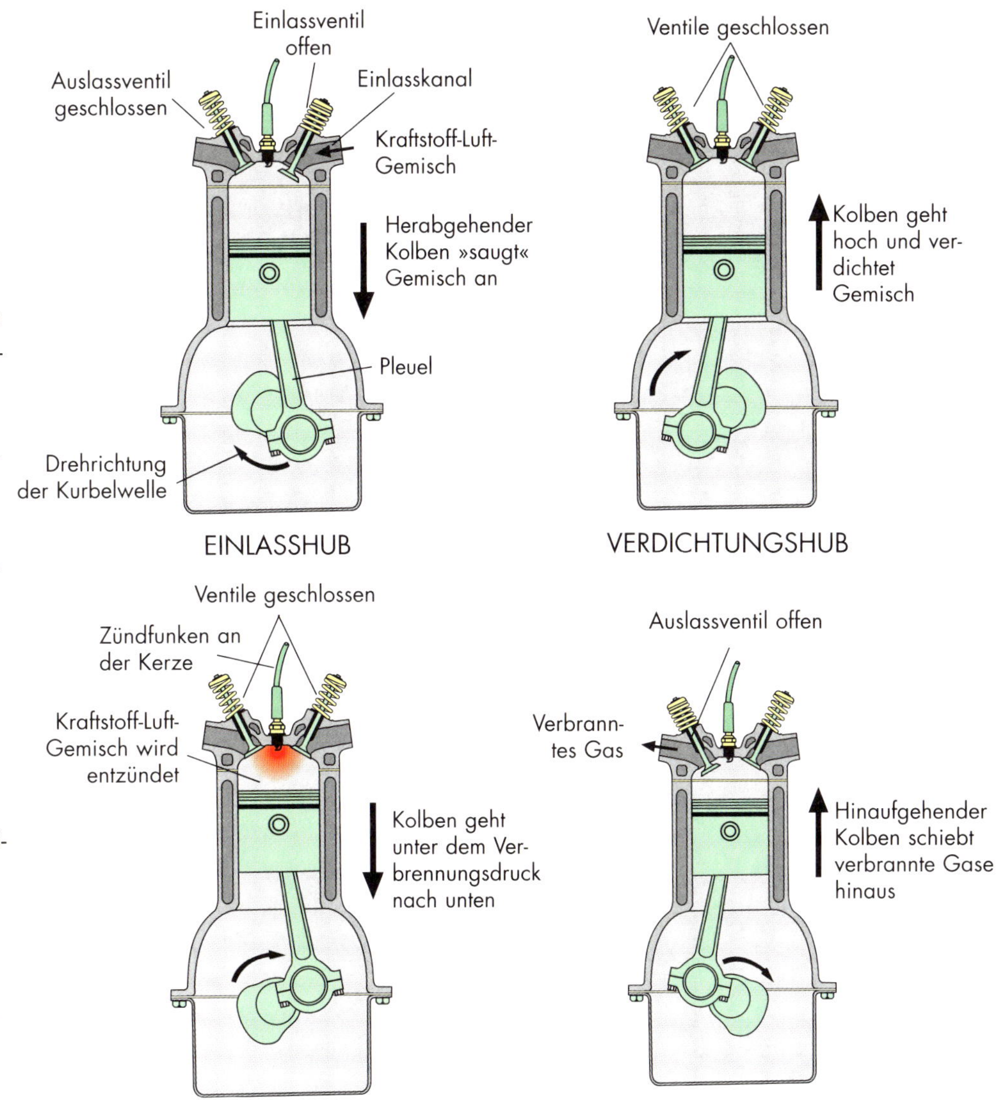

Mehrventilmotoren

Die meisten älteren Motoren haben ein Aus- und ein Einlassventil, also zwei Ventile, pro Zylinder. Viele moderne Motoren besitzen dagegen drei, vier oder ganz selten fünf Ventile pro Zylinder, wobei am häufigsten vier Ventile sind. Ein solcher Motor arbeitet mit zwei Ein- und zwei Auslassventilen je Zylinder (beim Vierzylinder spricht man deshalb auch vom »16-Ventiler«).

Der Einsatz von mehr als zwei Ventilen führt zu erhöhten Leistungen, weil sie Frischgas und Abgas leichter ein- und ausströmen lassen.

Zweinockenwellenmotoren (DOHC)

Diese Motoren besitzen zwei obenliegende Nockenwellen, von denen eine die Aus- und eine die Einlassventile betätigt. Motoren mit mehr als zwei Ventilen pro Zylinder sind fast immer DOHC-Motoren.

Wie man Schwierigkeiten vermeidet

Moderne Fahrzeugmotoren sind sehr zuverlässig, und wenn man sie richtig wartet, sollte es nie Probleme geben. Geht dennoch einmal etwas verkehrt, geben wir Ihnen hier einige Tipps zum Auffinden der Ursachen.

Kraftstoff

Achten Sie immer darauf, dass der Tank gefüllt ist, und zwar mit dem richtigen Kraftstoff. Wird der Tank leer, können Schmutz und Ablagerungen aus dem Tank in die Kraftstoffanlage geraten, und obgleich die meisten Autos ein Kraftstofffilter haben, kann sich das leicht mit feinen Partikeln zusetzen und Ärger bereiten. Lesen Sie Einzelheiten bitte im Kapitel 7 nach.

Elektrische Anlage

Sorgen Sie immer für einen guten Zustand der Batterie und der Kabelverbindungen zum Motor. An den meisten Pannen unterwegs ist die Elektrik schuld. Lesen Sie Einzelheiten bitte im Kapitel 14 nach.

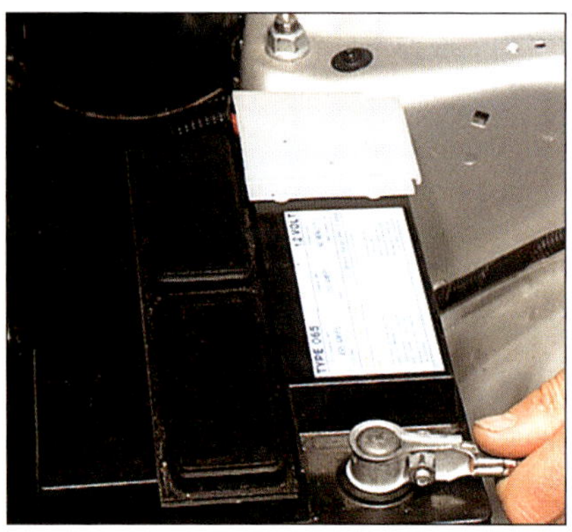

Gummiteile – Schläuche und Antriebsriemen

Kontrollieren Sie alle Gummischläuche im Motorraum auf einwandfreien Zustand. Alle Schlauchbinder müssen fest sitzen. Undichte Schläuche führen leicht zu ernsten Problemen. Prüfen Sie auch die Riemen der Hilfsaggregate des Motors (Generator usw.). Wo vorhanden, sollte auch der Nockenwellenzahnriemen in den empfohlenen Intervallen erneuert werden (normal nach etwa 60 000 km). Lesen Sie Einzelheiten bitte in diesem Kapitel auf Seite 76 nach.

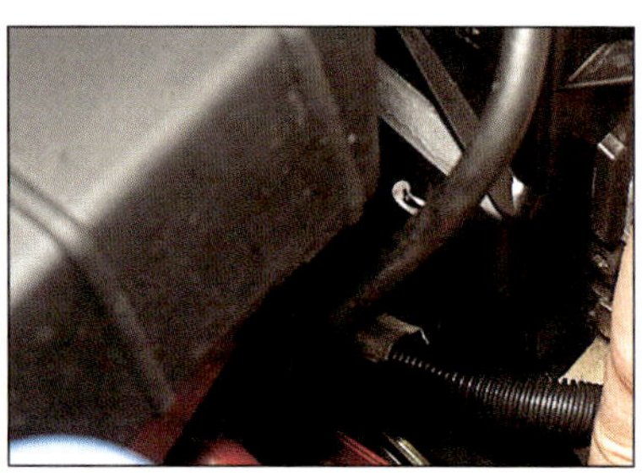

Motoröl

Kontrollieren Sie regelmäßig den Ölstand und wechseln Sie Öl (aber auch das richtige!) und Filter in den empfohlenen Intervallen. Das Öl ist das Blut des Motors, und ohne Öl wird er sterben! Leuchtet die Öldruck-Warnlampe an der Schalttafel auf, stellen Sie den Motor sofort ab. Lesen Sie Einzelheiten bitte im Kapitel 6 nach.

Kühlmittel

Kontrollieren Sie regelmäßig den Kühlmittelstand und füllen Sie bei Bedarf auf. Gibt es eine Leckstelle, lassen Sie sie schnellstmöglich abdichten. Beobachten Sie die Wassertemperaturanzeige, und wenn der Motor überhitzt ist, halten Sie an und lassen ihn vor der Weiterfahrt gut abkühlen. Überhitzung kann schwere Motorschäden verursachen. Lesen Sie Einzelheiten bitte im Kapitel 10 nach.

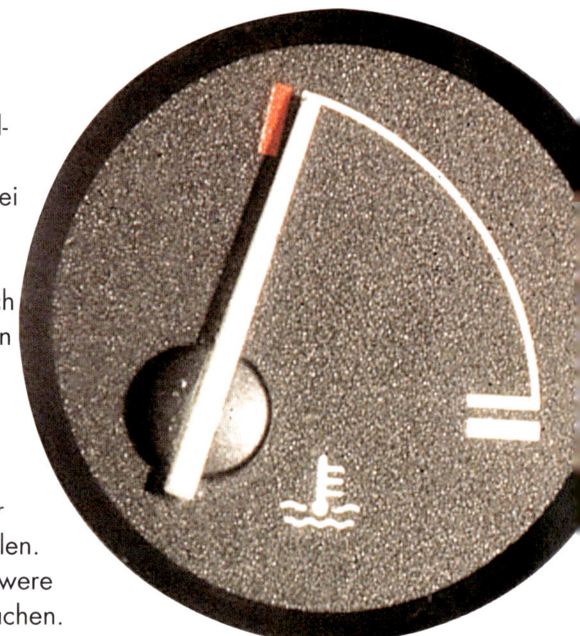

Wie halte ich meinen Motor fit? Was man tun sollte und was nicht

So macht man's...

- Ölstand wöchentlich und vor längeren Fahrten kontrollieren.
- Ölwechsel in den vom Hersteller empfohlenen Intervallen oder eher öfter, wenn Sie es sich leisten können.
- Kühlmittelstand und Antriebsriemen regelmäßig kontrollieren.
- gelegentlich den Wagen eine längere Strecke benutzen, wenn es sonst nur Kurzstrecken sind.
- sofort anhalten, wenn die Öldruck-Warnlampe im Betrieb aufleuchtet. Sie warnt vor zu niedrigem *Öldruck*, nicht vor zu wenig Öl im Motor! Es kann zu Motorschäden führen, wenn Sie den Motor nicht umgehend abstellen.

..und so macht man's nicht:

- nicht den Motor im Stand laufen lassen, um ihn aufzuwärmen; besser ist, gleich nach dem Anlassen loszufahren, auch im Winter.
- nicht den Motor dadurch aufwärmen wollen, dass man ihn mit übermäßig hoher Drehzahl laufen lässt.
- nicht den Motor (in den unteren Gängen) höher als nötig drehen lassen, bis das Kühlthermometer den normalen Bereich anzeigt.
- nicht mit überhitztem Motor weiterfahren.

Diagnose und Motor-Abstimmung

Unter der Motorabstimmung verstehen wir eine Kontrolle der Einstellung von Gemischbildung und Zündanlage, um sicherzustellen, dass beide innerhalb der vom Hersteller empfohlenen Werte liegen. An älteren Autos kann die Werkstatt Leerlaufdrehzahl, Leerlaufgemisch und Zündzeitpunkt prüfen und gegebenenfalls einstellen, doch bei modernen Motoren werden diese Einstellungen vom »Motormanagement« gesteuert und lassen sich nicht verändern (wenn nicht mit speziellen Diagnosegeräten gearbeitet wird)

Werden solche Einstellarbeiten durchgeführt, so bietet es sich an, gleichzeitig alle übrigen bei der regelmäßigen Inspektion des Wagens vorgeschriebenen Motorprüfungen mitmachen zu lassen.

Wenn Ihr Auto regelmäßig gewartet wird, sind Einstellarbeiten nur selten erforderlich, denn dann kann eigentlich nicht viel schieflaufen.

Hier nennen wir die übrigen Prüfungen, die normalerweise durchzuführen sind:

- Ölstand im Motor kontrollieren
- Kühlmittelspiegel im Behälter kontrollieren
- Luftfilter kontrollieren
- Kraftstofffilter (wenn vorhanden) kontrollieren
- Zündkerzen (Benzinmotor) kontrollieren
- Batterie kontrollieren
- Verkabelung und Schläuche von Zünd- und Kraftstoffanlage kontrollieren
- Werkstätten sind eventuell in der Lage, Leerlaufdrehzahl, Leerlaufgemisch und Zündzeitpunkt zu prüfen, doch bei den meisten modernen Motoren werden diese Einstellungen vom »Motormanagement« gesteuert und lassen sich nicht verändern.

Zündanlage und Gemischbildung

In der Zündanlage wird der Zündfunken erzeugt, der die Verbrennung des Kraftstoff-Luft-Gemisches im Zylinder eines Benzinmotors einleitet (Dieselmotoren besitzen keine Zündanlage). Die Zündspule wandelt Strom aus der Batterie mit 12 Volt in solchen mit sehr hoher Spannung um, der durch Hochspannungs-Zündkabel an die Zündkerzen übertragen wird. Innerhalb des Zylinders springt an den Elektroden der Zündkerze ein Funken über (siehe »Zündkerze« Seite 70).

Das Gemischbildungssystem steuert die Luft- und Kraftstoffmengen, die im Motor verbrannt werden sollen.

SCHEMA EINER TYPISCHEN »SINGLE-POINT«-EINSPRITZANLAGE FÜR EINEN BENZINMOTOR

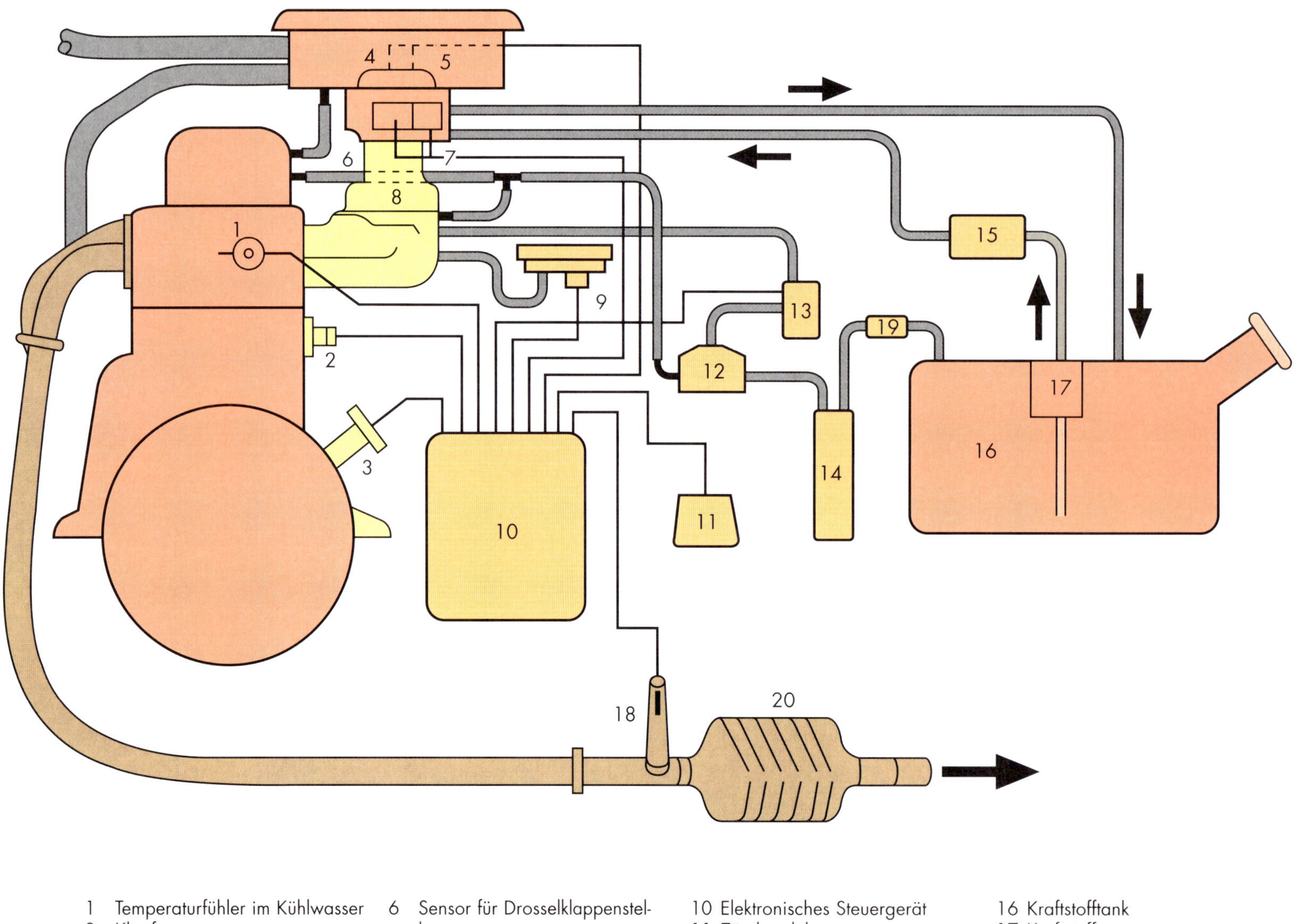

1 Temperaturfühler im Kühlwasser
2 Klopfsensor
3 Induktiver Fühler für Drehzahl und Kurbelwellenstellung
4 Einspritzdüse
5 Fühler für Lufteintrittstemperatur
6 Sensor für Drosselklappenstellung
7 Steuermotor für Leerlauf
8 Drosselklappengehäuse
9 Sensor für den absoluten Saugrohrunterdruck
10 Elektronisches Steuergerät
11 Zündmodul
12 Unterdruckmodul
13 Dampfrückführungsventil
14 Aktivkohlefilter
15 Kraftstofffilter
16 Kraftstofftank
17 Kraftstoffpumpe
18 Lambda-Sonde (Sauerstoffsensor)
19 Rückschlagventil
20 Katalysator

Ottomotoren (Benzinmotoren)

Frischluft wird durch das Luftfilter zum Saugrohr (»Plenum«) geleitet, wo sie mit Benzin gemischt wird, ehe sie durchs Einlassventil in den Brennraum eintritt.

Bei älteren Motoren besorgt ein Vergaser die Mischung von Luft und Kraftstoff im Ansaugtrakt. Der Vergaser nutzt die Luftströmung, um die vom Kolben »angesaugte« Luft mit Benzin anzureichern. Doch er lässt keine ausreichende Kontrolle über die Zusammensetzung des Gemisches zu, um heutige Abgasvorschriften erfüllen zu können.

Eine Einspritzanlage ist wesentlich effizienter als ein Vergaser bei der Kontrolle des Gemisches. Bei der »Single-point«-Einspritzung wird von nur einer Düse an einer Stelle Kraftstoff ins Saugrohr (»Plenum«) eingespritzt, wo er sich mit Luft vermischt, ehe das Gemisch in die Zylinder eintritt. Bei einer »Multi-point«-Einspritzung hat jeder Zylinder eine separate Einspritzdüse.

Dieselmotoren

Die Frischluft wird durch das Luftfilter zum Saugrohr geleitet und weiter durchs Einlassventil in den Brennraum. Eine Hochdruck-Einspritzpumpe drückt Dieselkraftstoff durch je eine Einspritzdüse pro Zylinder.

Beim Indirekt-Einspritzer spritzt die Düse den Kraftstoff in eine Wirbelkammer oder Vorkammer, die im Zylinderkopf nahe dem Brennraum des Zylinders angeordnet ist. Dort wird das Dieselöl mit Luft verwirbelt, ehe es in den Brennraum gelangt. Beim Direkteinspritzer hingegen spritzt die Düse den Kraftstoff direkt in den Zylinder ein, wo er sich mit verdichteter Luft mischt.

SCHEMA EINER TYPISCHEN DIESEL-EINSPRITZANLAGE

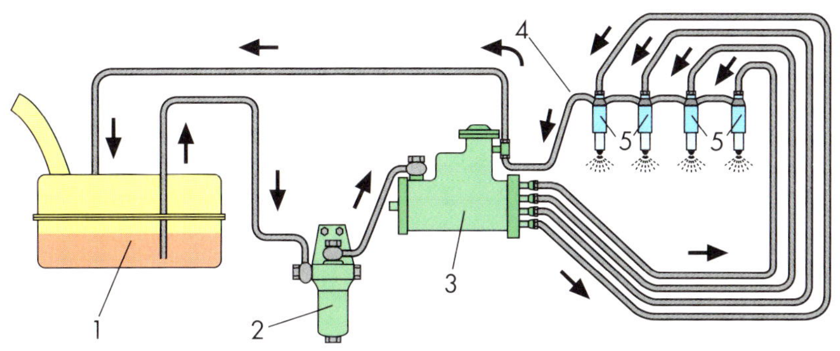

1 Kraftstofftank
2 Kraftstofffilter
3 Einspritzpumpe
4 Rücklaufleitung
5 Einspritzdüsen
Die Pfeile geben die Fließrichtung des Kraftstoffs an.

Was ist zu kontrollieren?

Luftfilter, Kraftstofffilter und (beim Ottomotor) die Zündkerzen sollten gemäß den Empfehlungen des Herstellers ersetzt werden. Achten Sie darauf, dass Sie nur für das Modell geeignete Ersatzteile einbauen.

Moderne Zünd- und Kraftstoffanlagen sind sehr zuverlässig. Die wenigen Pannen entstehen meistens durch Feuchtigkeit oder mangelhaften elektrischen Kontakt.

- Sorgen Sie immer für genügend Kraftstoff im Tank; bei fast leerem Tank gerät Schmutz aus dem Tank in die Anlage.
- Wechseln Sie die Teile, die der Hersteller angibt, in den vorgeschriebenen Intervallen aus (siehe zu »Zündkerzen« die folgende Seite, sowie Kapitel 8).
- Kontrollieren Sie regelmäßig elektrische Leitungen und Anschlüsse.
- Lassen Sie beim Dieselmotor regelmäßig das Wasser aus dem Abscheider ab (siehe Kapitel 8).
- Sprühen Sie auf feuchte Kabelanschlüsse Kontaktspray.
- Kontrollieren Sie Kraftstoffleitungen im Motorraum regelmäßig auf Dichtheit; Leckstellen sind gefährlich und können teuer werden.

Zündkerzen

Zündkerzen (kurz: »Kerzen«) finden wir bei allen Ottomotoren; sie sollen das Kraftstoff-Luft-Gemisch im Zylinder im exakt richtigen Moment entzünden.

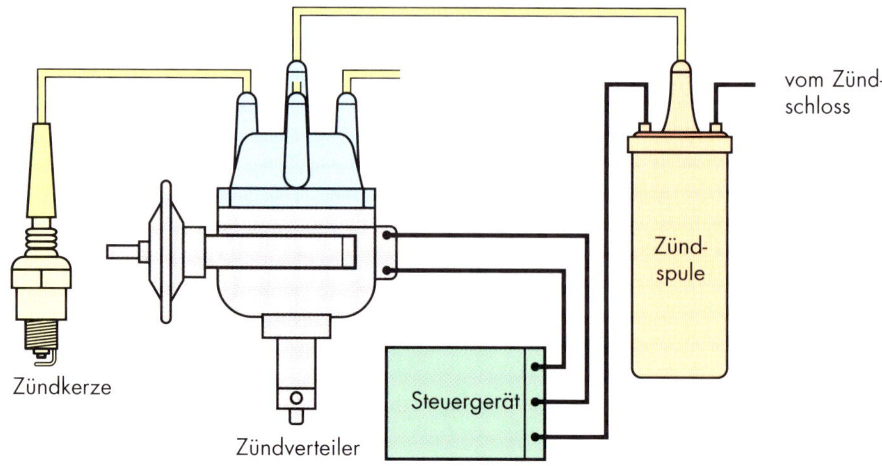

SCHEMA EINER TYPISCHEN ZÜNDANLAGE FÜR EINEN BENZINMOTOR

Wenn die Zündanlage hochgespannten, kurz unterbrochenen Strom durch das Zündkabel an die Kerze liefert, springt zwischen der Mittelelektrode und der Masseelektrode der Kerze ein Funken über. Der Funken entzündet das hochentzündliche Kraftstoff-Luft-Gemisch im Brennraum, das den Kolben nach unten treibt.

Der Elektrodenabstand kann für unterschiedliche Motoren individuell eingestellt werden. Dieser Abstand (z.B. 1,3 mm) ist wichtig für den Ablauf der Verbrennung. Einige Kerzen besitzen auch mehr als eine Masseelektrode.

Zum Kauf der richtigen Kerzen

Mit ungeeignetem Kerzentyp läuft Ihr Motor nicht optimal. Schlimmstenfalls können schwere Motorschäden entstehen. Üblicherweise finden Sie im Handbuch den Hinweis, welche Kerzen zu verwenden sind, und auch jeder Kerzenhersteller gibt Anwendungshinweise. Neue Kerzen bekommen Sie beim Vertragshändler und im Zubehörhandel. Angeben müssen Sie Marke und Modell Ihres Wagens, Hubraum und Baujahr. Im Zweifel schlagen Sie in der Betriebsanleitung nach.

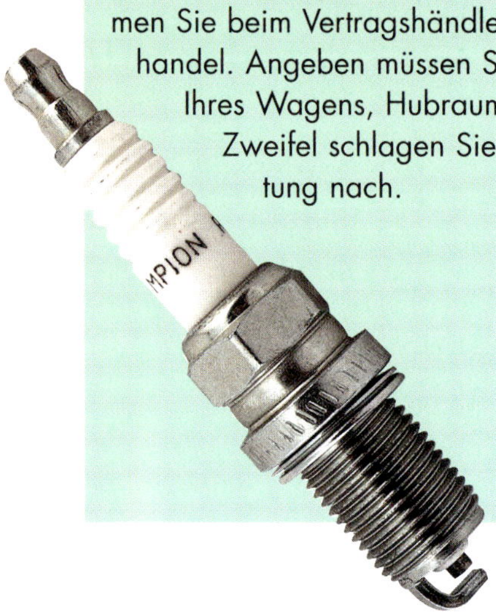

Glühkerzen

Glühkerzen werden in Dieselmotoren eingebaut, und zwar zur Unterstützung des Kaltstarts und um die Rauchentwicklung unmittelbar nach dem Start zu verringern. Der Dieselmotor ist von besonders hohen Temperaturen im Zylinder abhängig, um das schwer entflammbare Kraftstoff-Luft-Gemisch zünden zu können. Bei kaltem Motor und kalter Ansaugluft kann sonst nicht sofort die nötige Zündtemperatur erreicht werden.

Die Glühkerze ist ein elektrisches Heizelement (das rot glüht, wie der Name sagt), und fast immer hat jeder Zylinder eine eigene Glühkerze.

An den meisten modernen Motoren werden die Glühkerzen von der Elektronik automatisch gesteuert; sie werden mit dem Zündschlüssel eingeschaltet, worauf eine Warnlampe aufleuchtet, solange die Glühkerzen aufheizen.

Üblicherweise wird heute ein Diesel wie folgt gestartet:
a) Zündschlüssel nur so weit drehen, bis das Warnlicht angeht.
b) Warten bis das Warnlicht wieder ausgeht.
c) Zündschlüssel weiterdrehen und Motor anlassen.

Die Warnlampe verlöscht also, sobald die Brennraumtemperatur zum Starten ausreicht. Würde man den Zündschlüssel, ohne auf das Verlöschen zu warten, in Anlassstellung weiterdrehen, würde der Motor (kalt) nicht oder nur schwer anspringen und eine Menge Rauch ausstoßen.

Glühkerzen halten außerordentlich lange, so dass man sie weder kontrollieren noch wechseln muss. Treten Startprobleme oder starke Rauchentwicklung beim Anlassen auf, lassen Sie sie prüfen. Irgendwann einmal im langen Leben eines Dieselmotors wird man eventuell die Glühkerzen wechseln müssen.

Wie man Zündkerzen wechselt

Sie benötigen einen Satz neue Kerzen, einen passenden Kerzenschlüssel, ein Einstellwerkzeug und Fühlerlehren, einen kleinen alten Pinsel, eine kleine Tube Fett und ein etwa 15 cm langes Stück Plastikschlauch, das auf den Keramikkörper der Kerze passt. Entsprechende Arbeiten sollten nur bei kaltem Motor und bei ausgeschalteter Zündung durchgeführt werden.

Die Zündkerzen befinden sich oben am Zylinderkopf des Motors; die Zündkabel weisen Ihnen den Weg. Manchmal muss zuerst eine Verkleidung entfernt werden, um die Kerzen zu erreichen.

1 Stets nur an einer Kerze zur Zeit arbeiten, dann kann man keine Kabel verwechseln. Erstes Zündkabel mit Kerzenstecker behutsam bei leichter Drehung abziehen; nicht am Kabel ziehen!

2 Schmutz um die Kerze herum zuerst abwischen, damit es nicht in den Brennraum fallen kann.

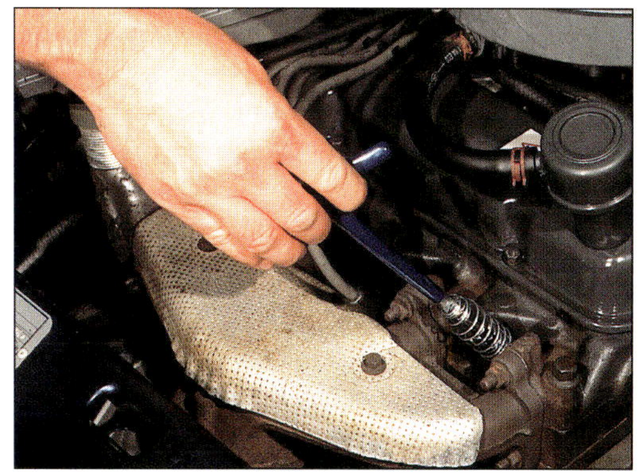

3 Mit Hilfe des Kerzenschlüssels die Kerze herausschrauben.

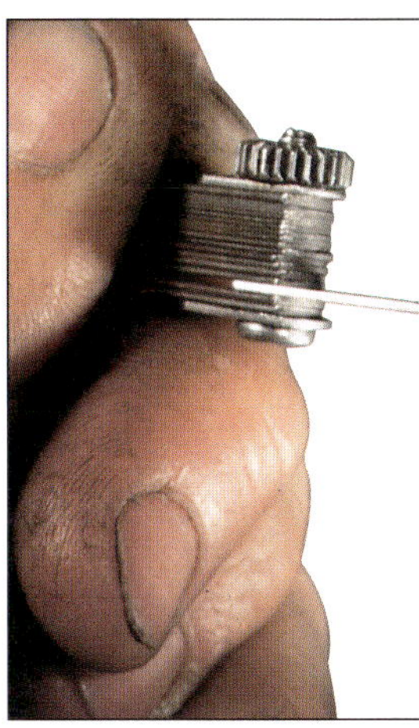

4 An der neuen Kerze mit der Fühlerlehre den Elektrodenabstand messen und ggf. mit dem Einstellwerkzeug korrigieren; der exakte Wert steht im Handbuch. Der Abstand ist wichtig, und der Motor würde bei falschem Abstand nicht optimal arbeiten.

5 Kerzengewinde leicht einfetten. Das Stück Plastikschlauch wird dazu benutzt, die Kerze in den engen Raum zu führen und einzuschrauben. Fasst das Gewinde nicht gleich, dann rutscht der Schlauch, und das Gewinde kann nicht beschädigt werden. Nochmals in Ruhe versuchen.

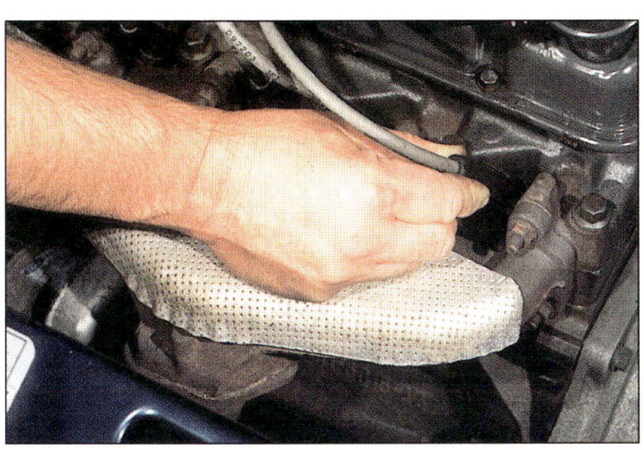

6 Kerze mit dem Schlauch so weit einschrauben, wie es geht, und dann erst mit dem Kerzenschlüssel festziehen (Gewinde nicht überdrehen!).

7 Kerzenstecker auf das Ende der Kerze drücken und das Ganze für die übrigen Kerzen wiederholen.

8 Am Ende alle zuvor ausgebauten Teile wieder montieren.

Motor-Managementsysteme

Ein modernes Triebwerk mit einem solchen System ist zuverlässiger, sparsamer im Verbrauch, leistungsfähiger, umweltfreundlicher und erfordert weniger Wartung als ein vergleichbarer älterer Motor ohne Managementsystem. Dazu sollte man wissen, dass viele dieser Anlagen aus im Rennsport verwendeten Systemen entwickelt wurden, wo man nichts einbaut, was nicht konkrete Vorteile bietet.

Wie arbeiten solche Anlagen?

Rund um den Motor sind eine Reihe Sensoren (Fühler) angebracht. Jeder von ihnen erzeugt ein elektrisches Signal, das sich ändert, wenn sich die von dem Sensor überwachten Bedingungen ändern. Alle Signale werden an das Steuergerät gesendet, das einen Mikroprozessor und einen Speicher enthält. Ersterer verarbeitet alle Information, die von den Fühlern hereinkommt, und kann beim Abgleich mit dem Speicherinhalt exakt feststellen, welche Betriebsbedingungen (Drehzahl, Temperaturen, Drücke usw.) in diesem Augenblick für den Motor vorliegen. Das Steuergerät überwacht die gespeicherten Daten und entscheidet, wieviel Kraftstoff dem Motor in diesem Moment zugeführt werden muss und welcher Zündzeitpunkt (beim Diesel: Einspritzzeitpunkt) in dieser Sekunde optimal ist. Das Steuergerät überwacht außerdem den Motorleerlauf und die Abgasemission.

Diagnosesystem an Bord

Motor-Managementsysteme gibt es gewöhnlich in Verbindung mit einem Selbst-Diagnose-System an Bord, das dazu Einzelheiten eingetretener Fehler oder Soll-Abweichungen registriert. Ist ein Bauteil oder Wert fehlerhaft, so speichert das System einen Fehlercode im Steuergerät, der mit Hilfe eines Fehlercode-Lesers von einer Werkstatt »abgehört« werden kann, um festzustellen, welches Bauteil nicht in Ordnung ist. (Manchmal ist auch ein Diagnoselicht für diesen Zweck am Wagen angebracht.) Auf diese Weise können Fehler sehr schnell und einfach aufgespürt und behoben werden.

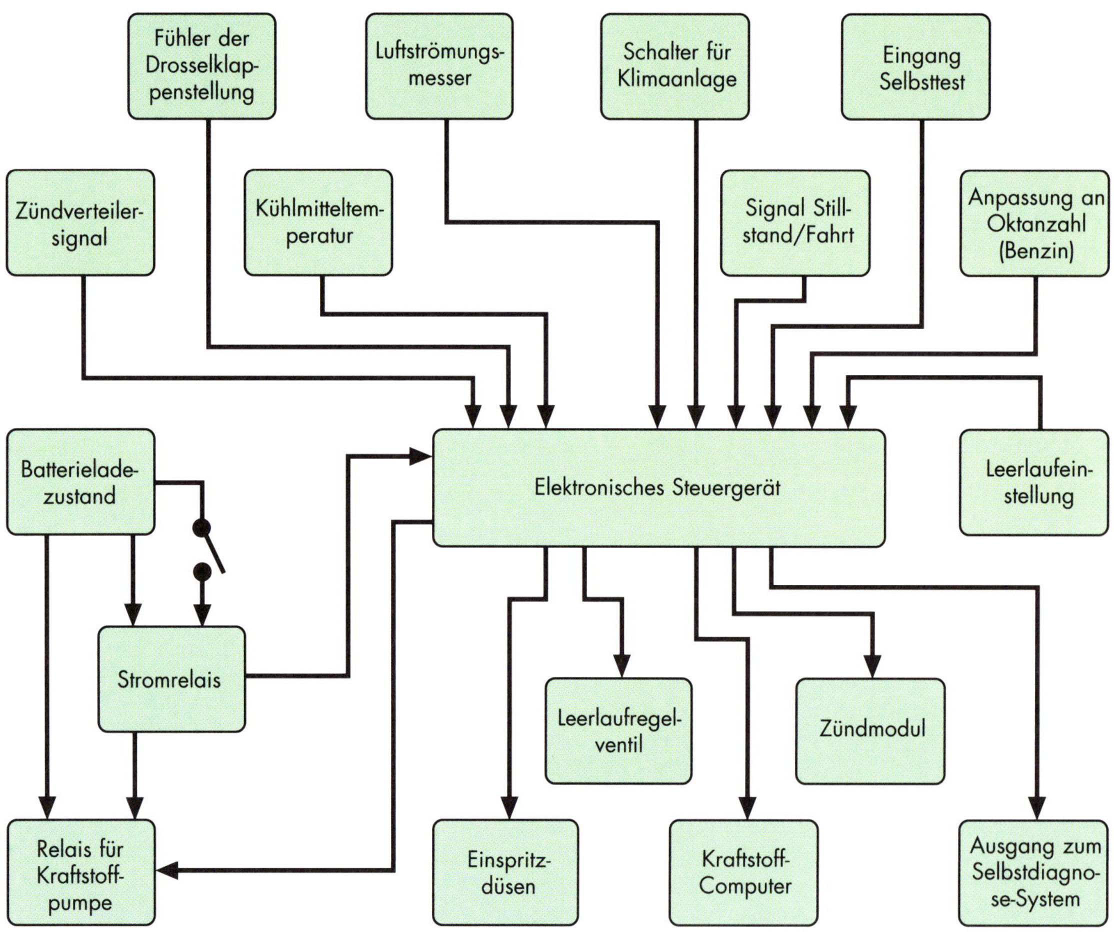

SCHEMA EINES TYPISCHEN MOTOR-MANAGEMENTSYSTEMS MIT ELEKTRONISCHEM STEUERGERÄT UND DEN ZU- UND ABGÄNGEN

Qualm aus dem Auspuff

Weißer Dampf aus dem Auspuff für einige Sekunden beim Start am Morgen ist kein Problem – es handelt sich um Kondesat aus der Abgasanlage, das zu Dampf wird. Er sollte verschwinden, sobald der Motor sich zu erwärmen beginnt. Viele Dieselmotoren stoßen nach längerer, normaler Fahrt beim kräftigen Beschleunigen dicken schwarzen Rauch aus – auch darüber brauchen Sie sich keine Sorgen zu machen.

Weißer Qualm

Er wird am häufigsten verursacht durch in die Zylinder eingedrungenes Kühlmittel, oft infolge einer defekten Zylinderkopfdichtung. In diesem Fall müssen Sie öfter als normal Kühlmittel nachfüllen, und der Motorölstand scheint zu steigen (da Kühlmittel ins Öl kommt). Das kann ernste Folgen haben; lassen Sie es schnellstmöglich untersuchen.

Dieselmotoren erzeugen beim Start – besonders bei Kälte – eine ganze Menge weißen Qualm. Wenn Sie meinen, dass es besonders viel ist, sollten Sie die Glühkerzen kontrollieren lassen. An Turbomotoren kann weißer Qualm ein Zeichen für defekte Öldichtringe im Turbolader sein. Lassen Sie auch dieses Problem sofort untersuchen; denn der Turbolader kann rasch Schaden nehmen, wenn er sein Öl verliert.

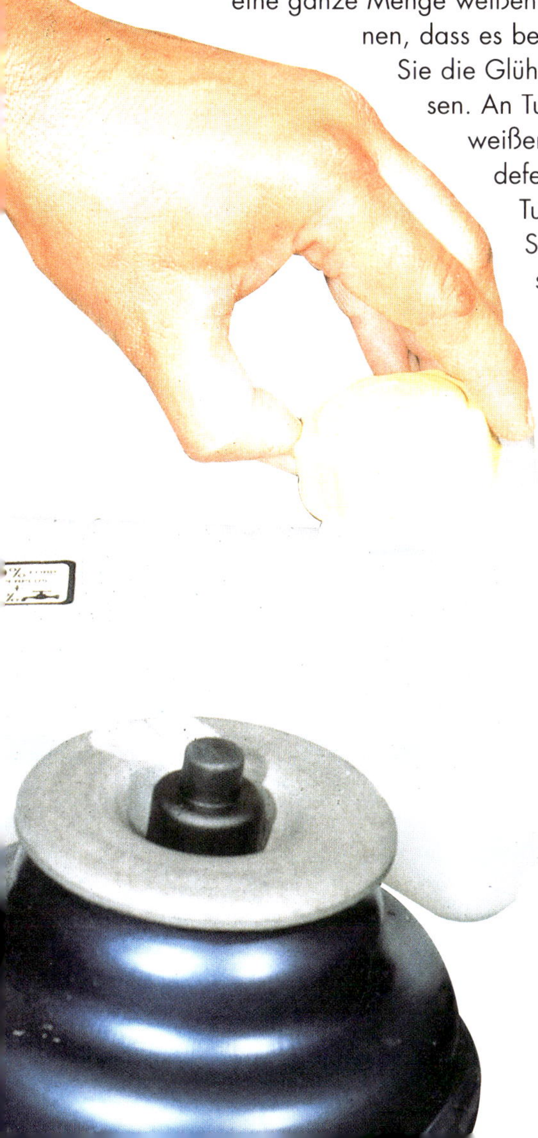

Bläulich-weißer Qualm

Gewöhnlich verursacht durch eine Ölleckage innerhalb des Motors, ist dies normalerweise die Folge von abgenutzten Dichtringen im Zylinderkopf (kein sehr ernstes Problem), aber oft auch von starkem Verschleiß in den Lagern und Zylinderbohrungen (das ist schon ernster). Dann werden Sie merken, dass Sie öfter als sonst Motoröl nachfüllen müssen. Lassen Sie den Motor durchchecken, bevor Schlimmeres passiert.

Blauer Rauch beim Dieselmotor kann die Folge eines Defekts in der Einspritzanlage sein. Befragen Sie Fachleute, bevor die Sache ernst wird.

Schwarzer Qualm

Er wird gewöhnlich durch ein zu »fettes« Gemisch, also zu viel Kraftstoff im Verbrennungsprozess, verursacht. Hat Ihr Auto einen Katalysator, so kann dieser leicht Schaden nehmen; also nicht länger als nötig weiterfahren. Schwarzer Rauch kommt meistens mit erhöhtem Verbrauch zusammen und hinterlässt auch eine rußige schwarze Ablagerung innen am Ende des Auspuffrohrs. Lassen Sie die Sache so schnell es geht untersuchen – und schauen Sie zu allererst, ob der Luftfiltereinsatz verstopft ist!

Im übrigen lässt sich durch richtige Einstellung im Kraftstoffsystem oft das Problem lösen. Lässt man es zu lange anstehen, kann der Motor Schaden nehmen.

Der Katalysator

Katalysatoren haben die Aufgabe, die schädlichen Abgase, die durch die Auspuffanlage ins Freie strömen, zu reduzieren.

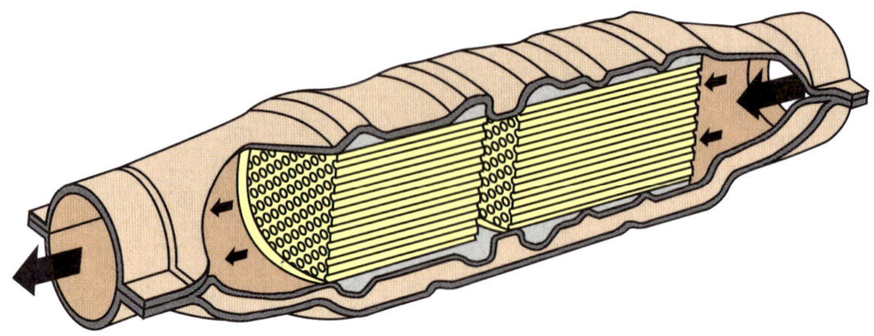

KATALYSATOR

Unter Katalysator versteht man eine Substanz, die gewisse chemische Reaktionen beschleunigt, ohne sich selbst zu verändern. Der in unsere Autos eingebaute »Kat« ist ein Stahlblechgehäuse, das einen keramischen Wabenkern umschließt, auf dessen Oberflächen der Katalysator (z.B. Platin) aufgebracht ist. Die Abgase können die wabenförmigen Kanäle des Kerns frei passieren, während die Katalysatorsubstanz die Umwandlung schädlicher in unschädliche Gase und Wasserdampf beschleunigt.

Um dem Kat nicht zu schaden, muss der Motor einwandfrei eingestellt sein und unverbleiter Kraftstoff getankt werden.

An älteren Autos mit Kat und allen Dieselfahrzeugen bis zum Ende 1999 arbeitet der Kat unabhängig und setzt einen gut gewarteten, gepflegten Motor voraus. Diese Fahrzeuge fallen in die Kategorie »ungeregelter Kat« oder auch »open-loop«.
An den meisten modernen Autos mit Kat befindet sich dagegen im Abgassystem ein Sauerstoffsensor, die »Lambda-Sonde«. Diese Sonde stellt den Sauerstoffgehalt im Abgas fest und meldet ihn ans Motor-Management, das seinerseits aufgrund dieser Daten das Kraftstoff-Luft-Gemisch laufend nachregelt. Der Kat kann nur optimal arbeiten, wenn das »Lambda« (Luft-Kraftstoff-Verhältnis) innerhalb eines recht engen Bereiches gehalten wird. Diese Art des Katalysatorsystems wird als »geregelt« bezeichnet oder auch als »closed-loop«.

Nach mehreren Jahren muss der Kat erneuert werden, weil sein Inneres mit der Zeit altert. Das kann wegen der wertvollen Edelmetalle im Kat ziemlich teuer werden.

Katalysatoren haben gewisse Nebenwirkungen. Zum ersten arbeiten sie nur richtig, wenn sie ihre Betriebstemperatur erreicht haben. Solange sie kalt sind, reduzieren sie den Schadstoffgehalt kaum. Wenn Sie dicht hinter einem Kat-Fahrzeug her fahren, riecht es möglicherweise nach verfaulten Eiern, wenn der Wagen kräftig beschleunigt oder wenn er schwer beladen bergauf fährt. Das rührt vom ausgestoßenen Schwefelwasserstoff her. Eine weitere Nebenwirkung besteht darin, dass bei Kat-Fahrzeugen mehr Wasser aus dem Auspuff tropft, besonders bei kaltem Motor und auf Kurzstrecken – daher wird die Auspuffanlage schneller rosten.

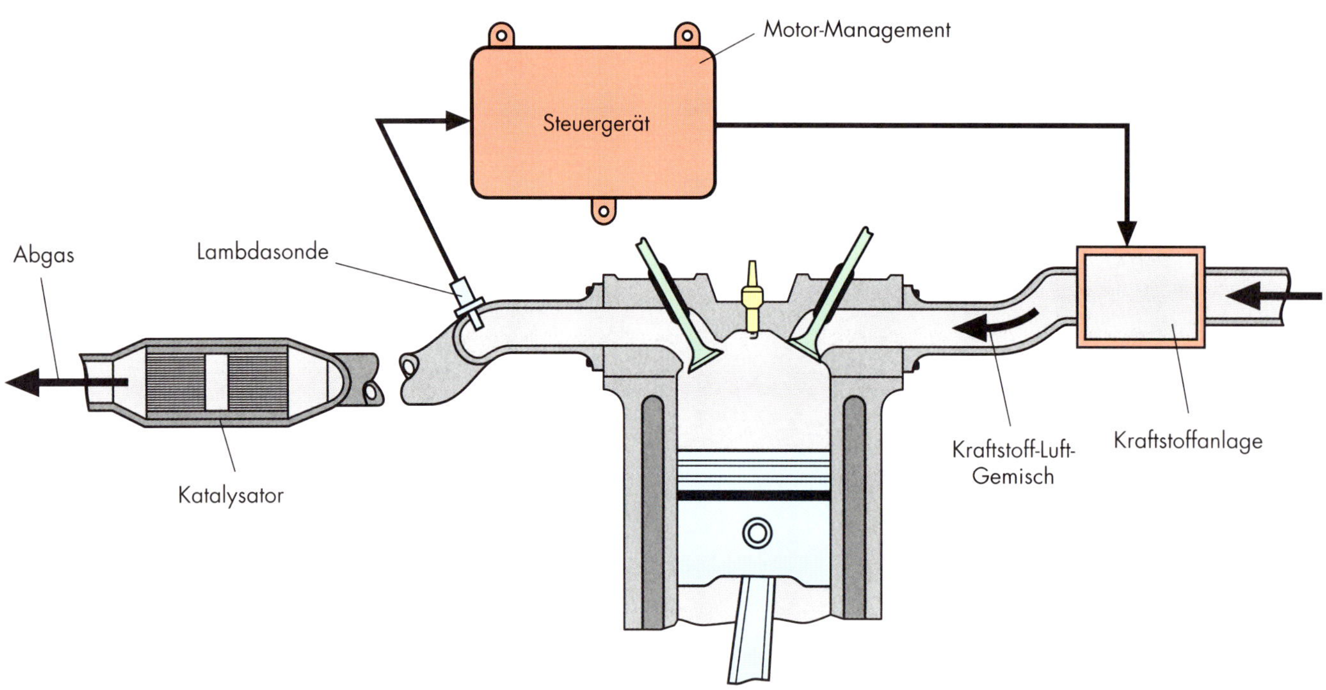

GEREGELTE KATALYSATORANLAGE

Motorraum reinigen

Wenn Sie sich bei jeder Wartung Ihres Fahrzeugs die Zeit nehmen, den Motorraum mit einem Putzlappen zu reinigen, bleibt alles schön sauber, und der Schmutz hat kaum eine Chance, irgendwo einzudringen. Austretende Flüssigkeiten lassen sich leichter entdecken, und bei einer kleinen Panne unterwegs machen Sie sich nicht so schmutzig.

Die erste Motorreinigung

Sie brauchen eine Anzahl Putzlappen und bei entsprechender Verschmutzung einen Motor-Reinigungsspray mit Fettlöser, einen Wasseranschluss mit Schlauch, Plastiktüten und große Gummibänder.

Ziehen Sie altes Zeug an und tragen Sie Schutzhandschuhe und Schutzbrille.

Sie werden mehr brauchen als nur ein paar Lappen. Das beste ist, den Wagen an eine Waschanlage mit Dampfreiniger zu bringen – entweder lassen Sie es dort machen oder sich zeigen, wie man die Geräte benutzt.

Einige Hersteller behandeln die Aggregate der Neuwagen mit wachsartigem Korrosionsschutz, der, obgleich er schon bald aussieht wie angebackener Schmutz, eigentlich haften bleiben oder nach chemischer Reinigung wieder aufgebracht werden sollte. Lesen Sie im Handbuch die Empfehlungen des Herstellers, und wenn es sein muss, so lassen Sie diese Schutzschicht.

1 Vor Beginn der Motorreinigung empfindliche Teile wie Zündspule und Zündkabel mit Plastiktüten, die man mit Gummiband befestigt, gegen das Eindringen von Wasser und Reinigungsmitteln abdecken, desgleichen die offene Seite des Generators sowie Antriebsriemen und Riemenscheiben. Am Dieselmotor deckt man die Einspritzpumpe ab.

2 Festsitzende Schmutzschichten mit Reinigungsspray beseitigen; Anweisungen auf der Dose befolgen. Motor mit Wasser abspritzen und darauf achten, dass die empfindlichen Teile geschützt bleiben. Überschüssiges Wasser abtropfen lassen, dann die Plastiktüten vorsichtig, ohne dass Wasser an die Elektrik kommt, entfernen.

3 Anschließend die Elektrik und andere empfindliche Teile mit einem die Feuchtigkeit absorbierenden Kontaktspray einsprühen, jedoch nicht die Antriebsriemen, Brems- und Auspuffteile. Zum Schluss kann ein Tropfen Öl an alle beweglichen Teile, von denen das Öl oder Fett abgewaschen wurde, nicht schaden.

Antriebsriemen für Hilfsaggregate

Hilfsaggregate werden im allgemeinen über eine Riemenscheibe von einem Ende der Kurbelwelle aus angetrieben. Über elastische Riemen werden der Generator, die Pumpe der Servolenkung, der Verdichter der Klimaanlage und in manchen Autos auch die Wasserpumpe angetrieben. Dabei kann ein Riemen alle Aggregate treiben, oder mehrere Riemen übernehmen Einzelantriebe.

Bei Dieselmotoren wird häufig auch die Einspritzpumpe über einen Zahnriemen angetrieben, oder der Zahnriemen der Nockenwelle wird dafür mitverwendet. In beiden Fällen läuft dieser Riemen in einem Gehäuse und bedarf keiner Wartung (außer der Erneuerung in vorgeschriebenen Intervallen). Dieselmotoren können auch eine riemengetriebene Unterdruckpumpe für die Bremsanlage haben (siehe »Bremsen« im Kapitel 12).

Die Kontrolle der Antriebsriemen ist gewöhnlich ein Punkt in der Wartungsliste, und eine Erneuerung ist nach längerer Zeit so gut wie sicher einmal nötig.

Kauf eines Ersatzriemens

Es empfiehlt sich, den oder die passenden Ersatzriemen für Ihr Auto immer dabei zu haben. Sie bekommen sie evtl. auch im Zubehörhandel, aber vermutlich leichter beim Vertragshändler. Am besten wäre es, einen ausgedienten Riemen als Muster mitzunehmen. Antriebsriemen längen sich im Betrieb etwas, deshalb wundern Sie sich nicht, wenn der neue einige Millimeter kürzer ist.

Antriebsriemen prüfen

1 Von oben kann es schwierig sein, an den Riemen heranzukommen; womöglich geht es besser von unten (evtl. nach Abschrauben eines Schutzdeckels). Den Riemen auf seiner ganzen Länge untersuchen – dafür muss vermutlich die Kurbelwelle durchgedreht werden. Das geht am einfachsten (Getriebe im Leerlauf!) mit einem Ringschlüssel an der Schraube oder Mutter vorn auf der Kurbelwelle.

2 Auf Risse, Abspaltungen und Ausfransen des Riemens sowie auf blankgescheuerte Stellen achtgeben. Gibt es irgendwelche derartige Anzeichen, ist Ersatz nötig.

3 Zum Spannen des Riemens kann eine automatische oder manuelle Nachspannung am Motor vorgesehen sein. Bei manueller Nachspannung ist es meist das ganze Hilfsaggregat (z.B. der Generator), der sich zum Spannen schwenken lässt. Sonst kann auch ein separater Riemenspanner vorhanden sein.

4 Die meisten Hersteller geben für jeden Riemen eine Spannung an. Generell macht man jedoch nichts falsch, wenn der Riemen so stramm sitzt, dass er nicht rutscht, aber nicht so stramm, dass er die Lager der Hilfsaggregate belastet. Wenn man an seiner längsten freien Strecke den Riemen mit leichtem Daumendruck um 5-10 mm eindrücken kann, ist das für fast alle Motoren die richtige Einstellung.

5 Riemen können laut kreischen, wenn sie zu locker sitzen, besonders beim Anfahren, und brummen, wenn sie zu stramm gespannt sind.

Kann ich mit gerissenem Antriebsriemen weiterfahren?

Es lohnt sich, einen passenden Ersatzriemen für Ihr Auto dabei zu haben, wenn Sie ihn einmal brauchen sollten. Selbst wenn Sie ihn nicht selbst montieren, hätten Sie ihn für jemanden bereit, der Ihnen helfen will.

Ein und derselbe Riemen kann mehrere Aggregate treiben, daher sollten Sie genau wissen, was alles der gerissene Riemen getrieben hat, bevor Sie sich entschließen, weiterzufahren.

Gerissener Riemen der Wasserpumpe	Nicht weiterfahren, sonst rasche Überhitzung des Motors
Gerissener Riemen des Generators	Nur noch eine kurze Strecke weiterfahren. Der Generator lädt die Batterie nicht auf, daher brennt die Ladelampe und die Batterie wird recht bald leer sein. Dann läuft auch der Motor nicht mehr.
Gerissener Riemen der Servolenkungs-Pumpe	Sie können weiterfahren. Die Lenkung geht jetzt aber wesentlich schwerer. Vorsicht!
Gerissener Riemen für Verdichter der Klimaanlage	Sie können weiterfahren, aber die Klimaanlage arbeitet nicht.
Gerissener Riemen der Einspritzpumpe beim Diesel	Der Motor bleibt stehen, also können Sie nicht weiterfahren. Der Einbau eines neuen Riemens geht nicht unterwegs, also müssen Sie Hilfe holen.
Gerissener Riemen der Unterdruckpumpe (Diesel)	Sie können weiterfahren, die Bremse wird funktionieren, doch Sie müssen wesentlich stärker aufs Pedal treten, um anzuhalten. Vorsicht!
Gerissener Riemen der Hydraulikpumpe (nur Citroën: einige Modelle der Mittel- und alle der Oberklasse)	Nicht weiterfahren. Die Bremse fällt nach einigen Versuchen ganz aus, desgleichen die Federung.

Nockenwellen-Zahnriemen

Er treibt von der Kurbelwelle aus die Nockenwelle(n) des Motors (siehe am Anfang dieses Kapitels »Wie funktioniert er?«). Beide Riemenscheiben besitzen flache Verzahnungen, in die der ebenfalls verzahnte Riemen eingreift. Er kann im übrigen auch noch andere Aggregate antreiben.

Um den Zahnriemen straff zu halten, ist eine entweder automatisch oder manuell verstellbare Spannvorrichtung vorhanden.

Der Zahnriemen der Nockenwelle hält nicht das ganze Autoleben. Er **muss** in den vom Hersteller angegebenen Intervallen (oder früher) ausgewechselt werden. Der Bruch eines Nockenwellenriemens bei laufendem Motor hat unvermeidlich einen schweren Motorschaden zur Folge.

Das Auswechseln des im allgemeinen gekapselten Riemens und die Einstellung der Nockenwelle(n) ist eine komplizierte Sache und sollte unbedingt von einer Fachwerkstatt ausgeführt werden.

Nicht bei allen Motoren treibt ein Riemen die Nockenwelle(n); es kann auch eine gekapselte Kette sein. Häufig wird das Handbuch darüber Auskunft geben, ob der Motor riemen- oder kettengetriebene Nockenwelle(n) besitzt. Ansonsten fragen Sie Ihre Vertragswerkstatt.

Emissionen und Abgasentgiftung

Wenn in einem Verbrennungsmotor das Kraftstoff-Luft-Gemisch gezündet wird, wird Abgas produziert, das durch den Auspuff ins Freie entweicht. Diese ausströmenden Abgase werden als Abgasemissionen bezeichnet.

Warum Abgasentgiftung?

Inzwischen dürfte allgemein bekannt sein, dass die Abgas-Schadstoffe negative Auswirkungen auf die Erdatmosphäre haben. Sie erzeugen »Smog« und rufen Gesundheitsschäden hervor. Überdies dürften die Schadstoffe, insbesondere Kohlendioxid (der zuvor als ungiftig galt), zur Entstehung des sog. »Treibhauseffekts« beitragen, der auf lange Sicht den Zustand der oberen Atmosphäre beeinträchtigen kann, indem er Klimaveränderungen und weltweite Erwärmung verursacht.

Der sicherste Weg zur Minderung der von Motoren erzeugten Schadstoffe wären weniger Autos auf den Straßen. Manche Länder versuchen dies durch Verbesserung der öffentlichen Verkehrsmittel, durch Erhöhung der Benzinpreise und durch zusätzliche Besteuerung der Kraftfahrzeuge zu erreichen. Da aber der Fahrzeugbestand dennoch weiter anwächst und sich auch künftig kaum verringern wird, wurden in vielen Ländern Gesetze zur Einschränkung der von Kraftfahrzeugen erzeugten Abgasschadstoffe erlassen.

Was kann ich dazu tun?

Es gibt einige Möglichkeiten, die schädlichen Abgasemissionen weiter zu verringern.

Muss ich wirklich das Auto nehmen?

Muss es wirklich das Auto sein, wenn es sich nur um kurze Wege handelt? Emissionen (und Benzinverbrauch) sind bei kaltem Motor am höchsten, und auf einer kurzen Strecke wird der Motor einfach nicht warm. Könnten Sie die kurzen Wege nicht auch zu Fuß oder mit dem Fahrrad machen? Und geht es in größeren Städten nicht oft auch mit einem öffentlichen Verkehrsmittel?

Fahrweise

Sie kann die Schadstoffmenge und den Verbrauch deutlich beeinflussen. Grundsätzlich gilt: Je schonender die Fahrweise, um so geringer der Schadstoffausstoß.

Wartung

Ein einwandfrei gewartetes Auto emittiert stets weniger Schadstoff als ein vergleichbares in schlechterem Pflegezustand.

Was für Systeme werden verwendet?

Alle modernen Triebwerke werden unter Beachtung geringer Schadstofferzeugung konstruiert. Der Einsatz der heutigen Motor-Managementsysteme hilft dabei durch die Möglichkeit, die Motorfunktionen genau unter Kontrolle zu halten. Der Motor verbrennt den Kraftstoff effektiver und bei geringstmöglichem Schadstoffausstoß.

Außerdem baut man Abgasentgiftungssysteme ein, um den Schadstoffausstoß weiter zu reduzieren und die strengen Emissionsgesetze zu erfüllen, die heute in vielen Ländern gelten.

SCHEMA EINER TYPISCHEN KURBELGEHÄUSE-ENTLÜFTUNG

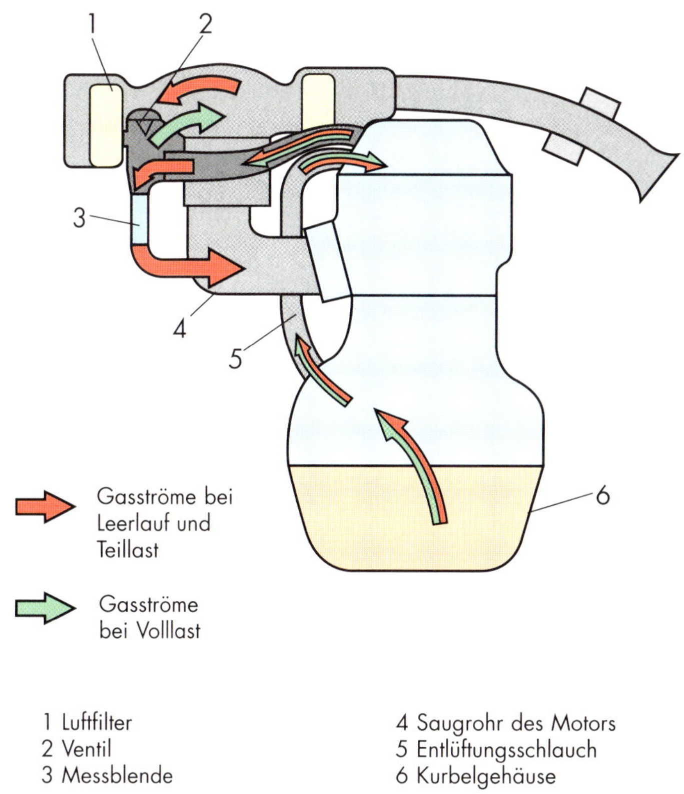

Gase und Dämpfe aus dem Kurbelgehäuse des Motors, die sonst in die Atmosphäre entweichen würden, werden wieder in den Motor zurückgeführt. Zusammen mit dem frischen Kraftstoff-Luft-Gemisch werden sie dann im Zylinder verbrannt.

Katalysator

Er wurde bereits weiter vorn in diesem Kapitel behandelt.

Abgasrückführung (EGR = Exhaust Gas Recirculation)

Diese Anlagen leiten einen Teil der Auspuffgase zurück in den Motor. Das Abgas wird mit frischem Kraftstoff-Luft-Gemisch vermengt und gelangt so wieder in die Zylinder. Es senkt die Spitzentemperatur der Verbrennung ab und verringert die unvollständig verbrannte Kraftstoffmenge im Abgas. Die rückgeführte Abgasmenge wird durch ein Ventil geregelt, das für eine optimale Zusammensetzung von Frischgas und Abgas sorgt.

Aktivkohlefilter

Dieses System wird bei Benzinmotoren verwendet. Beim Abstellen des Motors nimmt ein Filter Benzindämpfe auf, die vom Tank her kommen und sonst in die Atmosphäre entweichen würden. Die Benzindämpfe werden im Aktivkohlefilter gesammelt (die Holzkohle absorbiert den Benzindampf) und ihm bei laufendem Motor wieder entzogen und verbrannt. Die dem Filter entzogene Menge wird gewöhnlich von einem Ventil gesteuert, das dafür sorgt, dass Benzindampf und Frischgas im Motor optimal verbrannt werden. Beim »Heraussaugen« der Dämpfe aus dem Kohlefilter kann Frischluft in die Holzkohle eindringen und sie auf diese Weise reinigen.

Lufteinblasung

Diese Methode hat mit der Entwicklung und Verbreitung der modernen Abgasnachbehandlung (Kat) an Bedeutung verloren. In den Auspuffkrümmer am Motor wird Frischluft eingeblasen, die für eine erhöhte Abgastemperatur sorgt und dem Katalysator ermöglichen soll, rascher seine Arbeitstemperatur zu erreichen.

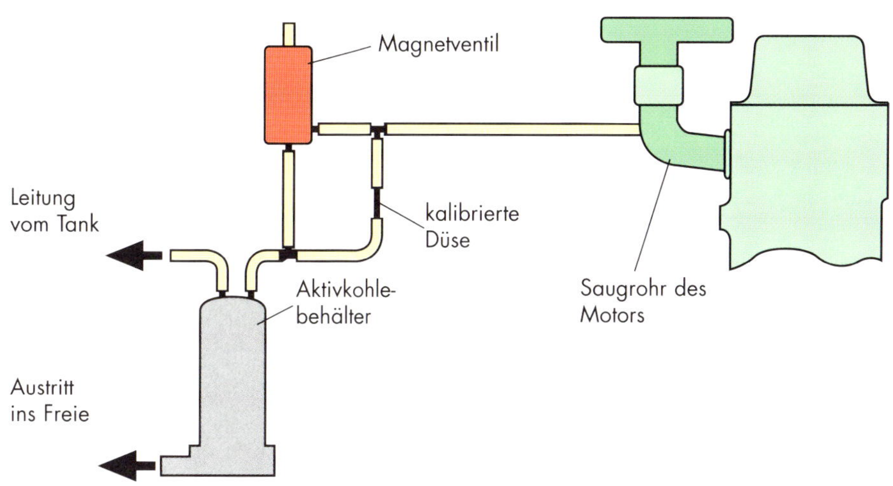

SCHEMA EINER TYPISCHEN AKTIVKOHLEFILTER-ANLAGE

Kühlung und Heizung

Das Kühlsystem ist lebenswichtig, weil es das Überhitzen des Motors verhindert. Es sorgt ferner für eine optimale Betriebstemperatur und liefert Wärme für die Wagenheizung. Das Kühlsystem besteht aus Kühler, Wasserpumpe, Ventilator, Thermostat und Ausdehnungsgefäß.

Die Heizung ist faktisch ein Teil des Kühlsystems und besteht aus Wärmetauscher, elektrischem Ventilator, Schalttafel und diversen Luftklappen und -führungen im Wageninnern.

Kühlen des Motors

An allen modernen Autos steht das Kühlsystem unter Druck. Seine Bestandteile sind ein an der Wagenfront eingebauter Kühler, eine am Motor montierte Kühlmittel-(Wasser-)pumpe, ein Ventilator, ein Thermostat und ein Ausdehnungsgefäß.

Der Kühler wird allgemein durch zwei Wasserkästen und einen mit wabenförmigen Luftkanälen ausgestatteten Block gebildet, der beide verbindet. Das Kühlmittel – Wasser und Frostschutz – fließt vom oberen Wasserkasten durch den Block zum unteren. Bei manchen Wagen mit Automatikgetriebe ist in den Block ein Kühler für das Automatk-Fluid integriert. Der Wärmeaustausch im Kühler ist vom Fahrtwind abhängig, der von der Vorwärtsbewegung der Fahrzeugs herrührt, und wird bei Bedarf vom Ventilator unterstützt, der von innen Luft durch den Kühler saugt und die Kühlmitteltemperatur absenkt.

Die Wasserpumpe wird vom Motor über einen Riemen angetrieben (siehe Kapitel 9) und arbeitet meistens mit einem Flügelrad im geschlossenen Gehäuse.

Der Ventilator saugt bei langsamer Fahrt oder hoher Außentemperatur Frischluft von innen durch den Kühlerblock, um den Wärmeaustausch zu unterstützen. Er wird heute allgemein elektrisch angetrieben (bei älteren auch über Keilriemen). Seltener ist ein Riementrieb mit Viskosekupplung in der unteren Riemenscheibe, wobei das Viskose-Öl ab einer gewissen Temperatur den Ventilatorantrieb aktiviert.

Der Thermostat ist normalerweise in einem Gehäuse am Motor montiert. Er hat die Aufgabe, den kalten Motor möglichst schnell auf Betriebstemperatur zu bringen. Und das geschieht, indem er das Kühlmittel daran hindert, durch den Kühler zu fließen. Auch im warmen Zustand reguliert er die Betriebstemperatur des Motors.

Entweder am Kühler oder am Ausgleichbehälter befindet sich ein druckfester Verschluss. Mit steigender Temperatur baut sich ein Druck auf, der sich daher nicht mit der Außenluft ausgleichen kann und den Siedepunkt des Kühlmittels erhöht. Steigt der Druck in der Anlage übermäßig, wirkt der Verschluss als Sicherheitsventil und lässt Dampf oder heißes Wasser entweichen. Der Verschluss arbeitet auch als Unterdruckventil beim Abkühlen und verhindert dann die Ausbildung eines Vakuums.

Der Ausdehnungsbehälter gibt dem Kühlmittel Raum, sich bei Erwärmung auszudehnen. Dampf- und Luftblasen aus dem Kühlkreislauf können in den Behälter ausweichen und verschwinden im Luftraum über dem Kühlmittel.

SCHEMA EINER TYPISCHEN KÜHLANLAGE

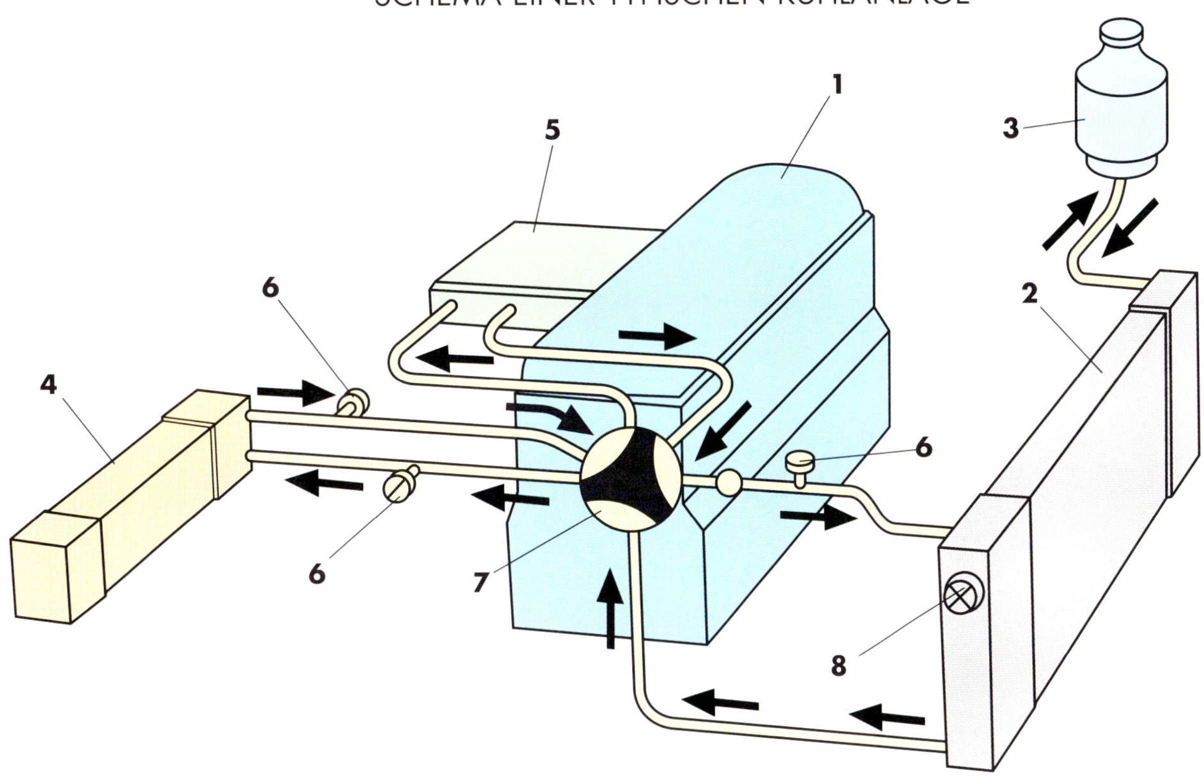

1 Motorblock
2 Kühler
3 Ausdehnungsbehälter
4 Wärmetauscher der Heizung
5 Motor-Saugrohr
6 Entlüftungsschrauben
7 Kühlmittelpumpe
8 Schalter für Ventilator

Überhitzung

Wenn ein Motor überhitzt, kann dies durch verschiedene Umstände entstehen. Selbstverständlich überhitzt ein Wagen (»kochen«) eher im Sommer als im Winter, andererseits: Mit einem gut gewarteten Auto sollten Sie keine wirklichen Probleme bekommen.

Temperaturanzeige defekt?

Wenn Sie im Motorraum keinerlei Anzeichen für Überhitzung erkennen können (Dampf, Klopfgeräusche oder es riecht heiß), liegt die Frage nahe, ob das Instrument richtig anzeigt. Wenn z.B. auch die Benzinuhr »spinnt«, oder wenn beim Ein- und Ausschalten der Scheinwerfer die Temperaturanzeige Sprünge macht, können Sie einen Defekt am Gerät vermuten. Eine Werkstatt oder ein Autoelektrik-Service kann es für Sie untersuchen.

Wenn der Motor heiß wird, schaltet sich normalerweise der Ventilator ein und die Temperatur sinkt wieder ab. Gewöhnlich sieht man das an der Temperaturanzeige: Die Temperatur steigt und fällt ab, sobald der Ventilator in Aktion getreten ist. Je nach Fahrweise oder etwa im Stau wird sich das mehrmals wiederholen, bis Sie so schnell und konstant fahren können, dass der Fahrtwind allein ohne Zutun des Ventilators die Kühlung übernimmt.

Verharrt die Temperaturanzeige aber im roten Bereich, fahren Sie besser nicht weiter, sondern halten an. (Als Notmaßnahme können Sie Heizungsventilator und Heizung auf höchster Stellung einschalten, das senkt die Wassertemperatur ein wenig, ist aber unangenehm für die Passagiere.)

Arbeitet der Thermostat fehlerhaft?

Der Thermostat regelt den Kühlmittelfluss. Bei kaltem Motor ist der Thermostat geschlossen, das Kühlmittel wird nicht durch den Kühler geführt. Mit zunehmender Erwärmung öffnet sich der Thermostat, gibt dem Kühlmittel den Weg durch den Kühler frei und verhindert so ein Überhitzen der Maschine.

Ein geschlossener, festgeklemmter Thermostat verursacht Überhitzung; klemmt er in offenem Zustand, erreicht der Motor eventuell nicht seine Betriebstemperatur.

Zur Prüfung, ob der Thermostat in geschlossener Stellung festsitzt, fahren Sie etwa zehn Minuten und halten dann an, öffnen die Haube und fühlen, ob der obere Schlauch zum Kühler warm ist (Vorsicht, er und seine Umgebung können sehr heiß sein!). Sie müssten auch spüren, ob Wasser den Schlauch passiert. Wenn nicht, wird der Thermostat vermutlich in geschlossener Stellung klemmen.

Zur Prüfung, ob der Thermostat in geöffneter Stellung festsitzt, lassen Sie den Motor etwa zehn Minuten laufen und schalten dann die Heizung auf höchster Stellung ein. Kommt kalte oder nur lauwarme Luft aus den Düsen, wird der Thermostat vermutlich in offener Stellung klemmen.

Letztendliche Gewissheit, ob ein Thermostat defekt ist, verschafft eine Prüfung in der Werkstatt. Der Einbau eines neuen Thermostaten ist nicht schwierig und sollte nicht zu teuer sein. Ist das Auto einige Jahre alt, kann es nicht schaden und hilft Probleme zu vermeiden, wenn Sie den Thermostaten alle paar Jahre auswechseln (etwa zusammen mit dem Kühlmittel).

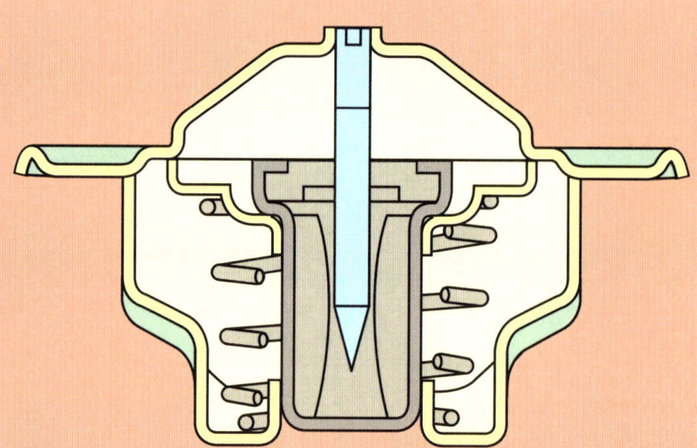

KALT – VENTIL GESCHLOSSEN

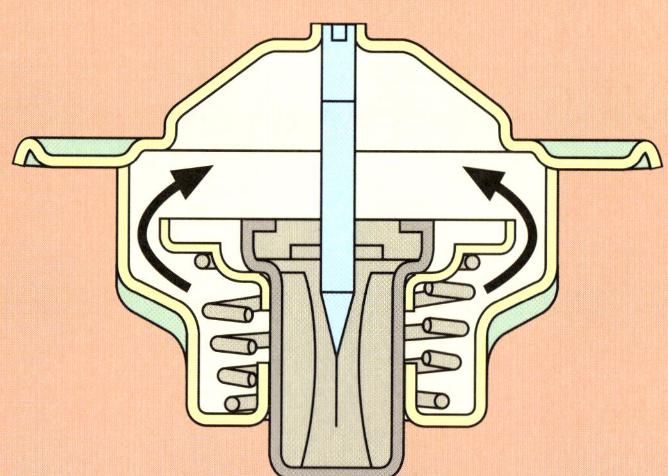

HEIß – VENTIL GEÖFFNET

ARBEITSWEISE EINES THERMOSTATEN

Ist der Kühler verstopft?

Wenn Ventilator, Kühlwasserspiegel und Thermostat in Ordnung sind und der Motor dennoch überhitzt, dürfte wohl der Kühler verstopft sein. Von außen blockieren oft tote Insekten und Straßenschmutz die Kühlerwaben, so dass der Kühler seine Aufgabe nicht mehr erfüllen kann. Befreien Sie die Waben mit einer alten Bürste oder Pinsel vom Schmutz.

Selten verstopft ein Kühlerblock innerlich, wenn nicht der Service vernachlässigt wurde. (Beachten Sie bitte, dass einige Hersteller Kühlmittel »auf Lebenszeit« verwenden, die nie gewechselt werden müssen. Lesen Sie Einzelheiten im Handbuch nach.) Sollte sich dennoch der Kühler – Ihrer Meinung nach – zugesetzt haben, versuchen Sie ihn mit einem speziellen Spülmittel (gibt's im Zubehörhandel) zu reinigen. Andernfalls kann die Werkstatt das Kühlsystem entleeren, reinigen und neu auffüllen. In ganz schlimmen Fällen muss ein neuer Kühler her.

Ist der Kühlmittelstand zu niedrig?

Zu wenig Wasser im Kreislauf kann zur Überhitzung führen. Kontrollieren Sie regelmäßig den Wasserstand, wie in Kapitel 8 beschrieben. Ist wegen einer Leckstelle zu wenig Kühlmittel vorhanden? Lesen Sie bitte auf der folgenden Seite über Leckstellen nach.

Ist der Ventilator defekt?

Der Ventilator wird bei den meisten modernen Autos elektrisch angetrieben und schaltet sich bei Bedarf automatisch zu. Elektrische Ventilatoren werden gewöhnlich von einem temperaturabhängigen Schaltelement im Kühlkreislauf betätigt. Bei einer bestimmten Temperatur schaltet das Element den Ventilator zu. Wenn Ihr Motor im dichten Verkehr überhitzt, jedoch nicht auf freier Strecke, ist das ein Zeichen für einen nicht richtig arbeitenden Ventilator.

Zur Überprüfung fahren Sie den Wagen, bis der Motor seine Betriebstemperatur erreicht hat. Dann lassen Sie ihn im Stand weiter laufen. Während die Temperatur weiter steigt, müsste sich nun der Ventilator zuschalten (das ist deutlich zu hören), um die Temperatur wieder auf den Normalwert zu senken. Tut er es nicht, liegt es am Schalter oder auch am Ventilator. Lassen Sie Ventilator und Schaltelement in einer Werkstatt prüfen.

Hat die Wasserpumpe versagt...?

Obgleich eine Wasserpumpe sehr selten defekt wird, merkt man ihren Ausfall sehr rasch, weil der Motor überhitzt. Überdies ist damit zumeist ein schwerer Kühlmittelverlust verbunden – was zu den berühmten Lachen unter dem Wagen führt. Übrigens können sich, bei Wagen mit Klimaanlagen, ebenfalls feuchte Flecke auf dem Boden bilden. Das allerdings bedeutet lediglich, dass die Anlage auch richtig funktioniert.

Nicht immer ist es die Pumpe selbst, die kaputt ist. Eher ist es die Dichtung (Dichtung oder spezielles Dichtmittel) zwischen Pumpe und Motorblock, die ihren Geist aufgibt. Wird die Pumpe von einem Riemen für Nebenaggregate getrieben (vgl. Kapitel 9), kann der Riemen rutschen (das verursacht meistens ein Kreischgeräusch) oder reißen. Erfolgt der Pumpenantrieb jedoch vom Nockenwellen-Zahnriemen angetrieben (siehe Kapitel 9) und dieser fällt aus, dann bleibt der Motor stehen, lange bevor er überhitzt.

Wenn die Wasserpumpe oder deren Antrieb defekt sind, sollte man nicht versuchen, weiterzufahren.

...oder überlasten Sie nur Ihr Auto?

Wenn die Überhitzung nur dann auftritt, wenn Sie einen Wohnanhänger über Alpenpässe ziehen oder bei ungewöhnlich heißem Wetter Dauervollgas fahren, kann es gut sein, dass Sie Ihrem Auto einfach zuviel zumuten. Ziehen und Schleppen verlangt ohnehin schon viel vom Motor, seiner Kühlung und vom Getriebe, und der Einbau eines besonders starken Ventilators könnte empfehlenswert sein. Im Zweifel fragen Sie Ihre Werkstatt oder einen anderen Fachmann.

Kühlwasser-Leckagen

Undichtheiten im Kühlsystem können wegen der oft schnell auftretenden Überhitzung ein ernstes Problem sein. Lesen Sie Einzelheiten zum Aufspüren von Leckstellen im Kapitel 3 nach.

Zylinderkopfdichtung

Die Kopfdichtung soll den Zylinderkopf gegenüber dem Zylinderblock abdichten (siehe Kapitel 9). Es ist die kritischste Dichtstelle am Motor, und Undichtheiten können große Probleme aufwerfen. Typische Zeichen für eine »durchgeblasene« Kopfdichtung können sein:

- Kühlwasser im Motoröl – man erkennt eine Schaumschicht auf dem Ölspiegel, wenn man den Peilstab prüft. Der Ölspiegel scheint angestiegen zu sein.
- Motoröl im Kühlwasser – das sichtbare Kühlmittel im Ausdehnungsgefäß verfärbt sich, und es können sich Ablagerungen an Wänden und Wasserspiegel im Behälter gebildet haben, die wie Mayonnaise aussehen.
- Überhitzung – erkennbar am Anstieg der Temperaturanzeige.
- Ständige Blasenbildung im Kühlwasser bei laufendem Motor.
- Leistungsverlust – der Motor wird kaum seine Höchstleistung erreichen.
- Pfeif- oder Keuchgeräusch – wenn die Undichtheit besonders groß ist, hört man Geräusche, namentlich unter Volllast.

Eine undichte Kopfdichtung zu wechseln ist durchaus machbar, sollte aber nur vorgenommen werden, wenn entsprechendes Werkzeug und Können vorliegt. Am besten, Sie bringen Ihren Wagen in die Werkstatt, ehe es noch schlimmer wird.

Kühlmittelpumpe (Wasserpumpe)

Leckstellen erkennt man normalerweise daran, dass Kühlmittel um die Pumpe herum am Motor herunterläuft.

Möglicherweise lässt sich das Leck durch Einbau einer neuen Dichtung (bzw. durch neues Auftragen von Dichtmittel) zwischen Pumpe und Motorblock beseitigen. Manchmal sind aber die Dichtringe in der Pumpe defekt, und Sie müssen eine neue einbauen lassen.

Kühlwasserschläuche

Gummischläuche können mit der Zeit porös werden und schließlich brechen oder zerbröseln. Um Schläuche zu prüfen (aber warten Sie, bis sie abgekühlt sind und vermeiden Sie Verbrühungen!), drücken und kneten Sie sie kräftig mit den Fingern, dann zeigt sich am ehesten, ob sie noch ganz sind.

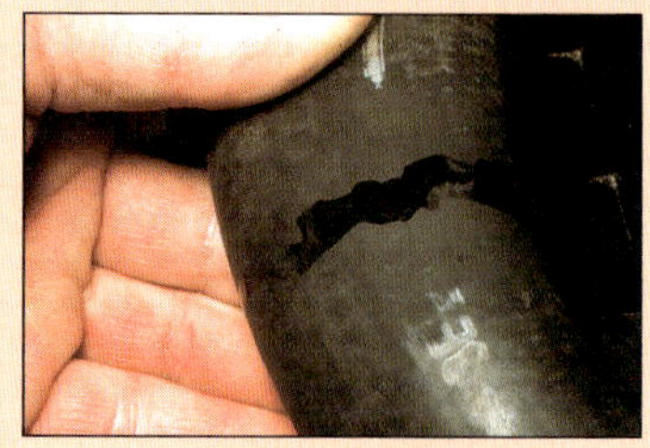

Kühler

Kühler neigen zum Altern und können leicht beschädigt werden.

Es sollte nicht schwerfallen, Leckstellen am Kühler ausfindig zu machen; suchen Sie nach Tropfen unter dem Kühler und offensichtlichen Schmutzablagerungen.

Wenn Sie meinen, der Kühler leckt, lassen Sie dies baldmöglichst in einer Werkstatt oder beim Kühlerspezialisten kontrollieren. Möglicherweise lässt sich der Kühler noch löten; im schlimmsten Fall muss ein anderer her.

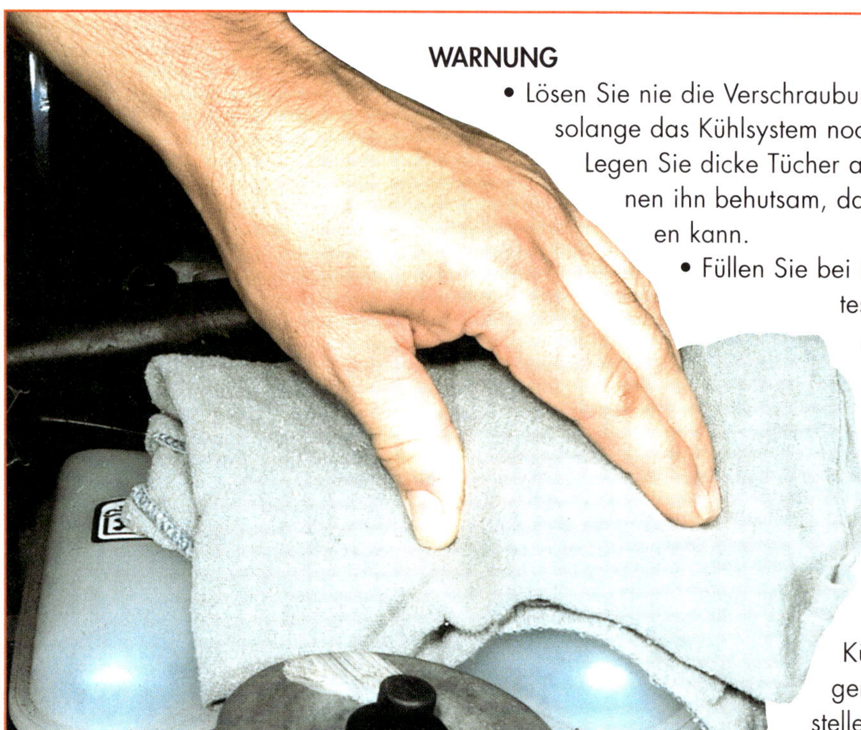

WARNUNG

- Lösen Sie nie die Verschraubung des Ausgleichsbehälters, solange das Kühlsystem noch heiß ist. Nur im Notfall: Legen Sie dicke Tücher auf den Verschluss und öffnen ihn behutsam, damit sich der Druck abbauen kann.
- Füllen Sie bei überhitztem Motor nie kaltes Wasser ein. Das heiße Metall könnte reißen. Warten Sie, bis die Anlage abgekühlt ist.
- Wenn Sie den Kühler unterwegs mit Leitungswasser auffüllen müssen, denken Sie daran, so bald wie möglich den vorgeschriebenen Kühlmittelzusatz hinzuzufügen, um die richtige Mischung wiederherzustellen.

Defekter Kühlerverschluss?

Kann durch einen defekten Verschluss der Druck entweichen, so kann der Siedepunkt des Wassers nicht wie gewünscht ansteigen, und es geht Kühlmittel durch »Überkochen« verloren. Gegebenenfalls muss der Verschluss ersetzt werden.

Komfortable Wärme im Auto

Die serienmäßige Heizungsanlage Ihres Autos ist Teil des Kühlsystems. Sie besteht aus einem Wärmetauscher (ganz ähnlich dem eigentlichen Kühler), einem elektrischen Gebläse, einer Schalttafel und einigen Luftklappen und -führungen im Wageninnern.

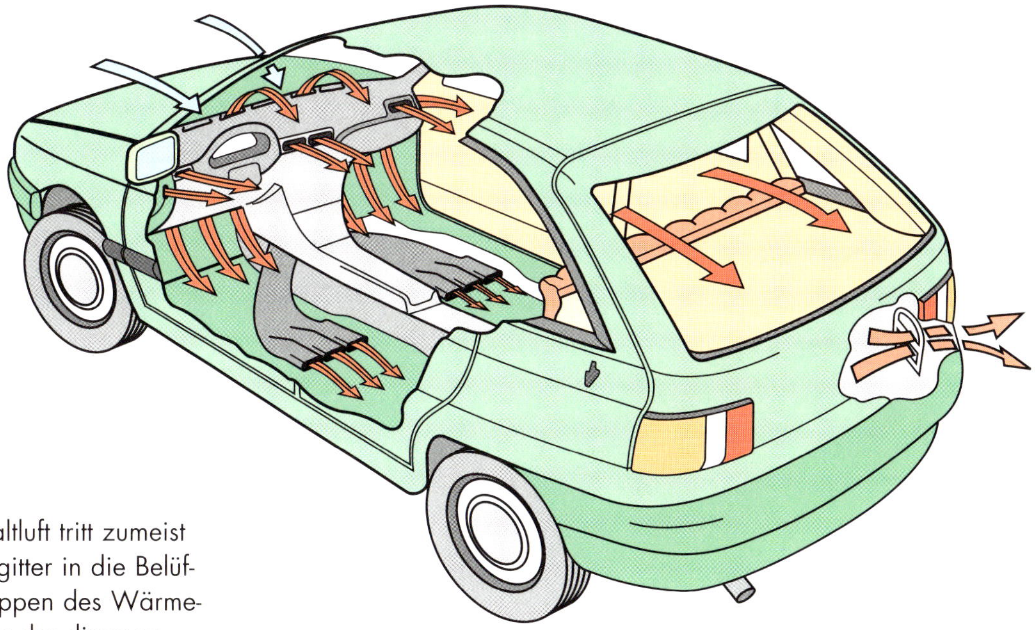

SCHEMA DER LUFTSTRÖMUNG IN EINER TYPISCHEN HEIZUNGS-/BELÜFTUNGSANLAGE

Das Kühlmittel fließt auch durch den Wärmetauscher. Kaltluft tritt zumeist vorn unterhalb der Windschutzscheibe durch ein Schutzgitter in die Belüftungskästen ein. Ein Teil dieser Kaltluft wird durch die Rippen des Wärmetauschers geführt und erwärmt sich dort. Je nach Stellung der diversen Klappen und Knöpfe werden kalte und erwärmte Luft gemischt und an die verschiedenen Stellen im Wagen geleitet. Die Bedienungsknöpfe am Schaltbrett können mit den Klappen durch Hebel und Seilzüge verbunden sein; zuweilen steuert man die Klappen auch durch Unterdruck oder elektrisch. Der Luftstrom in den Luftführungen kann durch Zuschalten des Gebläses in mehreren Stufen beschleunigt werden.

Zu heiß oder zu kalt

Wenn sich beim Verstellen der Warm/Kalt-Einstellung am Schaltbrett nichts fühlbar ändert, ist der Grund vermutlich eine schlecht eingestellte oder defekte Heizungsbedienung. Lassen Sie das in der Werkstatt prüfen.

Fallende Blätter und tote Insekten können den Kaltlufteintritt verstopfen. Zuweilen dringt auch Splitt bis in die Luftführungen – Sie hören das an einem störenden Gerassel, wenn Sie das Gebläse einschalten. Verstopfungen am Lufteintritt kann man normalerweise leicht entdecken; die Schutzgitter sitzen unter dem Windlauf vorn vor der Windschutzscheibe. Ist Splitt bis in die Luftführungen gedrungen, kann man sich eventuell dadurch helfen, dass man das Gebläse auf die höchste Stufe stellt und die übrigen Heizungsknöpfe hin und her bewegt, um damit die Klappen zu öffnen und zu schließen, in der Hoffnung, den Splitt bis hin zur Schalttafel zu schieben, wo Sie ihn aus den Belüftungsöffnungen herauslesen können.

Bleibt es im Wagen auch jetzt noch zu warm oder kalt, kann das an einem defekten Thermostaten im Kühlsystem liegen (siehe Seite 82 in diesem Kapitel).

Es riecht nach Frostschutzmittel

Wenn es im Auto nach Frostschutzmittel riecht (ein unangenehm-süßlicher Geruch), ist der Grund dafür wahrscheinlich ein undichter Wärmetauscher der Heizung.

Häufig sitzt der Wärmetauscher unter der Schalttafel innen im Wagen. Ist da etwas undicht, sind die Bodenteppiche nass. Meistens wird es der Wärmetauscher selber sein, der leckt. Bei starker Undichtheit müsste man auch ein Absinken des Kühlmittelpegels feststellen.

Manchmal rührt aber auch der Geruch nach Frostschutz vom Motorraum her. Auf jeden Fall sollten Sie die Sache in der Werkstatt baldmöglichst untersuchen lassen. Jede Leckstelle kann schließlich eine Überhitzung des Motors herbeiführen.

Die Kraftübertragung

Kraftübertragung ist der Oberbegriff für eine Anzahl Baugruppen, die das Antriebsdrehmoment des Motors auf die angetriebenen Räder unseres Autos übertragen. Welche Baugruppen dazugehören, hängt davon ab, ob die Vorder-, die Hinterräder oder alle vier Räder angetrieben werden.

Neben dem Schaltgetriebe oder der Getriebeautomatik zählen die Kupplung (nur bei Schaltgetrieben), der Wandler (nur bei Automatik), der Achstrieb mit Differenzial, Antriebswellen und (bei Hinterrad- und Allradantrieb) die Kardanwelle(n) dazu.

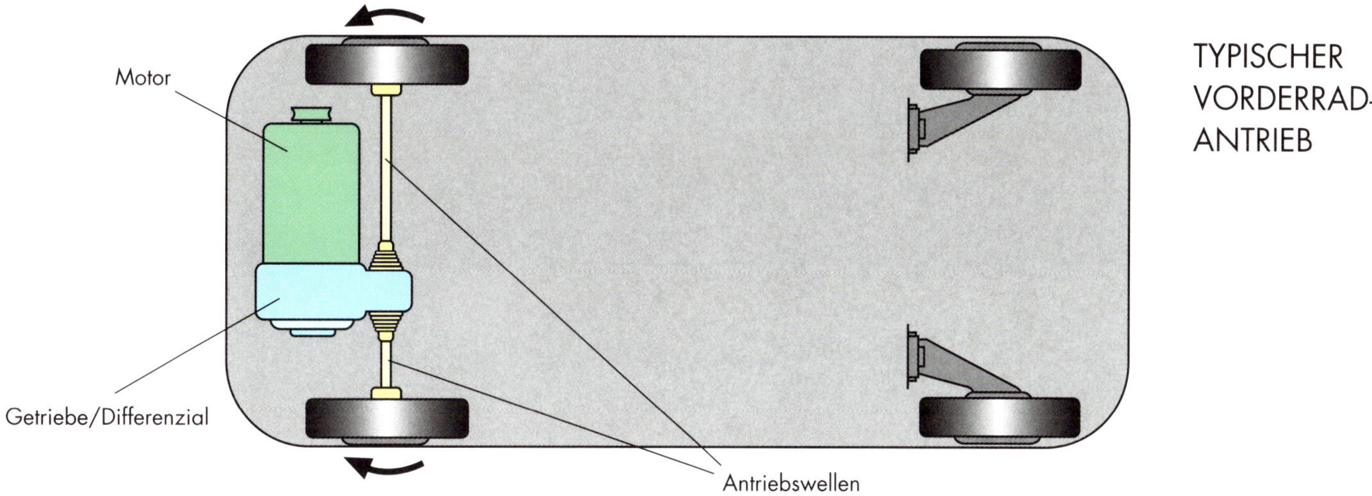
TYPISCHER VORDERRAD-ANTRIEB
Motor
Getriebe/Differenzial
Antriebswellen

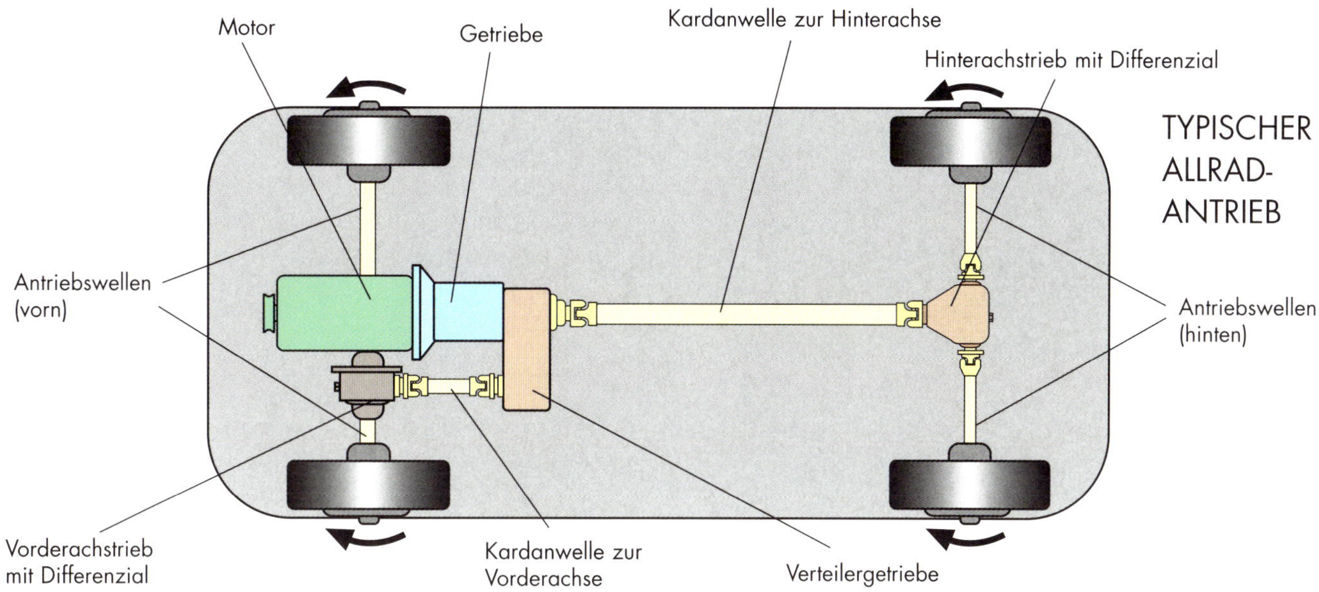
TYPISCHER ALLRAD-ANTRIEB
Motor
Getriebe
Kardanwelle zur Hinterachse
Hinterachstrieb mit Differenzial
Antriebswellen (vorn)
Antriebswellen (hinten)
Vorderachstrieb mit Differenzial
Kardanwelle zur Vorderachse
Verteilergetriebe

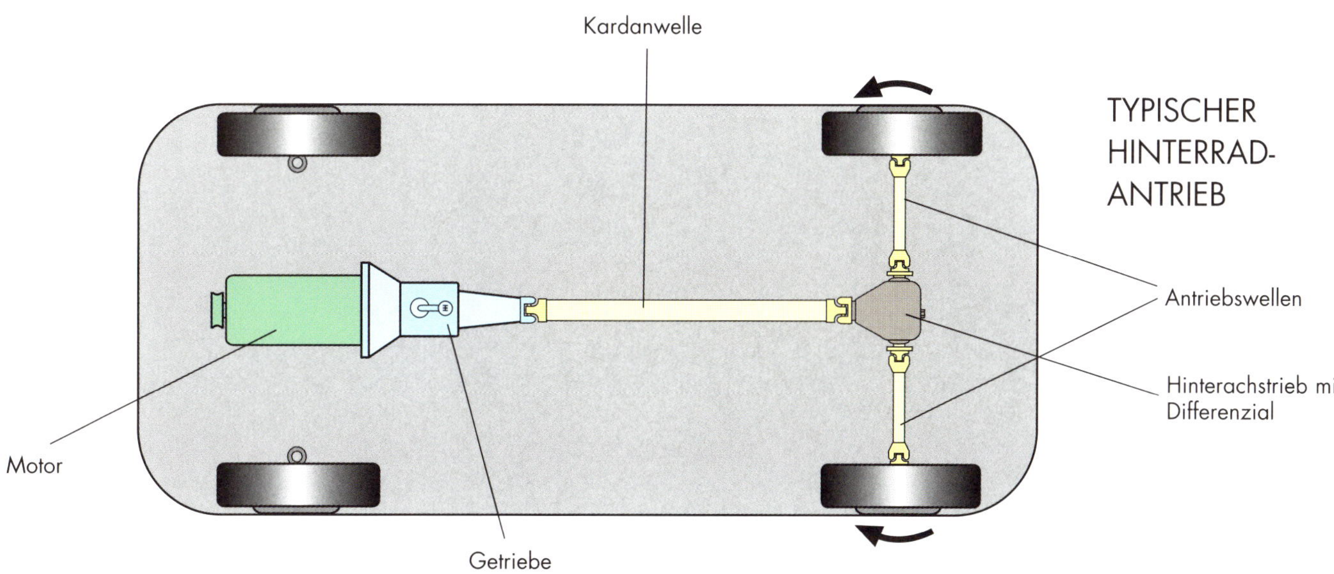
TYPISCHER HINTERRAD-ANTRIEB
Kardanwelle
Antriebswellen
Hinterachstrieb mit Differenzial
Motor
Getriebe

Die Kupplung

Ihre Aufgabe ist es, beim Anfahren aus dem Stillstand und nach dem Gangwechsel das Antriebsmoment des Motors behutsam auf die weiteren Teile der Kraftübertragung wirken zu lassen. Die Kupplung besteht vor allem aus fünf Bauteilen: Kupplungsscheibe, Druckplatte, Tellerfeder, Kupplungsdeckel und Ausrücklager.

Die Nabe der Kupplungsscheibe kann auf den Nuten der Getriebe-Eingangswelle axial frei gleiten. Die Scheibe wird in ihrer Lage zwischen Schwungrad und Druckplatte von der Kraft der Tellerfeder eingepresst, die auf die Druckplatte wirkt. Auf beiden Seiten der Kupplungsscheibe sind Reibbeläge aufgenietet oder aufgeklebt. Zwischen Reibbelägen und Nabe der Scheibe sind Federn angeordnet, die Stöße auffangen und beim Einkuppeln eine weiche Übertragung des Drehmoments auf das Getriebe erlauben.

Die Tellerfeder ist im Deckel auf Stiften montiert und wird von dünnen Stützringen in ihrer Lage fixiert.

Das Ausrücklager ist axial gleitend auf einer Hülse vorn im Getriebegehäuse montiert, und der Ausrückhebel drückt beim Auskuppeln auf das Lager. Der Ausrückhebel selbst ist im Getriebegehäuse gelagert. Er wird vom Kupplungsseil oder von einer Hydraulik betätigt.

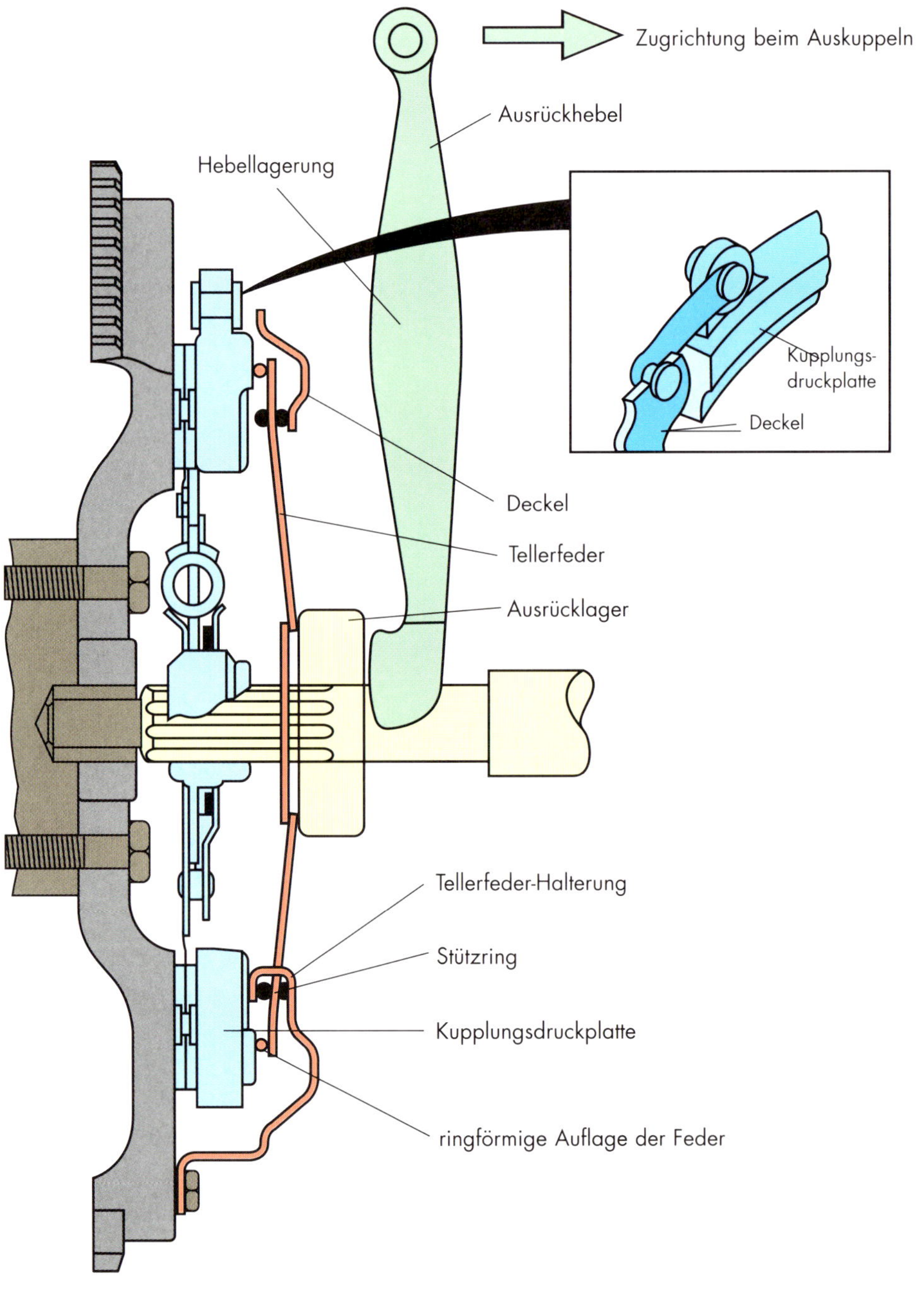

SCHEMA EINER TYPISCHEN KUPPLUNG

Wie man die Kupplung schont

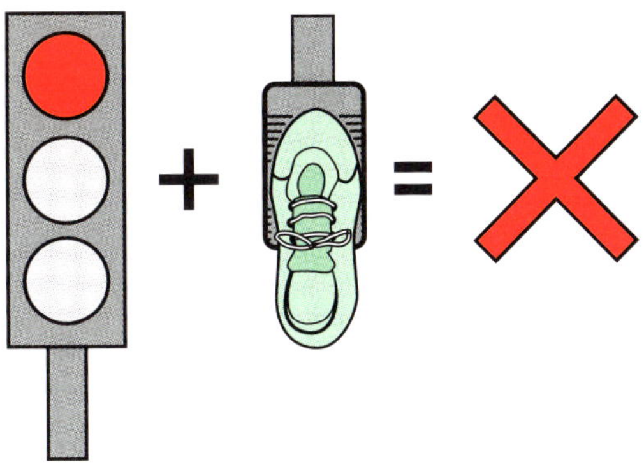

Mit der Zeit nutzen sich die Reibbeläge der Kupplungsscheibe ab, und irgendwann wird die Kupplung zu rutschen beginnen. Ihre Lebensdauer hängt von der Fahrzeugart, der Kupplungsbauart und vor allem von der Fahrweise und den Einsatzbedingungen ab.

Was man tun sollte und was nicht

Das soll man tun...

- Rasch aber behutsam einkuppeln – langes Schleifenlassen erhöht unnötig den Verschleiß.
- Einstellbare Kupplungen sollten stets einwandfrei eingestellt sein.
- Bei hydraulischer Betätigung regelmäßig den Flüssigkeitsstand kontrollieren.

Das sollte man nicht tun..

- (Siehe Symbole links:) Mit eingelegtem Gang und getretener Kupplung z.B. vor Verkehrsampeln warten.
- Den Fuß während der Fahrt auf dem Kupplungspedal lassen – das führt zu erhöhtem Verschleiß.
- Die Kupplung schleifen lassen, um beim Anfahren am Berg den Wagen zu halten.
- Beim Gangwechsel Gas geben – das erhöht den Verschleiß.
- Beim Anfahren das Pedal ruckartig loslassen – kuppeln Sie stets weich und behutsam ein.

Ist die Kupplung verschlissen?

Es gibt zwei hauptsächliche Merkmale, um festzustellen, ob eine Kupplung verschlissen oder verschmutzt (verölt) ist: Durchrutschen und Rupfen. Bei rutschender Kupplung nimmt das Auto nur langsam Fahrt auf, und die Motordrehzahl steigt, ohne dass der Wagen schneller fährt, besonders beim Anfahren und bergauf. Kupplungsrupfen tritt auf als Schütteln oder Ruckeln bei eingerückter Kupplung oder beim Beschleunigen.

Ist die Kupplung verschmutzt, muss sie nicht auch verschlissen sein, aber die Kupplungsscheibe muss dennoch ausgetauscht werden.

Hier einige Gründe für das Kupplungsrupfen:

- Abgenutzte Reibbeläge oder Druckplatte.
- Verschmutzte Kupplungsscheibe – die Verschmutzung kann von einem defekten Dichtring an der Kurbelwelle oder im Getriebe stammen, oder aber von ausgetretenem Fluid aus der hydraulischen Betätigung.
- Lose oder gebrochene Motor- oder Getriebeaufhängung, oder die Schraubverbindung zwischen Motor und Getriebe hat sich gelöst.
- Abgenutzte Teile im Getriebe.

Wenn Sie glauben, dass die Kupplung vor der Zeit verschlissen ist, sind hier ein paar mögliche Ursachen:

- Schlecht eingestellte, defekte oder schwergehende Kupplungsbetätigung.
- Befestigungsschrauben an der Kupplung haben sich gelöst.
- Tellerfeder ist weich (hat zu wenig Spannung).
- Verschleiß an der Getriebe-Eingangswelle oder ihren Lagern.

Bevor Sie sicher sind, dass die Kupplung verschlissen ist, lassen Sie die Einstellung am Ausrückhebel prüfen. Beachten Sie auch, dass das Pedal ein bis zwei Zentimeter Leerweg haben soll, ehe man Widerstand spürt. Überlassen Sie das Auswechseln der Kupplung aber einer Werkstatt.

Schaltgetriebe

Da der Verbrennungsmotor nur in einem schmalen Drehzahlbereich optimal arbeitet, muss das Getriebe mit verschiedenen Übersetzungen dafür sorgen, dass der Wagen bei jedem Tempo und unterschiedlichsten Bedingungen die verfügbare Motorleistung optimal zu nutzen vermag. Der Fahrer wählt dazu im Schaltgetriebe den geeigneten Gang.

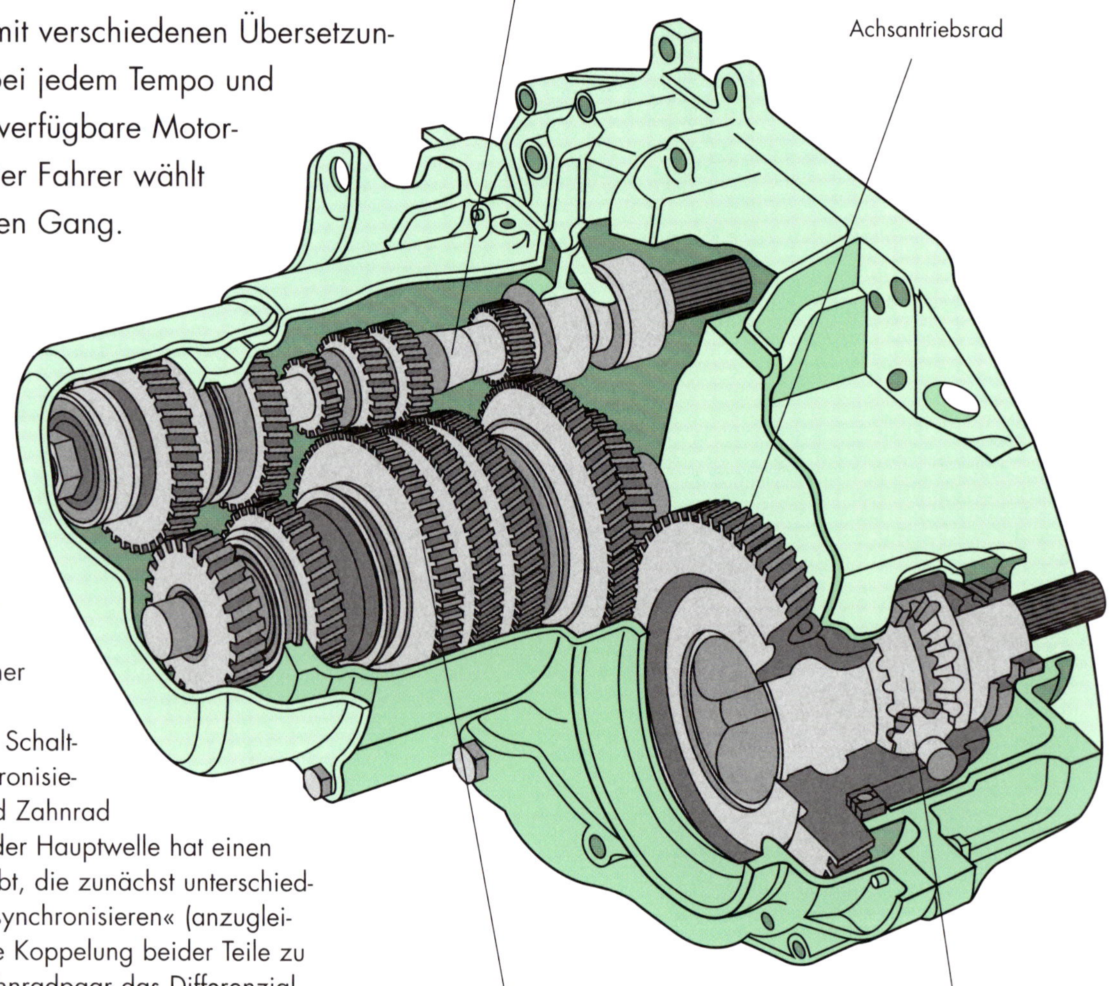

SCHNITT DURCH EIN TYPISCHES SCHALTGETRIEBE FÜR FRONTTRIEBLER

Bei Fronttrieblern hat das Getriebe gewöhnlich zwei Wellen, die Eingangswelle und die Haupt- oder Abtriebswelle. Die Wellen liegen parallel und dicht beieinander, und die auf ihnen laufenden Zahnräder stehen ständig miteinander im Eingriff. Während die Räder der Eingangswelle fest mit dieser verbunden sind, können sich diejenigen auf der Hauptwelle frei drehen (also kann sich diese Welle drehen, obgleich ihre Zahnräder stillstehen oder schneller/langsamer laufen als die Welle selbst).

Beim Wählen eines Ganges bewegt eine Schaltgabel die zugehörige Schaltmuffe der Synchronisierung axial auf der Hauptwelle, bis Welle und Zahnrad miteinander gekuppelt sind. Jedes Zahnrad der Hauptwelle hat einen eigenen Synchronmechanismus, der es erlaubt, die zunächst unterschiedliche Drehzahl von Zahnrad und Welle zu »synchronisieren« (anzugleichen) und dadurch eine schonende, ruckfreie Koppelung beider Teile zu erreichen. Die Hauptwelle treibt über ein Zahnradpaar das Differenzial (siehe Seite 95 in diesem Kapitel), das mit ins Getriebegehäuse einbezogen ist.

Bei Wagen mit Hinterradantrieb (konventioneller Antrieb) weist das Schaltgetriebe gewöhnlich drei Wellen auf: Eingangs-, Abtriebs- und Vorgelegewelle. Eingangs- und Abtriebswelle liegen in einer Flucht, und die Zahnräder auf diesen beiden Wellen befinden sich im Dauereingriff mit denen der Vorgelegewelle. Hier sitzen die Räder von Eingangs- und Abtriebswelle fest auf ihren Wellen, während alle Zahnräder der Vorgelegewelle sich frei auf der Welle drehen können.

Wenn Sie schalten, bewegt eine Schaltgabel die zugehörige Schaltmuffe der Synchronisierung des gewählten Zahnradpaares axial auf der Vorgelegewelle, bis Welle und Zahnrad miteinander gekuppelt sind. Der Antrieb wird von der Abtriebswelle auf die Kardanwelle übertragen, und von dort verläuft er weiter zum Hinterachstrieb mit dem Differenzial.

Bei Allradantrieben findet man unterschiedliche Schaltgetriebe und Anordnungen, doch die üblichste Ausführung ist ähnlich der beim Hinterradantrieb.

Wahl des richtigen Ganges

Normale Fahrt

Beim Fahren mit einem Auto mit Schaltgetriebe müssen Sie den Gang der Motordrehzahl anpassen. Der Motor eines »Familienautos« arbeitet nur etwa im Bereich zwischen 1500 und 5000/min problemlos; bei noch kleinerer Drehzahl »würgt« er oder bleibt stehen, bei noch größerer wird er laut, durstig und ungemütlich. Hat der Motor deutliche Mühe, müssen Sie einen kleineren Gang wählen, beschleunigt der Wagen im geschalteten Gang (wegen hoher Drehzahl) nicht weiter, müssen Sie einen höheren Gang wählen. Wenn Sie sich an ein Auto gewöhnt haben, wissen Sie auch, welcher Gang der richtige ist.

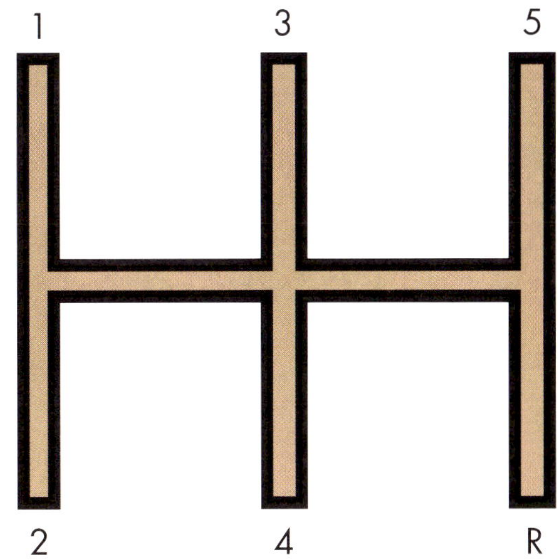

Fahren auf schlüpfriger Fahrbahn

Ist die Fahrbahn rutschig oder glatt (vor allem im Winter), so ergibt das Fahren in einem höheren Gang (mit kleinerer Drehzahl) bessere Traktion. Fahren Sie aus dem Stand möglichst schon im zweiten Gang statt im ersten an. Der höhere Gang überträgt weniger Drehmoment (Vortriebskraft am Reifen) als ein niedrigerer, so dass die Räder nicht so leicht durchdrehen können.

Warum lässt sich der Rückwärtsgang oft so schwer einlegen?

Im Schaltgetriebe sind alle Vorwärtsgänge synchronisiert (siehe vorige Seite), um leichtes und kratzfreies Schalten zu gewährleisten. Eine verschlissene oder defekte Kupplung oder abgenutzte Synchronringe können geräuschvolle Schaltungen zur Folge haben.

Für den Rückwärtsgang gibt es normalerweise keine Synchronisierung, daher kann es manchmal etwas schwieriger sein, in den Rückwärtsgang zu finden, und es können dabei Kratzgeräusche auftreten. Für diesen Fall haben wir hier ein paar Tipps:

1. Drücken Sie das Kupplungspedal herunter und warten Sie einige Sekunden, bevor Sie in den Rückwärtsgang schalten. Wenn Sie das Kupplungspedal drücken, läuft die Kupplungsscheibe zusammen mit den Zahnrädern im Getriebe bis zum Stillstand noch etwas weiter. Warten Sie einen Augenblick, bis sie stillstehen, und der Gang spurt leichter ein.
2. Wenn Sie auch dann noch Probleme haben, versuchen Sie es, indem Sie den Schalthebel zuerst in Leerlauf stellen, dann die Kupplung noch einmal freigeben und wieder drücken und dann erst den Rückwärtsgang einlegen.
3. Ein weiterer kleiner Trick besteht darin, zuerst den 1. Gang einzulegen und den Wagen ein winziges Stück vorwärtsrollen zu lassen, ehe Sie den Rückwärtsgang einlegen.

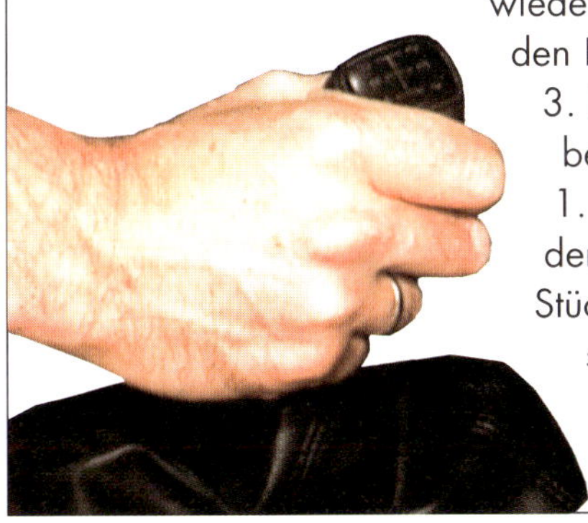

Was man tun sollte und was nicht

Das soll man tun...

- Motordrehzahl und Gang aufeinander abstimmen.
- Einen Sekundenbruchteil im Leerlauf bleiben, ehe Sie den nächsten Gang schalten; das gibt der Synchronisierung etwas mehr Zeit für ihre Funktion.
- In den empfohlenen Intervallen den Ölstand im Getriebe prüfen lassen.

Das sollte man nicht tun...

- Zu früh in einen niedrigeren Gang schalten – Sie könnten den Motor überdrehen und schweren Schaden anrichten.
- Zu früh in einen höheren Gang schalten – der Motor kann ins Würgen kommen und absterben.
- Die Hand auf dem Schalthebel liegen lassen – das kann die Getriebeteile unter Umständen mehr als nötig abnutzen.

Automatik-Getriebe

Es gibt zwei Arten von konventionellen Automatik-Getrieben: die üblicherweise verwendete Automatik, die aus Drehmomentwandler und selbsttätig schaltendem Zahnradgetriebe besteht, und das CVT-Getriebe (Continuous Variable Transmission – siehe unten). Beide Systeme bieten bei normaler Fahrt vollautomatische Gangwechsel.

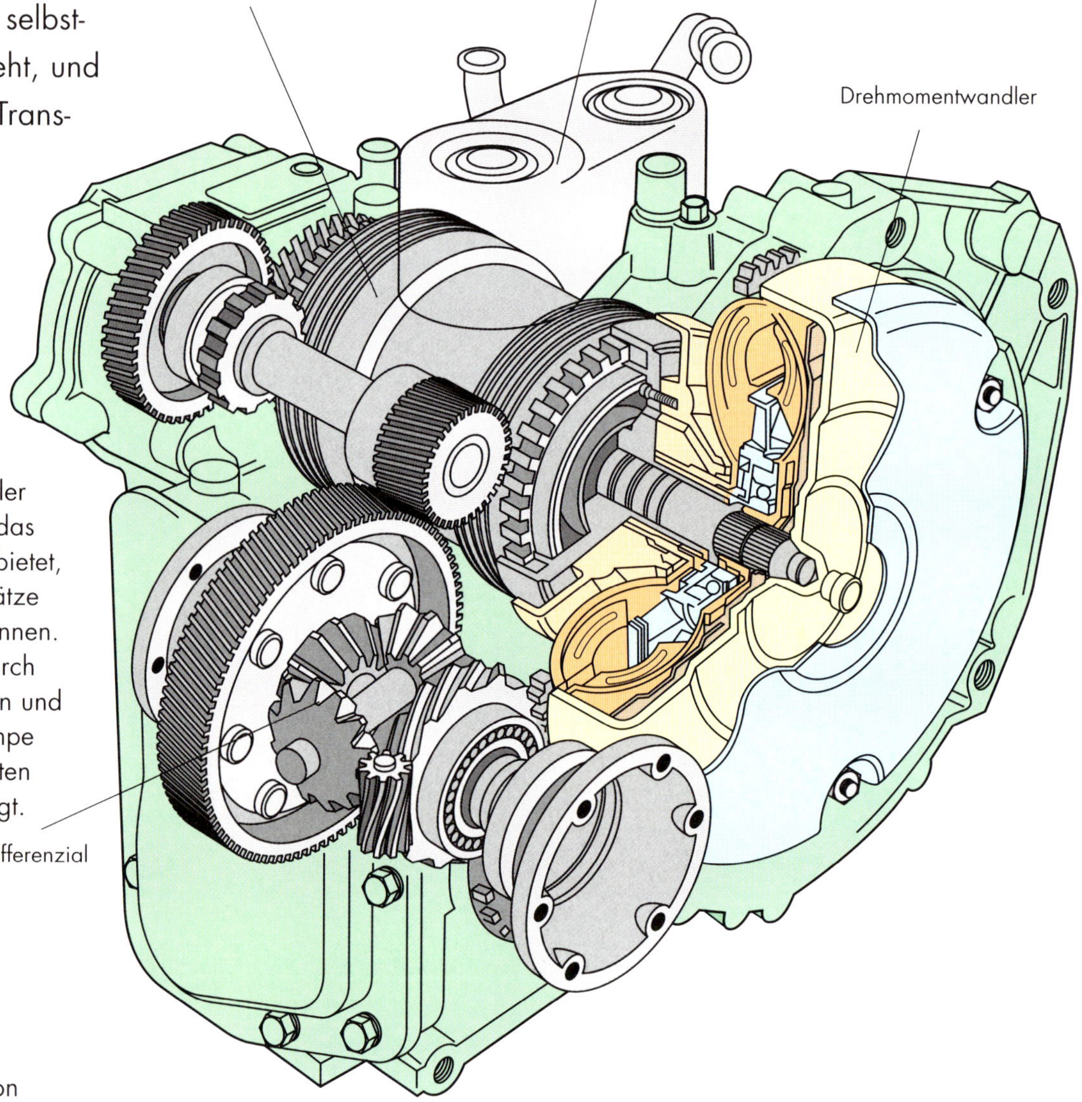

SCHNITT DURCH EIN TYPISCHES AUTOMATIKGETRIEBE FÜR FRONTTRIEBLER

Bei der üblichen Automatik wird die Kupplung durch einen Drehmomentwandler (»Wandler«) ersetzt, der ähnlich einer herkömmlichen Flüssigkeitskupplung zwischen Motor und Kraftübertragung arbeitet. Der Wandler überträgt den Antrieb auf ein Planetengetriebe, das mehrere Vorwärtsgänge plus Rückwärtsgang anbietet, abhängig davon, welche Teile der Planetenradsätze blockiert werden und welche sich frei drehen können. Dieses Festhalten und Freigeben wird bewirkt durch die im System enthaltenen hydraulischen Bremsen und Kupplungen. Eine ins Gehäuse integrierte Ölpumpe sorgt für das Drucköl, das über den Schieberkasten die Bremsen und Kupplungen automatisch betätigt.

Eine Abtriebswelle überträgt den Antrieb beim Fronttriebler auf das Differenzial, beim Hinterradantrieb auf die Kardanwelle.

CVT – stufenloses Keilriemen- oder Kettengetriebe

Von diesem stufenlosen Getriebetyp wurden schon viele Varianten mit Riemen oder Kette hergestellt, doch alle funktionieren auf sehr ähnliche Weise. Beispiel: Die Antriebswelle treibt eine Keilriemenscheibe, die gewöhnlich aus Metall besteht. Ein Keilriemen treibt eine zweite Scheibe, die mit der Abtriebswelle verbunden ist. Die stufenlose Übersetzungsänderung wird dadurch erreicht, dass der Riemen jeweils auf einem anderen Scheibenradius läuft (auf und ab »klettert«), weil jede Riemenscheibe aus zwei Teilen besteht, die (von einer Hydraulik) axial gegen einander verstellt werden können. Wird ein solches Paar Scheiben zu einander hin bewegt, steigt der Riemen auf einen größeren Radius, werden sie von einander entfernt, sinkt er tiefer in die Riemenscheibe hinein. Von der Abtriebswelle wird der Antrieb auf die Kardanwelle bzw. bei Fronttrieb auf das Differenzial übertragen.

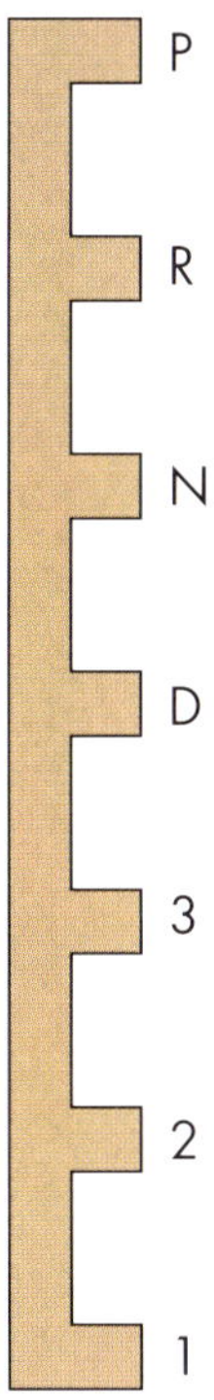

Die richtige Gangwahl

Normale Fahrt

Wählen Sie »D« (Drive). Die Automatik schaltet ganz nach Bedarf hinauf und hinunter. Bei der herkömmlichen Automatik können Sie die Gangwechsel hören und/oder spüren. Bei einer CVT hören Sie weiter nichts als eine allmähliche Änderung des Motorgeräusches. Manche Automatikgetriebe haben einen zusätzlichen Wählschalter »Sport«. Ist diese Stufe gewählt, schaltet die Automatik für eine sportlichere Fahrweise erst bei höheren als den normalen Drehzahlen in den nächsten Gang.

»Kick-down«

Wenn Sie das Gaspedal bis zum Boden durchdrücken, schaltet die Automatik erst bei höheren als den normalen Drehzahlen hinauf (bleibt länger in den unteren Gängen). Die verbesserte Beschleunigung kostet allerdings Kraftstoff.

Fahren auf schlüpfriger Fahrbahn

Ist die Fahrbahn rutschig oder glatt oder geht es stark bergab, wählen Sie die Gänge manuell, d.h. die Stufe 2 für das Anfahren. Lesen Sie bitte darüber in Ihrem Handbuch nach.

Flüssigkeitsstand kontrollieren

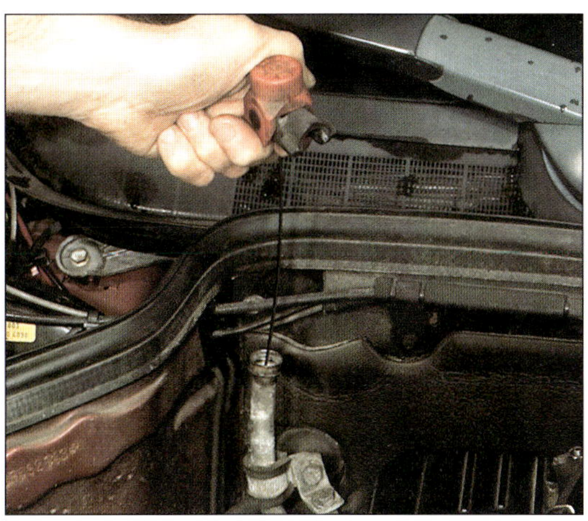

Automatikgetriebe sind kompliziert im Aufbau, und Reparaturen sind teuer. Das Fluid dient nicht nur der Schmierung, sondern auch der Kühlung, der Schaltfunktion und der Übertragung der Antriebskraft vom Motor. Es ist deshalb sehr wichtig, den Flüssigkeitsstand regelmäßig zu kontrollieren (siehe Kapitel 8). Ein zu niedriger Ölstand kann rasch zu Problemen und zu teuren Schäden führen. Doch auch ein gut gemeinter, zu hoher Ölstand kann Schäden verursachen.

Sind Automatik-Autos durstiger?

Bis vor wenigen Jahren liefen Pkws mit Automatik langsamer und verbrauchten mehr als vergleichbare Autos mit Schaltgetriebe. Das gilt für die heutigen Modelle nicht mehr.

Was man tun sollte und was nicht

Das soll man tun...

- Ölstand regelmäßig und auch schon beim geringsten Verdacht kontrollieren.
- Bremspedal bei stehendem Wagen festhalten, bis »P« oder »N« eingelegt ist.
- Zum Parken die Stellung »P« (mit Parksperre) wählen.
- Bevor »P« oder »R« gewählt wird, muss der Wagen absolut stillstehen.

Das sollte man nicht tun...

- Den Wagen mit zu niedrigem Ölstand weiterfahren.
- Zuviel Fluid einfüllen, denn das kann ebenfalls schaden.
- Beim Betätigen des Wählhebels Gas geben.

Antriebswellen (Gelenkwellen)

Sie übertragen die Antriebskraft vom Differenzial auf die Räder des Wagens und sind jeweils an einem Ende mit dem Differenzial und am anderen mit der Radnabe verbunden.

Bei Autos mit Hinterradantrieb und »starrer« Hinterachse sind sie im Achsgehäuse verborgen und führen dann als massive Wellen (ohne Gelenke) vom Differenzial zum Rad.

Bei Hinterradantrieb und Einzelradfederung ändert sich mit dem Grad des Einfederns ständig der Winkel, unter dem sie zum Achstrieb stehen, weshalb an jedem Ende ein Kardangelenk vorgesehen ist, das diese Bewegungen aufnimmt. Moderne Gelenke arbeiten ohne jede Schmierung, sind also wartungsfrei.

Bei Frontantrieb ändert sich ebenfalls der Anstellwinkel der Gelenkwellen mit dem Grad des Einfederns, doch hier muss auch dem Lenkeinschlag der Räder Rechnung getragen werden. Deshalb sind beim Fronttriebler an jedem Ende der Gelenkwellen sogenannte Gleichlaufgelenke eingebaut, die vermeiden, dass beim starken Abknicken der Welle eine hohe Ungleichförmigkeit der Drehbewegung auftritt. Sie werden mit Spezialfett geschmiert und durch Gummibälge vor Schmutz und Fettverlust geschützt.

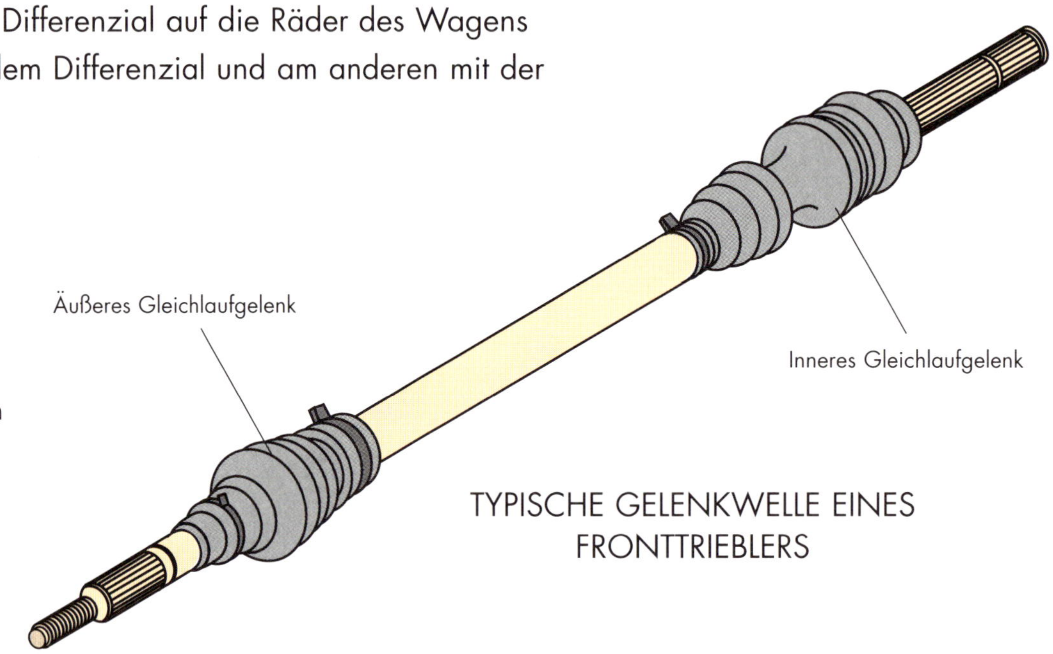

TYPISCHE GELENKWELLE EINES FRONTTRIEBLERS

Wartung der Antriebswellen

Mit Ausnahme einiger älterer Modelle mit Hinterradantrieb (bei denen die Gelenke in Kardan- und/oder Gelenkwellen regelmäßig geschmiert werden mussten) erfordern Antriebswellen heute keinen Routine-Service mehr.

Schon unter normalen Fahrbedingungen werden Gelenkwellen stark beansprucht, und daher sollten Sie die folgenden Tipps beachten, um Pannen zu vermeiden:

- Die Gummibälge der Gelenke von Fronttrieblern sollten regelmäßig auf Beschädigungen kontrolliert werden.
- Vermeiden Sie »Rennstarts«.
- Vermeiden Sie scharfes Beschleunigen bei voll eingeschlagenen Vorderrädern.

Kardanwelle

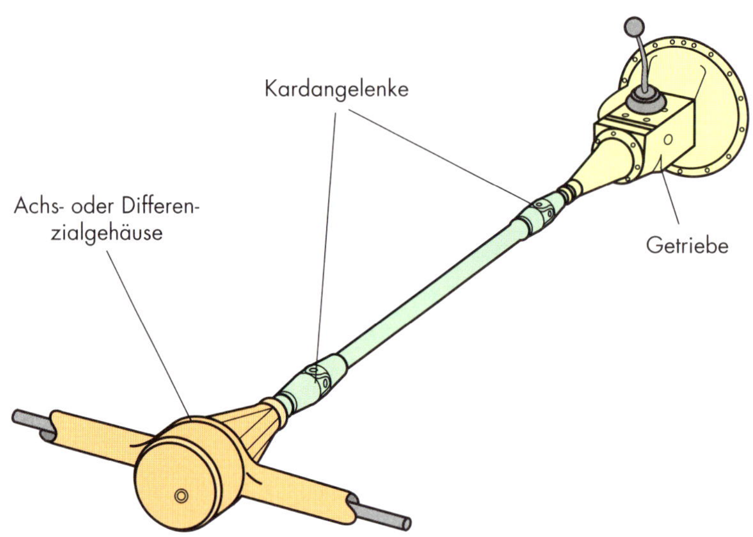

Eine Kardanwelle verbindet bei Fahrzeugen mit konventionellem Antrieb (Motor vorn, Hinterräder getrieben) Getriebe und Differenzial. Bei Allradantrieb überträgt eine weitere Kardanwelle den Antrieb vom Verteilergetriebe zur zweiten angetriebenen Achse (vorn oder hinten).

Die meisten Kardanwellen besitzen wenigstens ein Kardangelenk, um die Durchfederung der Achse und die Bewegungen der Kraftübertragung aufzunehmen. Lange Kardanwellen haben zuweilen in der Mitte noch einmal ein Zwischenlager.

Differenzial (Ausgleichgetriebe)

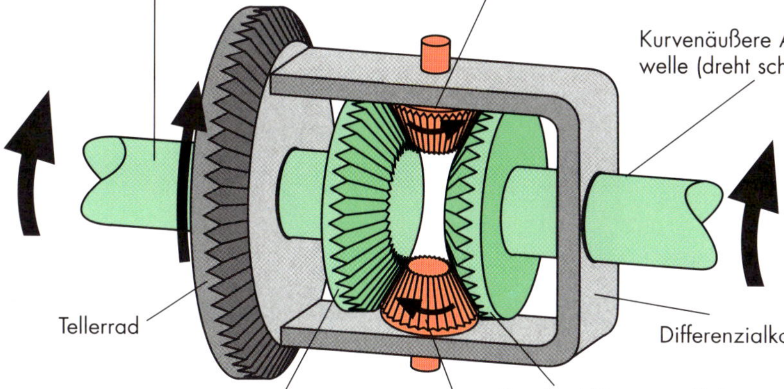

Bei Kurvenfahrt legen die kurvenäußeren Räder eine größere Strecke zurück als die inneren. Das bedeutet, dass starr miteinander verbundene Räder einer Achse sich gegen jede Kurvenfahrt wehren würden. Das Ausgleichgetriebe erlaubt es den angetriebenen Rädern, sich unterschiedlich schnell zu drehen.

Der Antrieb des Differenzials erfolgt je nach Bauart über ein Paar Stirn- oder Kegelräder, die den »Achsantrieb« bilden (beim Kegelradpaar spricht man von Teller- und Kegelrad). Das eigentliche Differenzial ist vom Tellerrad umgeben und besteht aus einem »Korb« mit einem Planeten-Kegeltrieb. Am Ende jeder Gelenkwelle (siehe oben) befindet sich ein größeres Kegelrad, das zusammen mit mehreren frei auf einer Achse beweglichen Planeten-Kegelrädern (Trabanten) im Korb gelagert ist. Die großen Kegelräder auf den Achswellen (Sonnenräder) befinden sich im ständigen Eingriff mit den kleineren Trabanten. Wenn der Wagen geradeaus fährt, überträgt das Tellerrad den Antrieb über den Korb auf die Trabantenachse. Die auf der Achse gelagerten Trabanten treiben die Sonnenräder zu beiden Seiten (also auch die Achswellen und Räder) gleichmäßig vorwärts, ohne dass sich die Kegelräder relativ zueinander drehen. Erst bei Kurvenfahrt wird das innere Rad langsamer und zwingt die Trabanten, sich auf ihrer Achse zu drehen und damit das gegenüberliegende Sonnenrad um denselben Betrag schneller rotieren zu lassen. Dabei wirken auf beide Räder weiterhin gleichgroße Antriebskräfte.

Wann wird Getriebeöl gewechselt?

Schaltgetriebe

Normal sind relativ lange Intervalle (oft alle 100 000 km) vorgeschrieben, und manche Getriebe sind »auf Lebenszeit« versiegelt, erfordern also keinerlei Ölwechsel (bitte im Handbuch nachlesen oder den Vertragshändler fragen).

Wenn Ihr Getriebe seitlich einen Ölstandsstopfen besitzt, können Sie nach dem Herausschrauben Spiegel und Zustand des Öls prüfen (vgl. Kapitel 8). Benutzen Sie Wegwerfhandschuhe und stecken Sie einen Finger in die Gewindebohrung. Wenn Sie den Ölspiegel nicht erreichen, versuchen Sie es mit einem Stück Draht. Lassen Sie ein paar Öltropfen auf weißes Papier fallen.

Getriebeöl hat gewöhnlich eine klare, je nach Typ leicht gelbe oder rosa Farbe. Anders als Motorenöle werden Getriebeöle nicht mit der Zeit schwarz. Hat das Öl aber seine Farbe sehr verändert oder stellen Sie Metallpartikel darin fest, sollte es gewechselt werden.

Automatikgetriebe

Wenn hier das Fluid nicht in den vorgeschriebenen Intervallen gewechselt wird, kann das ernste und teure Folgen haben. Um eine Vorstellung vom Zustand des Fluids zu bekommen, ziehen Sie den Peilstab aus der Führung und lassen Sie ein paar Tropfen auf weißes Papier fallen.

- Klare rötliche Färbung: Neues Fluid kann verschiedene Farben haben; aber wenn es sauber aussieht und offenbar nicht verfärbt ist, dürfte es OK sein.
- Dunkel, rotbraun: Sieht das Fluid verbrannt aus und riecht auch so, muss es gewechselt werden.
- Milchig-weiß bis rosa: Es könnte ein Leck im Fluid-Kühler vorliegen, durch das eine Vermischung mit Frostschutz stattgefunden hat. Baldmöglichst untersuchen lassen!
- Metallpartikel: Kleine Metallkrümel nach längerer Zeit sind unkritisch, aber Fluid und Filter wechseln lassen. Sind dann nach einigen 1000 km noch Metallpartikel vorhanden, bitte die Werkstatt aufsuchen.

Das Fahrwerk

Der Begriff »Fahrwerk« umfaßt in der Fachsprache alle Baugruppen, die zusammen Fahrverhalten, Lenkbarkeit und Bremsvermögen eines Fahrzeugs bestimmen, also Reifen, Räder, Bremsen, Lenkung und Radaufhängungen. Alle genannten Bauteile beeinflussen sich in gewissen Grenzen gegenseitig – schon eine solche Kleinigkeit wie das Aufziehen eines anderen Reifentyps kann überraschende Veränderungen im Handling und im Fahrgeräusch bedeuten.

Die allerersten Automobile verwendeten Vollgummireifen, Starrachsen und Blattfedern, wie man sie von den Pferdekutschen her gewohnt war, die das Auto nun ersetzen wollte. Auch die Bremsen waren primitive Vorrichtungen mit nur geringer Wirkung. Der Einfallsreichtum der Konstrukteure bescherte rasch Verbesserungen und brauchbare Lösungen für die vielfachen Probleme, die sich aus den sich zumeist widersprechenden Anforderungen an Straßenlage und Fahrkomfort ergaben.

Heute nehmen wir Dinge wie eine ausgereifte Servolenkung und eine zuverlässige, hochwirksame Bremsanlage als Selbstverständlichkeiten hin. Vielleicht die dramatischste Neuerung in den letzten Jahren war wohl die weite Verbreitung von ABS, dem Antiblockiersystem, die erst durch die Verfügbarkeit billiger Mikroprozessoren ermöglicht wurde. Eine ähnliche Technik wurde inzwischen bereits von einigen Herstellern für die Steuerung ausgeklügelter Radaufhängungen angewandt, und weitere Entwicklungen auf diesem Niveau werden zweifellos folgen.

Die Lenkung

Wozu die Lenkung da ist, weiß jeder. Doch für ihr Zusammenwirken mit der Radaufhängung muss sie sehr sorgfältig konzipiert sein. Die Lenkung muss es dem Fahrer ermöglichen, den Wagen auch auf unebenem Grund bei hohem Tempo exakt geradeaus zu halten und dennoch wenig Betätigungskraft erfordern.

Wenn beim Drehen am Lenkrad beide Vorderräder um genau den gleichen Betrag eingeschlagen würden, dann würden die Reifen auf der Fahrbahn »radieren« und schnell verschleißen. Der Fall liegt ähnlich wie beim Differenzial: Das kurveninnere Rad läuft auf kleinerem Radius und muss daher stärker eingeschlagen werden als das äußere. Lenkung und Radaufhängung sind so konstruiert, dass sie diese Forderung erfüllen.

Viele Autos haben heutzutage Servolenkung, um die zum Lenken benötigte Kraft zu verringern. Die meisten Systeme nutzen hydraulische »Servo«-Unterstützung für die Verstärkung der vom Fahrer eingeleiteten Kraft. Eine vom Motor getriebene Pumpe liefert Drucköl. Das System muss sehr exakt funktionieren, damit das Maß der Verstärkung proportional zur jeweils am Lenkrad aufgewandten Kraft ist. Der Fahrer sollte stets »fühlen« können, was mit seinen Vorderrädern passiert.

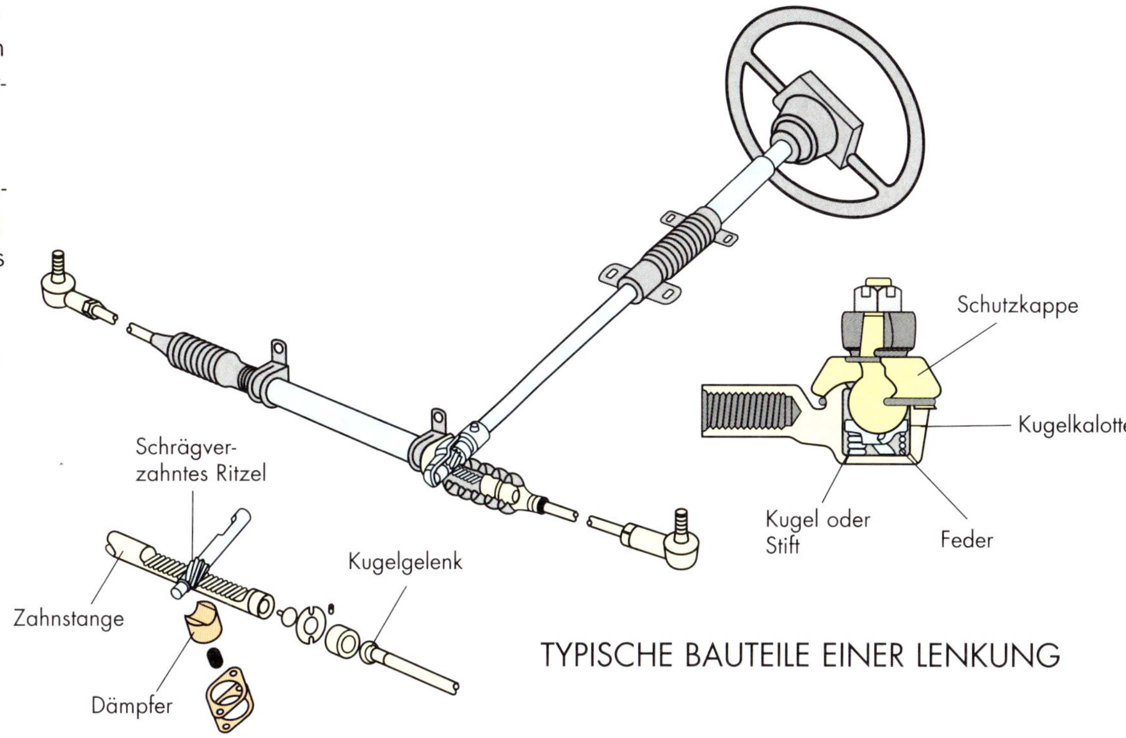

TYPISCHE BAUTEILE EINER LENKUNG

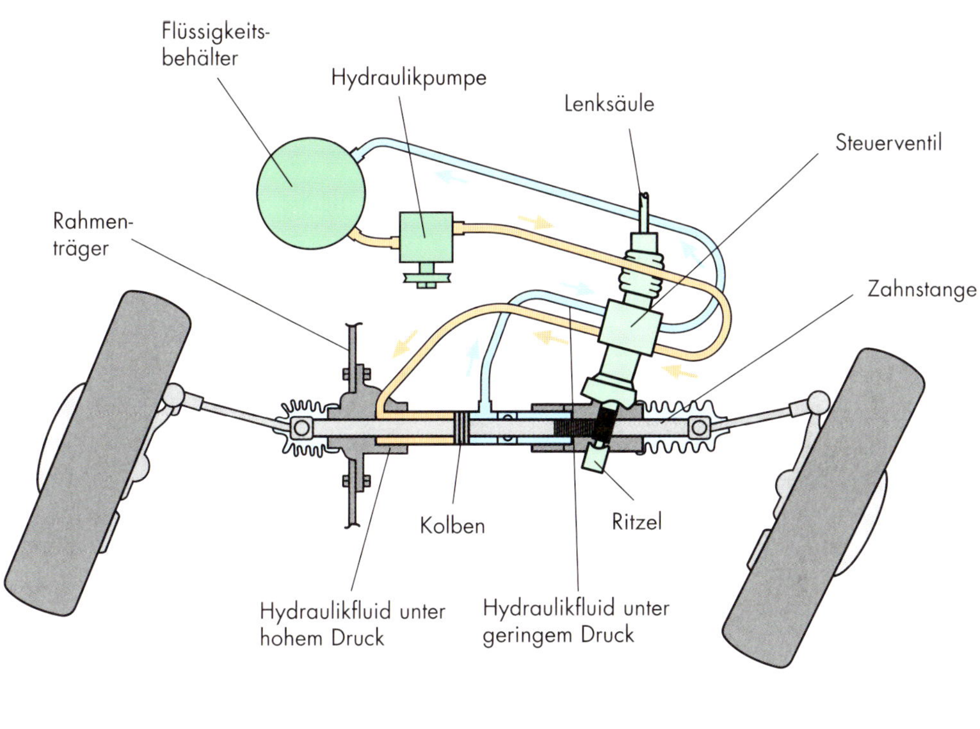

SCHEMA EINER TYPISCHEN SERVOLENKUNG

Lenkungsprobleme

Grundsätzlich gelten auch für die Lenkung die gleichen Hinweise wie für die Radaufhängung (siehe nächste Seite). Das häufigste Problem ist eine falsche Einstellung der Vorderachswerte, die erhöhten Reifenverschleiß bedeuten kann (siehe »Reifenverschleiß« Seite 101).

Verschleiß in der Lenkung kann übermäßiges Spiel am Lenkrad verursachen, und sobald Sie dieses feststellen, sollten Sie den Fall untersuchen lassen.

Probleme mit der Servolenkung entstehen gewöhnlich durch Ölverluste in der Hydraulik oder durch einen schlecht gespannten oder gerissenen Antriebsriemen der Pumpe. Arbeitet die Servolenkung nicht mehr, kann man zwar lenken, aber die Lenkung geht erheblich schwerer.

Vermuten Sie einen Defekt im Lenksystem, lassen Sie das so schnell wie möglich untersuchen. Gehen Sie nie ein Risiko ein, wenn es um die Lenkung geht.

Radaufhängungen

Die Radaufhängung hat zwei Aufgaben: Sie ist verantwortlich für den sicheren Reifenkontakt mit der Fahrbahn, der dem Fahrer ermöglicht, das Auto problemlos zu beherrschen, und sie sorgt für angemessene Federung des Wagens und hohen Fahrkomfort der Insassen auch auf schlechten Straßen.

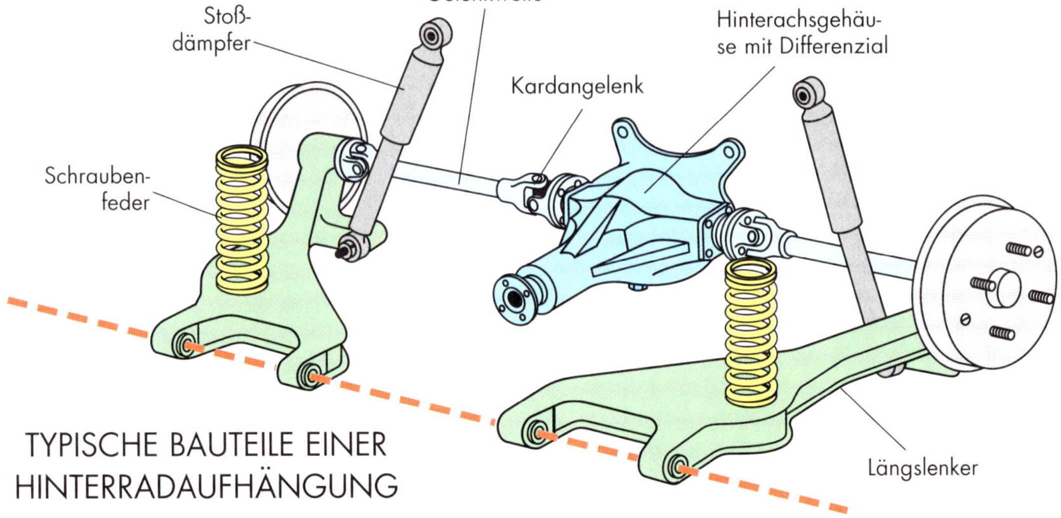

TYPISCHE BAUTEILE EINER HINTERRADAUFHÄNGUNG

Die Konstruktion der Radaufhängung ist stets eine Sache von Kompromissen, denn was gut für eine komfortable Federung ist, ist nicht gut für die Fahreigenschaften des Wagens, und umgekehrt. Für den Fahrkomfort wäre eine einigermaßen weiche Federung nötig, die den Wagenkörper beim Passieren schlechter Wegstrecken »abfängt«; für vernünftiges Handling braucht man eine harte Federung, um alle vier Räder in ständigem Kontakt mit der Fahrbahn zu halten und dabei zu erreichen, dass sich die Karosserie so wenig wie möglich bewegt.

Viele ältere Autos hatten zwar vorn Einzelradfederung, hinten aber eine Starrachse, während die meisten modernen Modelle rundum Einzelradfederung aufweisen. Bei Wagen mit hinterer Starrachse (z.B. viele Geländewagen) wirken sich alle Bewegungen des einen Hinterrads unmittelbar auch auf das andere Rad aus.

Im allgemeinen besteht die Federung eines modernen Autos aus Federn und Stoßdämpfern (eigentlich: Schwingungsdämpfern), die gemeinsam Unebenheiten der Straße schlucken. Ein Drehstabilisator (»Stabi«) wird oft eingebaut, um die Rollbewegung (Schwingen um die Längsachse) des Wagenkörpers zu verringern. Die Bauteile der Radaufhängung werden an der Karosserie in Gummi elastisch aufgehängt oder befestigt, so dass die Übertragung von Stößen, Geräuschen und Vibrationen von der Radaufhängung zur Karosserie gemildert wird.

Radaufhängungen werden mit sehr viel Aufwand konstruiert, Federn und Stoßdämpfer sehr genau nach den Massenverhältnissen und den angestrebten Fahreigenschaften des einzelnen Modells ausgewählt.

Starker Verschleiß an Teilen der Radaufhängung hat ungünstige Auswirkungen auf Handling und Bremsverhalten und kann deshalb sehr gefährlich sein.

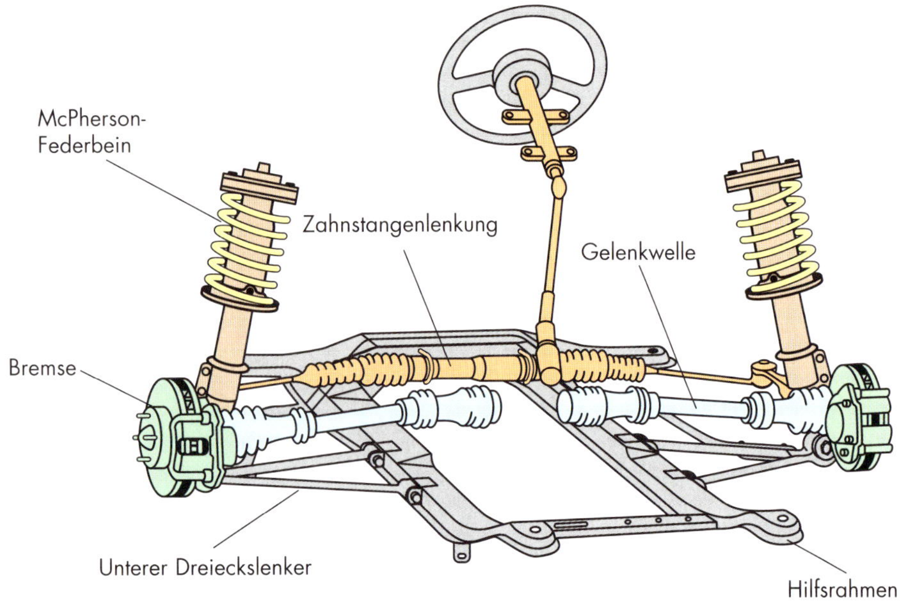

TYPISCHE BAUTEILE EINER VORDERRADAUFHÄNGUNG

Probleme mit der Radaufhängung

Wenn Teile der Radaufhängung verschlissen oder beschädigt sind, werden Sie vermutlich feststellen, dass sich Handling und Fahreigenschaften verschlechtert haben. Wahrscheinlich hören Sie auch Klappergeräusche, besonders auf schlechter Fahrbahn. Verschleiß in diesen Bauteilen können auch erhöhte Reifenabnutzung und verminderte Bremsleistung verursachen. Die Einstellung namentlich der Vorderachse ist sehr kritisch, und schon ein relativ kleiner Anprall an einen Bordstein kann diese Werte (die »Spur«) verstellen und Reifenverschleiß bedeuten. Ihre Werkstatt und viele Reifendienste können die Achseinstellung nachprüfen.

Stoßdämpfer (richtiger: Schwingungsdämpfer)

Wenn eines der vier Räder über eine Unebenheit rollt, wird dessen Feder zusammengedrückt und kann danach wieder ausfedern. Dabei springt sie weiter als in ihre vorherige Lage zurück und beginnt, eine Weile auf und ab zu schwingen. Auf schlechten Wegen würden deshalb die Insassen bald »seekrank« werden, und das Handling wird ebenfalls beeinträchtigt. Stoßdämpfer sollen die Energie der Feder abbauen und unerwünschte Schwingungen absorbieren.

Die meisten modernen Stoßdämpfer sind doppeltwirkend, dämpfen also die Federschwingungen in Auf- und Abrichtung. Sie sind gewöhnlich mit Öl oder Gas gefüllt und bestehen aus einem Zylinder, einem Kolben, Ventilen und einem Reservoir. Das obere Ende der Kolbenstange ist gewöhnlich mit der Karosserie verbunden, das untere Ende des Zylinders mit der Radaufhängung (jeweils in Gummilagern).

Was passiert bei Abnutzung?

Wenn Stoßdämpfer verschlissen sind, verschlechtern sich Handling und Bremsverhalten, weil die Karosserie sich »ungebremst« auf und ab bewegt, und die Räder fangen bei leichten Hindernissen an zu springen. Fahren mit defekten Stoßdämpfer kann ziemlich gefährlich sein. Viele Reifen- und andere Fachwerkstätten bieten das Auswechseln der Stoßdämpfer zu vernünftigen Preisen an.

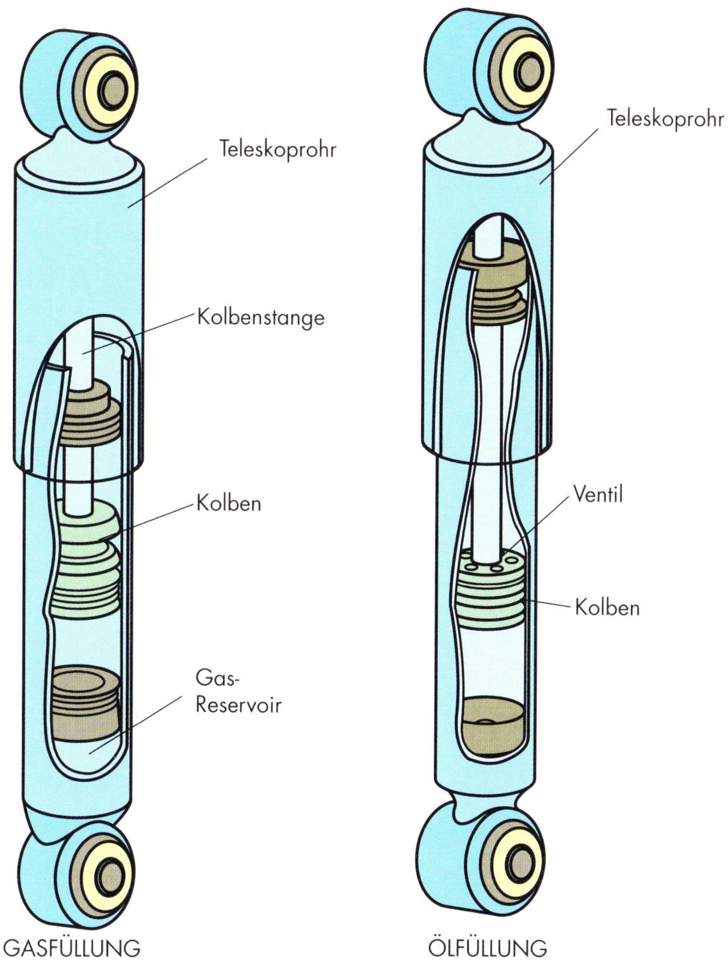

SCHNITTZEICHNUNGEN TYPISCHER STOßDÄMPFER

Wie man Stoßdämpfer prüft

Drücken Sie Ihr Auto nacheinander an allen vier Ecken zuerst hinab und lassen es dann wieder hochkommen. Die hinabgedrückte Ecke sollte wieder in ihre Ausgangsstellung zurückfedern und so bleiben. Kommt beim Loslassen die Radaufhängung ins Schwingen oder hört man ein zischendes oder klopfendes Geräusch beim Einfedern, dürfte der Stoßdämpfer verschlissen sein.

Die Reifen

Häufig ist man sich über die Wichtigkeit der Reifen nicht im Klaren, doch sie bilden den einzigen Kontakt zur Straße! Sie müssen unbeschädigt sein, richtigen Luftdruck aufweisen und genügend Profil haben. Prüfen Sie den nach dem Handbuch korrekten Reifendruck. Beachten Sie, dass dies bei kalten Reifen erfolgen soll (wenigstens eine halbe Stunde nicht gefahren). Für Vorder- und Hinterreifen können unterschiedliche Drücke gelten, ebenso für den voll beladenen Wagen. Der seitlich auf dem Reifen ausgewiesene Reifendruck ist das zulässige Maximum und nicht etwa der vorgeschriebene Luftdruck für Ihr Auto.

Reifen kontrollieren

Nehmen Sie jeden Reifen einzeln vor und schrauben Sie die Schutzkappe vom Ventil, die Sie gut aufheben müssen.

Prüfen Sie den Luftdruck, indem Sie den Reifendruckprüfer winklig und so fest auf das Ventil drücken, dass keine Luft entweicht. Nehmen Sie den Prüfer vom Ventil und lesen Sie den Druck ab.

Fehlt nur wenig Luft, können Sie zur nächsten Tankstelle fahren oder mit der Fußpumpe aufpumpen.

Kontrollieren Sie den Druck nochmals. Ist er zu hoch, lassen Sie etwas Luft ab, indem Sie leicht auf den Stift in der Mitte des Ventils drücken und dann noch einmal prüfen. Stimmt der Druck, schrauben Sie die Schutzkappe wieder auf.

Wiederholen Sie den Vorgang rundum und vergessen Sie nicht das Reserverad, nur weil es so versteckt liegt. Pumpen Sie es auf den höchsten im Handbuch angeführten Druck auf.

Alle Reifen müssen mindestens die minimale gesetzlich zulässige Profiltiefe aufweisen. In der Praxis sollte ein Reifen aber bereits bei 2 Millimeter Tiefe erneuert werden. Messen Sie die Tiefe mit Hilfe einer Profiltiefenlehre wie im Foto unten dargestellt.

Am besten untersuchen Sie jeden Reifen auch auf seinen allgemeinen Zustand. Dazu nehmen Sie das Auto jeweils auf den Wagenheber und drehen das Rad. Kontrollieren Sie das Rad auf Beschädigungen der Felge und auf Schäden und eingedrungene Fremdkörper im Profil und an den Flanken des Reifens. Beachten Sie auch ungleichmäßige Abnutzung, die auf falsch eingestellte Vorderachswerte schließen lassen. Ist das der Fall, fahren Sie zum Reifenspezialisten.

Reifenverschleiß

Egal wie gut Sie Ihre Reifen pflegen – mit der Zeit verschleißen sie. Wie lange ein Reifen normal leben sollte, ist wegen der wechselnden Bedingungen schwer zu sagen. Auf jeden Fall verkürzt nachlässige Wartung deutlich ihre Lebensdauer. Die Art und Weise, wie der Reifen abnutzt, kann Hinweise auf mögliche Ursachen geben.

Verschleiß an den Profil-Außenkanten (Reifenschulter)

Zu niedriger Druck: beide Schultern sind abgenutzt
Zu niedriger Druck verursacht übermäßige Erwärmung, weil der Reifen zu sehr gewalkt wird und sein Profil auf der Fahrbahn nicht exakt aufliegt. Folge: schlechtere Bodenhaftung und erhöhte Abnutzung, neben dem Risiko einer plötzlichen Panne wegen Überhitzung. Reifendruck prüfen und korrigieren.

Falsch eingestellter Sturz (= Radneigung zur Senkrechten): einseitige Abnutzung
Achse vermessen, fehlerhafte Teile erneuern

Zu scharfe Fahrweise in Kurven
Fahrweise ändern!

Verschleiß in Profilmitte

Zu hoher Druck
Zu hoher Reifendruck führt zu erhöhter Abnutzung in der Mitte des Profils und geht einher mit geringerer Bodenhaftung, schlechterem Fahrkomfort und der Gefahr von Schäden in der Reifenkarkasse. Reifendruck prüfen und korrigieren.

Ungleichmäßiger Verschleiß

Die vorderen Reifen verschleißen eventuell ungleichmäßig infolge falscher Achseinstellung. Die meisten Reifen- und Fachwerkstätten können für wenig Geld die Achse vermessen und korrigieren.

Sturz oder Nachlauf inkorrekt
Teile der Radaufhängung müssen repariert oder erneuert werden.

Spureinstellung stimmt nicht
Vorderachse vermessen und Spur einstellen.

Anmerkung: Die merkwürdig »gefiederten« Profilstollen, typisch für falsche Vorspur, fühlen Sie am besten, indem Sie mit dem Finger über das Profil fahren.

Unwucht im Rad
Räder auswuchten lassen.

Defekte Federn/Stoßdämpfer
Reparatur oder Wechsel erforderlich.

Kennzeichnung der Reifengröße

Alle Reifen sind an den Flanken einheitlich mit Zahlen und Buchstaben gekennzeichnet, z.B. **»185/70 R 13 87T«**.

185 steht für die Reifenbreite in Millimetern.
70 bezeichnet das Verhältnis Höhe/Breite des Reifenquerschnitts in Prozent. Wenn hier keine Zahl steht, ist das normale Verhältnis 82%.
R steht für Radialreifen (Gürtelreifen).
13 besagt, der Felgendurchmesser für diesen Reifen beträgt 13 Zoll (1 Zoll = 25,4 mm).
87 ist eine Kennnummer und steht für die maximale Last, die der Reifen bei Höchstgeschwindigkeit tragen darf.
T ist ein Kürzel für die zulässige Höchstgeschwindigkeit des Reifens, die über der des Fahrzeugs liegen muss.

Beachten Sie, dass in manchen Reifenkennungen der Buchstabe für die zulässige Höchstgeschwindigkeit zwischen den Ziffern für Breite und Durchmesser und vor dem »R« für Radialreifen steht, also z.B. »185/70 HR 13«

Verwendete Buchstaben für die zulässige Höchstgeschwindigkeit von Radialreifen

Buchstabe	**km/h**
P	150
Q	160
R	170
S	180
T	190
U	200
V (hinter Größenangabe)	bis 240
H (zwischen Breite und Durchmesser)	bis 210
V (zwischen Breite und Durchmesser)	über 210
Z (zwischen Breite und Durchmesser)	über 240

Die richtige Reifenwahl

Die billigsten Reifen zu kaufen, kann sich als falsche Sparsamkeit erweisen. Manche günstigeren Produkte sind zwar nicht schlechter als Markenware, aber hüten Sie sich vor billigen Importen und Nachahmungen.

Kaufen Sie keine gebrauchten Reifen, sie könnten Unfallschäden oder sonstige, von außen nicht sichtbare Mängel aufweisen.

Stellen Sie sicher, dass Sie die richtige Reifengröße mit der für Ihr Auto zulässigen Bezeichnung kaufen (siehe »Kennzeichnung« auf der vorigen Seite).

Das Profilmuster kann das Handling des Wagens beeinflussen; auf derselben Achse sollte man stets zwei identische Reifen verwenden (wird in manchen Ländern vorgeschrieben). Reifen mit verschiedenen Profilformen am Auto können bewirken, dass der Wagen beim Bremsen nach einer Seite zieht oder die Reifen auf glatter Straße unterschiedlich »greifen«.

Die Reifen der angetriebenen Achse nutzen im allgemeinen, aber besonders bei Frontantrieb, schneller ab als die übrigen. Die unterschiedliche Abnutzung kann man durch Umsetzen der Räder alle paar Tausend Kilometer ausgleichen, d.h. man tauscht die vorderen über Kreuz mit den hinteren.

Wenn Sie im Winter oder auf rutschigen Straßen viel unterwegs sein müssen, lohnt sich der Kauf eines Satzes M+S-Reifen (Matsch und Schnee), am besten mit vier weiteren Felgen, so dass jeweils komplette Räder gewechselt werden können.

Immer wieder aufpumpen?

Achten Sie darauf, dass die Schutzkappe des Ventils nicht fehlt, und wenn ja, kaufen Sie möglichst bald eine neue.

Ist die Kappe aufgeschraubt und verliert der Reifen trotzdem Luft, kann es an einem defekten Ventileinsatz liegen. Entweicht viel Luft, kann man es hören, und eine kleine Menge stellt man fest, indem man einen Fingervoll Seifenlauge auf das Ventil gibt – ist es undicht, gibt es Seifenblasen! Doch selbst wenn man nichts hören und sehen kann, könnte immer noch eine winzige Luftmenge austreten – »steter Tropfen höhlt den Stein«!

Eine so kleine Luftmenge kann aber auch woanders am Reifen abblasen; entweder bei einer undichten Stelle zwischen Reifen und Felgenhorn (Rost, Farbe), oder es ist ein Fremdkörper in den Reifen eingedrungen.

Ein Nagel im Reifen

Finden Sie einen Nagel oder ähnlichen Fremdkörper im Reifen, ziehen Sie ihn nicht gleich heraus, denn er markiert ja die undichte Stelle. Montieren Sie sofort das Reserverad (siehe Kapitel 4) und bringen Sie das andere Rad zum Reifenspezialisten.

Ist der Reifen nicht gar zu abgenutzt, lohnt die Reparatur, andernfalls müssen Sie einen neuen Reifen kaufen. Fragen Sie den Fachmann.

Kauf einer Luftpumpe

Im Handel sind zwei Grundtypen von Luftpumpen für Reifen: Fußpumpen und elektrische Pumpen. Am leichtesten ist die Arbeit mit der elektrischen mit eingebautem Manometer und einem Stecker für die Steckdose des Zigarrenanzünders.

Fußpumpen gibt es in verschiedenen Ausführungen und Größen, und ihr praktischer Wert bestimmt natürlich den Preis. Wenn Sie es sich leisten können, nehmen Sie eine mit Metall- statt Kunststoffzylinder, sie ist robuster. Und je größer die Pumpe (evtl. mit zwei Zylindern), um so schneller ist der Reifen aufgepumpt.

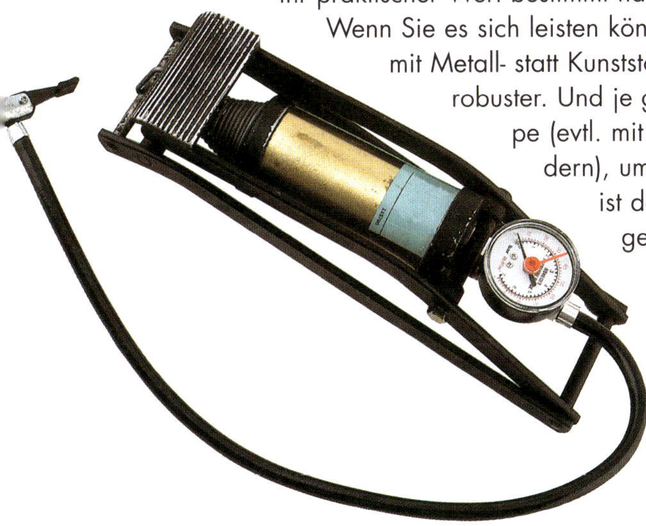

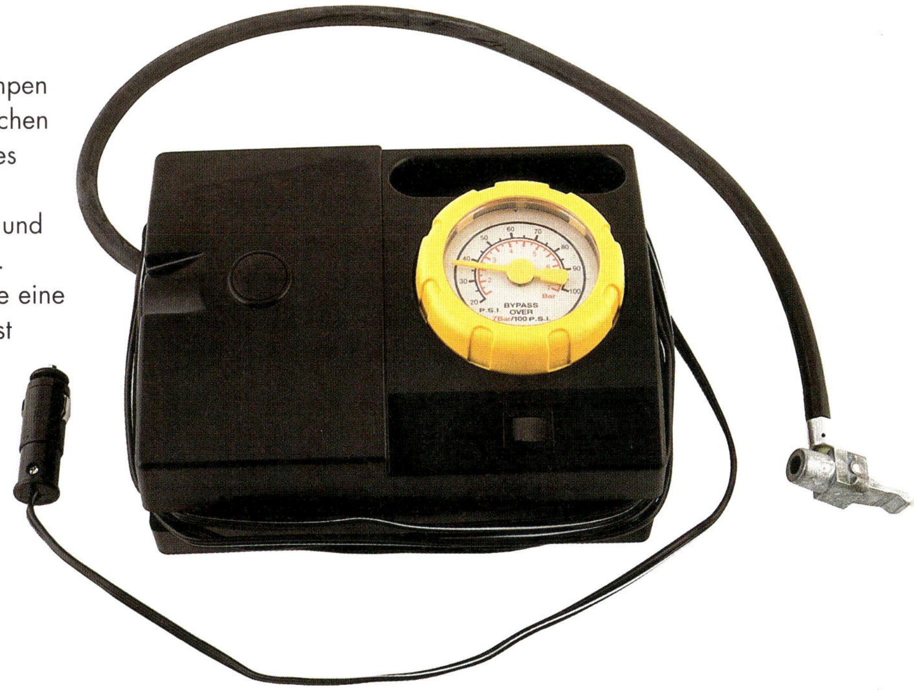

Kauf eines Reifendruckprüfers

Auch von diesen Geräten gibt es recht unterschiedliche: mit Messstab, als Rundinstrument oder auch digital. Sie können sie ganz nach Geschmack wählen, doch das Rundinstrument ist wohl am besten zu handhaben.

Je höher die Qualität und je genauer die Anzeige, um so teurer sind die Geräte, aber Sie brauchen kein Vermögen dafür auszugeben. Es sollte Ihnen reichen, wenn es annähernd genau misst und robust ist.

Und auch wenn Ihre Pumpe ein eigenes Manometer besitzt, sollten Sie zum Schluss mit dem Prüfer nachkontrollieren. Manometer an Pumpen zeigen zumeist ungenau an und sind leicht zu beschädigen. Ebenso sind die Anzeigen der Pressluftanlagen an der Tankstelle oft ungenau. Am besten, Sie pumpen die Reifen an der Tankstelle auf und benutzen den eigenen Reifendruckprüfer zur Kontrolle.

Den Luftdruck bei kaltem Reifen, vor Fahrtantritt überprüfen.

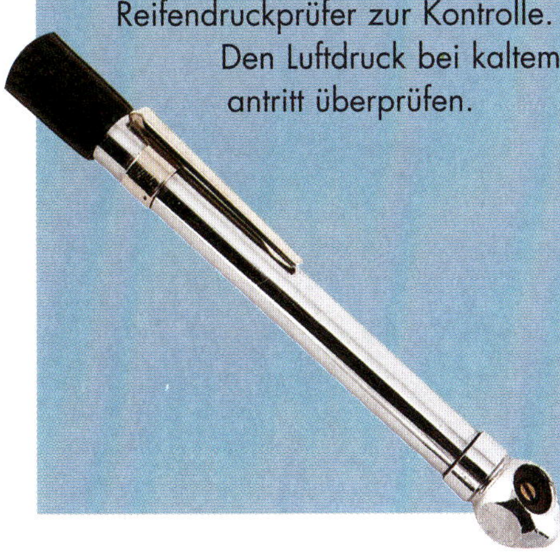

Die Räder

Speichenräder sieht man heute kaum mehr, und das ist auch gut so. Sie wirkten zwar sportlich, waren aber teuer in der Herstellung und auch in der Wartung (das weiß jeder, der einmal ein Fahrrad eingespeicht hat).

Die Räder moderner Autos bestehen aus Stahlblech oder Leichtmetall. Sie sind von hoher Festigkeit, leicht und zuweilen auch ganz dekorativ, doch ihre Pflege (zumeist aus optischen Gründen) ist immer noch ziemlich aufwändig.

Reinigung von Stahlfelgen und Radkappen

Hier ist zumeist das Waschen mit Autoshampoo und Schwamm erfolgreich. Hartnäckiger Schmutz kann mit der Bürste und notfalls einem Felgen-Reinigungsspray entfernt werden (vergewissern Sie sich, dass er – soweit erforderlich – auch für Kunststoffteile geeignet ist; viele Leichtmetallreiniger sind das nicht).

Reinigung von Leichtmetallrädern

Den größten Schmutz sollten Sie mit einem Leichtmetallreiniger und einer weichen Bürste entfernen können. Beachten Sie die Anleitung auf der Verpackung der Felgenreinigungsmittel – einige sind ziemlich scharf, weshalb Sie Gummihandschuhe tragen und nichts davon mit dem Lack in Berührung bringen sollten.

Ist die Felge einmal gereinigt, hilft eine Politur, Verschmutzungen künftig leichter entfernen zu können. Dafür gibt es spezielle Polituren für Leichtmetallräder. Sind Ihre Felgen mit Klarlack geschützt, so genügt auch eine normale Autopolitur.

WARNUNG
Beim Reinigen der Felgen vermeiden Sie, den Abrieb – Staub – der Bremsbeläge einzuatmen, der einen Gutteil der Verschmutzung ausmacht. Er könnte gesundheitsschädlich sein.

Leichtmetallräder ausbessern

Die meisten Leichtmetallräder sind mit Klarlack überzogen, den Sie, wenn er an einigen Stellen abblättert, gleich ausbessern sollten, damit diese Stellen nicht oxidieren.

1 Felge mit Leichtmetall-Reinigungsmittel reinigen, abspülen und gut trocknen lassen.

2 Abgeblätterte Stellen zuerst mit feinem (400er) Schleifpapier oder feinen Metallspänen (Topfreiniger) behandeln. Übergänge rund um die Stellen vorsichtig anschleifen, dann mit einem trockenen Lappen abwischen.

3 Für das Austupfen mit Klarlack einen feinen Lackpinsel verwenden und die Anleitung auf der Packung befolgen. Den Lack mehrmals dünn auftragen, um saubere Übergänge zu erreichen.

Ein Rad abnehmen

Obschon es für die Sicherheit wichtig ist, dass die Radschrauben oder Radmuttern fest sitzen, müssen Sie sie bei einer Panne auch selber wieder lösen können (siehe Kapitel 4, Seite 30).

1 Sind die Räder mit einer Sicherheits-Radmutter (oder -schraube) ausgestattet, müssen die notwendigen Adapter greifbar sein. Andernfalls hat man, falls unterwegs ein Rad gewechselt werden muss, schlechte Karten.

2 Beim Werkzeug sollte ein Radschlüssel mit ausziehbarer Verlängerung sein, mit dem man die Radmuttern/-schrauben leichter lösen kann.

3 Vor dem Ansetzen des Rades sollten die Gewinde mit einer Drahtbürste gereinigt werden. Ein Hauch von Schmierfett an den Gewinden (erhältlich im Zubehörhandel) kann auch nicht schaden.

- Wenn Ihnen die Werkstatt neue Reifen montiert hat, prüfen Sie, ob Sie die Schrauben/Muttern auch selber wieder lösen können. Lösen Sie sie und ziehen sie dann wieder mit Ihrem Bordwerkzeug an.
- Von Rechts wegen sollten Radschrauben/Muttern mit dem vom Hersteller angegebenen Anziehmoment festgezogen werden. Wenn Sie selbst keinen Drehmomentschlüssel besitzen, bitten Sie nach einer Panne Ihre Werkstatt, die Radmuttern mit dem richtigen Moment anzuziehen.

Wie Sie vermeiden, Radkappen zu verlieren

Ziehen Sie die Radkappe ab und schauen Sie nach gebrochenen Halteklammern. Sind eine oder mehrere abgebrochen, hilft nur eine neue Radkappe.

Kaufen Sie ein paar lange Plastik-Kabelbinder in einer zur Radkappe passenden Farbe. Wenn die Radkappe Öffnungen hat, stecken Sie ein Ende des Kabelbinders durch die Felge, ziehen es hinten durch und ebenfalls durch zwei benachbarte Öffnungen in der Radkappe. Dann schließen Sie den Kabelbinder. Wenn der Verschluss unsichtbar sein soll, ziehen Sie den Binder so weit herum, dass der Verschluss hinter der Felge versteckt liegt. Strammziehen und das freie Ende abschneiden.

Hat die Radkappe keine Öffnungen, können Sie dennoch Kabelbinder benutzen, doch die müssen Sie dann durch die Halteklammer an der Rückseite der Radkappe ziehen.

Da die Radkappe zum Radwechsel abgenommen werden muss, sorgen Sie dafür, dass ein Seitenschneider an Bord ist, mit dem Sie die Binder durchschneiden können.

Die Bremsen

Früher hatten die Fahrzeuge mechanische (mit Seilzug oder Gestänge betätigte) Bremsen. Mit der Entwicklung der Hydraulik hat sich die Öldruckbremse durchgesetzt und ist heute in jedem modernen Auto zu finden.

Die Hydraulik vervielfacht die auf das Bremspedal ausgeübte Kraft, sorgt also bei jedem Bremsvorgang für weit höhere Kräfte an den Rädern als der Fahrer aufbringen muss. Hydraulik-Fluid (vereinfacht Öl genannt) lässt sich nicht zusammendrücken (komprimieren); natürlich darf keine Luft im System sein. Wenn das Pedal auf den Kolben im Hauptzylinder drückt, wird dieser Druck durch eine Rohrleitung an den Kolben im Radbremszylinder weitergegeben. Das Verhältnis der Kolbenflächen von Rad- zu Hauptbremszylinder bestimmt, um wieviel die eingeleitete Kraft sich erhöht (siehe Schema). Wenn der Wagen abgebremst wird, wirken etwa zwei Drittel seiner Masse auf die Vorderräder, weshalb vorn größere Radbremszylinder montiert sind als hinten.

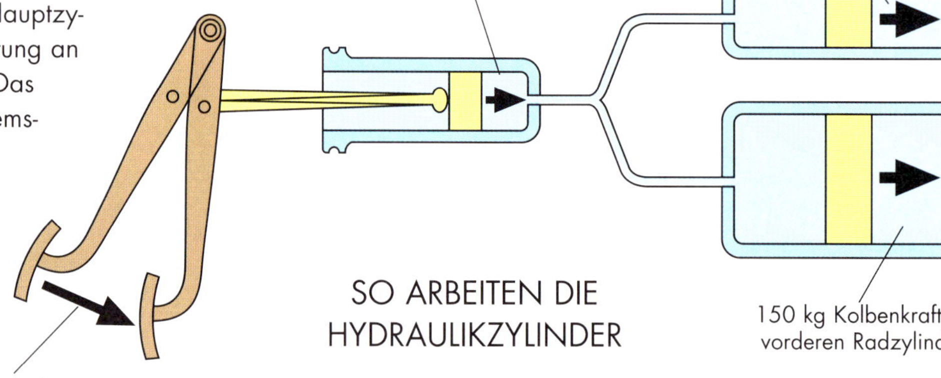

Hat das Hydrauliksystem ein Leck, so kann Fluid beim Treten des Bremspedals entweichen und die Bremse kann nicht richtig arbeiten. Als Sicherheitsmaßnahme ist die Anlage in zwei von einander unabhängige Bremskreise mit zwei vom Pedal betätigten Kolben im gemeinsamen Hauptzylinder aufgeteilt (»Zweikreisbremse«). In den meisten Fällen versorgt der eine Kreis die linke vordere und die rechte hintere Bremse, der andere die beiden übrigen. Wenn nun ein Bremskreis ausfällt, kann der Wagen dennoch abgebremst werden, ohne seitlich auszubrechen. Manche Anlagen sind auch so aufgeteilt, dass ein Kreis die vorderen und einer die hinteren Bremsen versorgt.

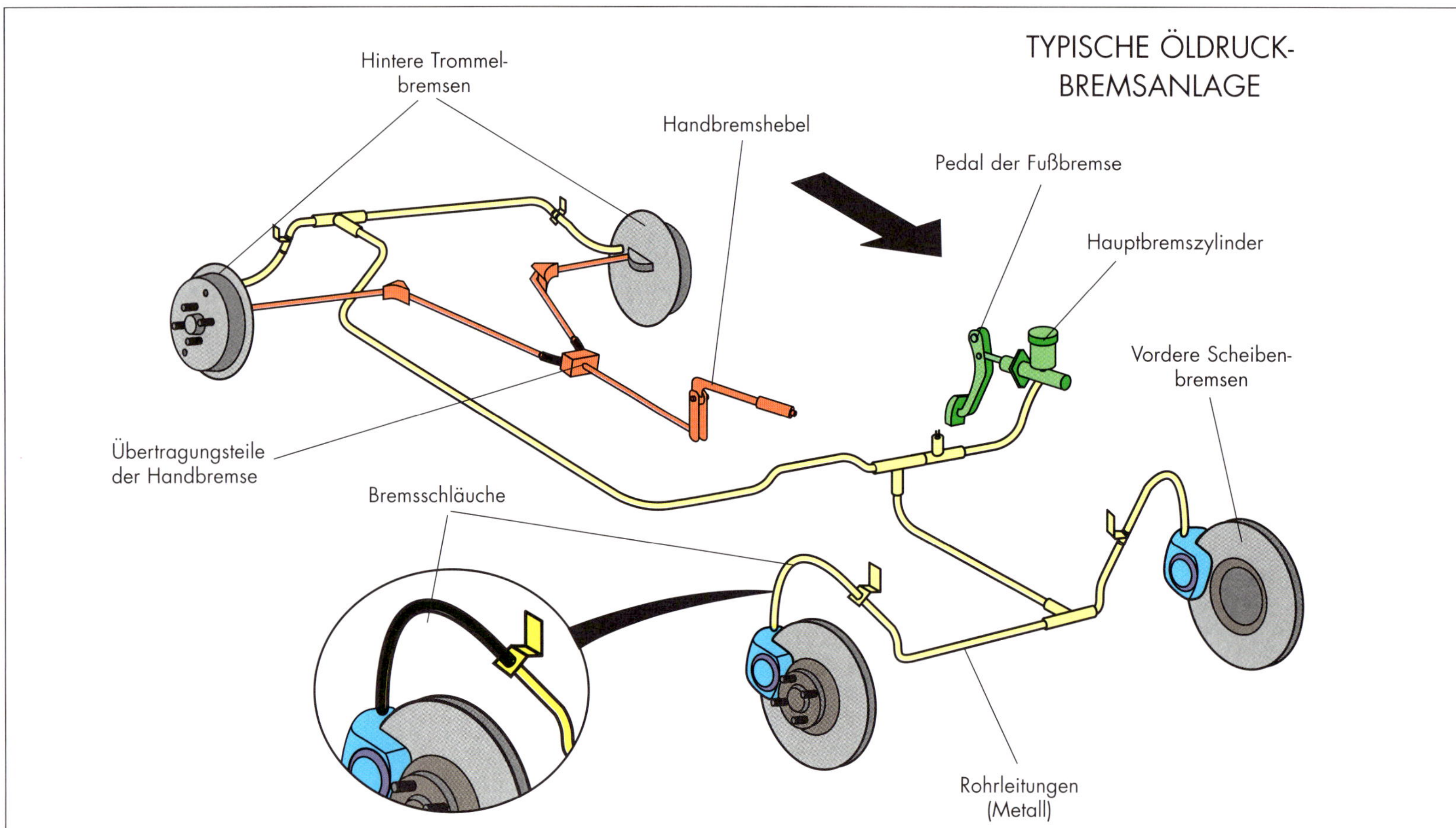

Scheibenbremsen

Alle modernen Autos haben heute vorn Scheibenbremsen, viele auch bereits hinten.

Eine Scheibenbremse besteht aus einer Bremszange (Sattel) und einer Scheibe. Im Bremssattel wirken ein oder zwei Hydraulikzylinder mit Kolben auf je einen Bremsbelag pro Seite. Der Sattel ist über die Scheibe gestülpt und in der Radaufhängung verankert. Die Scheibe sitzt fest auf der Radnabe, die sich mit dem Rad dreht.

Es sind zwei Grundtypen von Bremssätteln in Gebrauch:

- **Festsattel:** Er hat gewöhnlich zwei Kolben, einen auf jeder Seite der Scheibe. Der Sattel kann sich nicht axial bewegen, und der Öldruck wirkt gleichzeitig auf beide Kolben und damit auf beide Beläge.

- **Schwimmsattel:** Er hat gewöhnlich nur einen Kolben, der normalerweise an der Innenseite der Scheibe angeordnet ist. Der Sattel kann sich axial frei bewegen, und wenn der Öldruck auf seinen Kolben wirkt, drückt dieser zunächst den Belag auf der Innenseite gegen die Scheibe. Sobald der innere Belag an der Scheibe anliegt, kann sich der Kolben nicht weiter in dieser Richtung bewegen und bewirkt, dass nun der ganze Sattel zur Innenseite hin gezogen wird und damit auch den äußeren Bremsbelag an die Scheibe anlegt. Jetzt erst bremsen beide Beläge die Scheibe ab.

Jeder Bremsbelag besteht aus einer metallenen Grundplatte und dem aufgeklebten Reibmaterial. Wenn das Reibmaterial weitgehend verschlissen ist, müssen die Beläge erneuert werden.

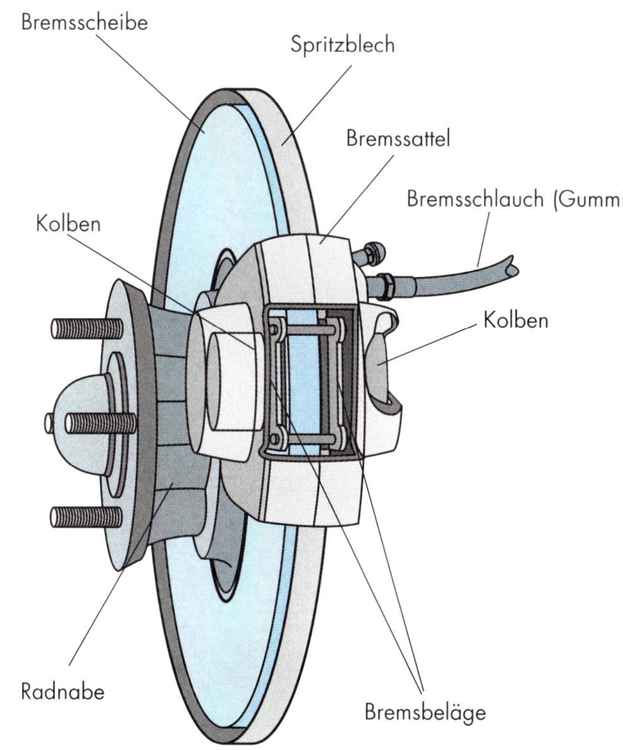

TYPISCHE BAUTEILE EINER SCHEIBENBREMSE

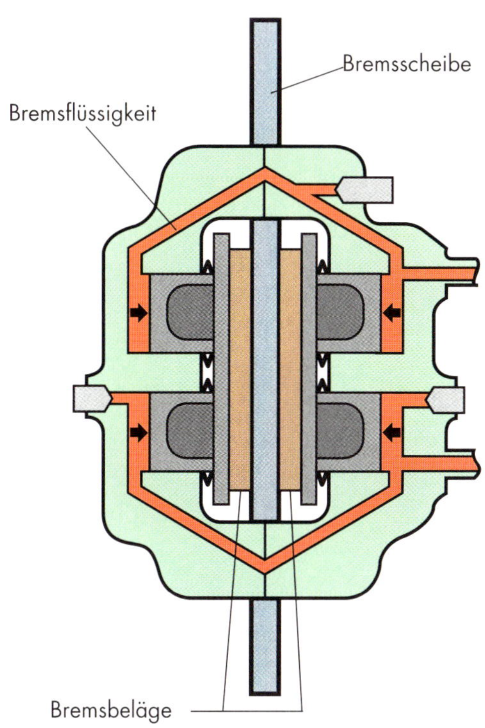

SCHEMA EINER FESTSATTELBREMSE

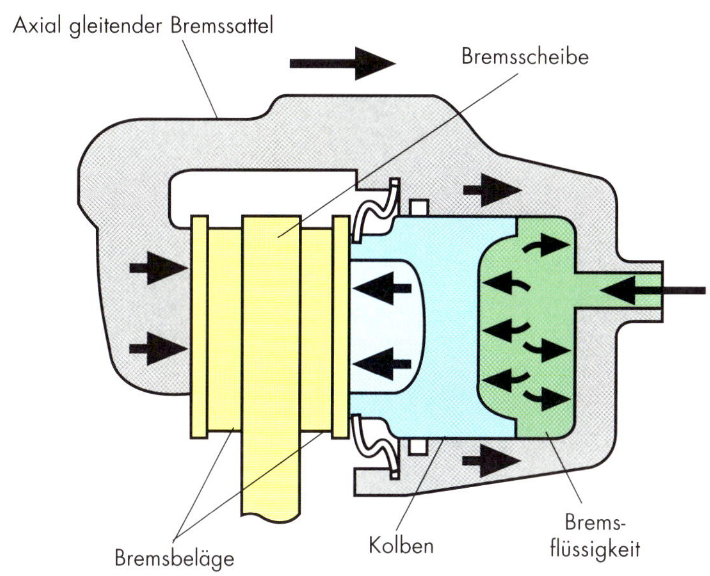

SCHEMA EINER SCHWIMMSATTELBREMSE

Trommelbremsen

Auch moderne Autos haben hinten häufig Trommelbremsen; frühere Modelle hatten sie zumeist an allen vier Rädern.

Eine Trommelbremse besteht aus einem Radbremszylinder, zwei Bremsbacken, einer Bremsankerplatte und einer Bremstrommel. Die Trommel sitzt fest auf der Radnabe, die mit dem Rad umläuft. Die beiden gekrümmten Bremsbacken liegen im Innern der Trommel und tragen außen den Reibbelag. Sie sind beweglich an der Ankerplatte aufgehängt, die ihrerseits fest an der Radaufhängung montiert ist. Jeweils ein Backenende lagert auf einer einstellbaren Abstützung, die den Drehpunkt darstellt, während das jeweils andere Ende vom Kolben des Radbremszylinders beim Bremsen gegen die Innenfläche der Trommel gedrückt wird. Beim Freigeben des Bremspedals ziehen Rückholfedern die Bremsbacken in ihre Ausgangslage zurück, so dass Trommel und Rad sich wieder frei drehen können.

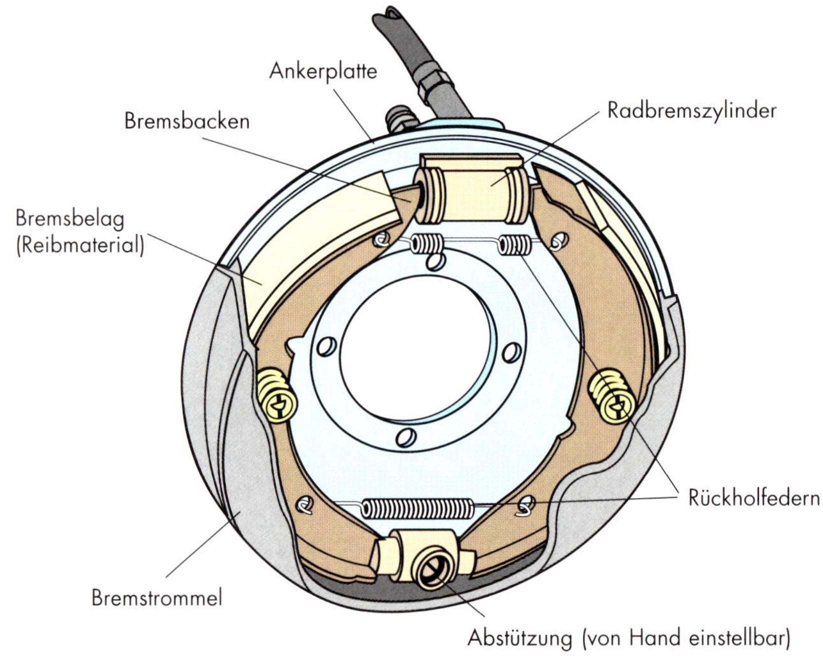

ARBEITSWEISE DER TROMMELBREMSE

Unterdruck-Servo (Bremsservo)

Schwere Fahrzeuge erfordern hohe Pedalkräfte, um die maximale Bremswirkung zu ermöglichen. Mit einer Unterdruck-Servohilfe wird die vom Fahrer benötigte Pedalkraft erheblich verringert. Das Saugrohr des Motors (oder eine Pumpe) liefert den Unterdruck, der im Unterdruckbehälter eine Membrane beaufschlagt. Sie ist mit einem Stößel verbunden, der auf die Kolben des Hauptbremszylinders Druck ausüben kann. Wenn die Bremse betätigt wird, strömt Luft in den Raum hinter der Membrane, und da auf der andern Seite Unterdruck herrscht, schiebt die Luft die Membrane in Richtung der Kolben im Hauptbremszylinder. Die Höhe der Servo-Unterstützung ist proportional zur aufgewendeten Pedalkraft.

Ist die Servoanlage defekt, bleibt die Bremse zwar funktionsfähig, doch die für die gleiche Bremswirkung erforderliche Pedalkraft erhöht sich.

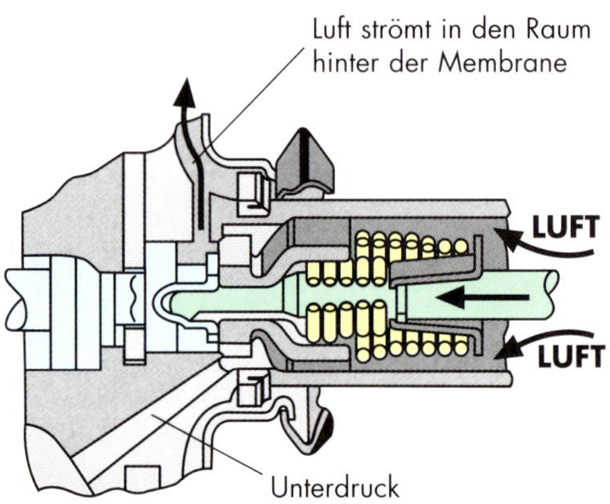

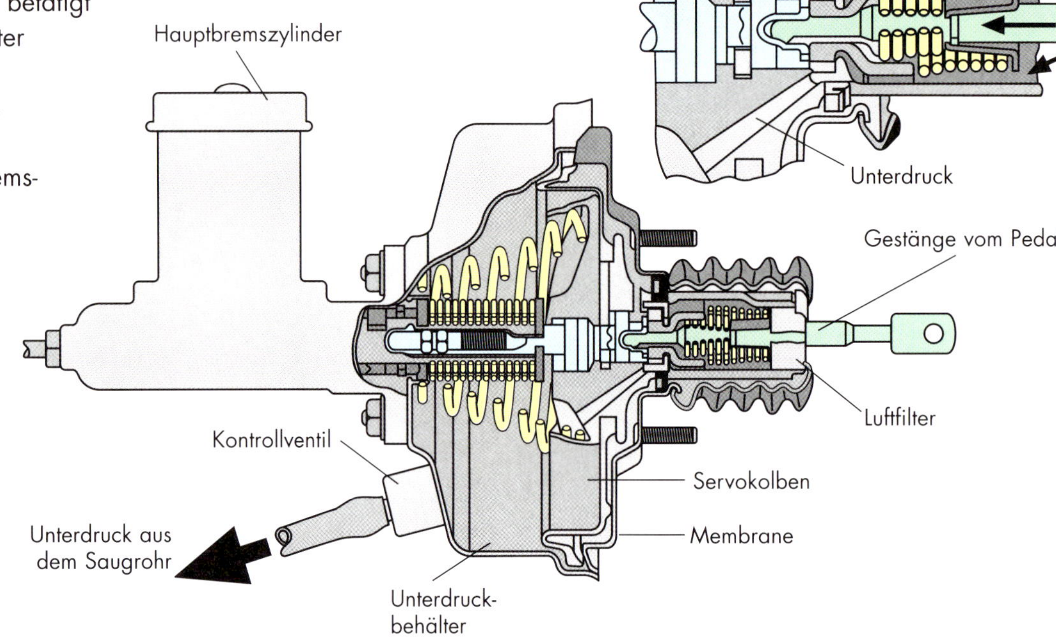

ABS – Antiblockiersystem

Das ABS ist ein Regelsystem, das die gebremsten Räder am Blockieren hindert. Vor allem ältere Anlagen bedienten nur die Vorderräder, doch die meisten heutigen Anlagen wirken auf alle vier Räder.

Das ABS meldet über Sensoren, wann ein gebremstes Rad zu blockieren beginnt. In diesem Moment reduziert das System den Öldruck, der auf den Bremszylinder des zugehörigen Rades wirkt, gibt die Bremse kurz vor dem Blockieren frei und erhöht den Bremsdruck wieder.

Das System besteht aus einer Hydraulikeinheit, die verschiedene Magnetventile und eine elektrische Ölrückförderpumpe enthält, dazu vier Sensoren an den Rädern und ein elektronisches Steuergerät. Dieses steuert aufgrund der Signale von den Radsensoren (Drehzahlmessern) die Magnetventile.

Wenn das Steuergerät das Signal erhält, dass ein Rad kurz vor dem Blockieren ist, aktiviert es das zugehörige Magnetventil in der Hydraulikeinheit, das nun die betreffende Bremse vom Hauptzylinder trennt. Meldet der Radsensor noch immer, dass das Rad im Begriff ist, zu blockieren, schaltet das Steuergerät die Rückförderpumpe in der Hydraulik ein, die dann das Öl zurück zum Hauptzylinder pumpt, wodurch die Bremse gelöst wird. Nachdem die Raddrehzahl wieder zugenommen hat, stoppt die Pumpe ab, das Ventil wird wieder geöffnet und setzt das Öl wieder zur Radbremse in Marsch, d.h. es wird wieder gebremst. Dieser ganze Zyklus wiederholt sich unter Umständen mehrmals pro Sekunde. Die schnellen Druckwechsel erzeugen ein Pulsieren im System, das man auch im Pedal spürt.

Die Radsensoren sind gewöhnlich an einem feststehenden Teil der Radaufhängung angebracht und registrieren die Raddrehzahl induktiv über einen verzahnten Rotor an der Radnabe.

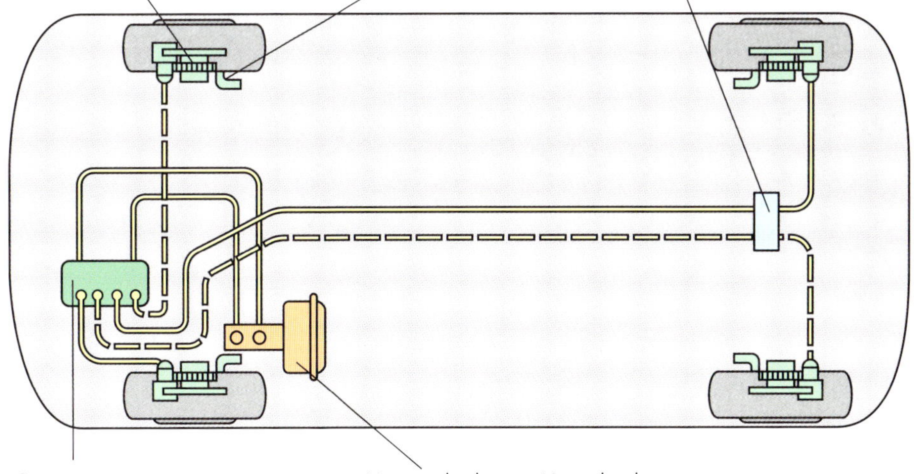

SCHEMA EINES TYPISCHEN ANTIBLOCKIERSYSTEMS

Der Regelkreis hängt einzig von elektrischen Signalen ab. Stellt er ein fehlerhaftes Signal fest oder fließt der Batteriestrom nicht normal, schaltet das ABS sofort ab, und eine Warnlampe am Schaltbrett leuchtet auf. Unabhängig vom Funktionieren des ABS ist jederzeit normales Bremsen möglich.

Das ABS kann keine Wunder bewirken, und die physikalischen Gesetze gelten weiter: Auf glatter Fahrbahn sind auch mit ABS die Bremswege stets länger als auf trockener. Sein größter Vorteil besteht darin, notfalls sehr scharf bremsen zu können, ohne sich auf ein plötzliches Ausbrechen des Wagens einstellen zu müssen. Wenn Sie irgendwelche Probleme mit dem ABS haben, wenden Sie sich an Ihre Vertragswerkstatt.

Bremsflüssigkeit

Das Fluid altert mit der Zeit, weil es Feuchtigkeit aus der Umgebungsluft aufnimmt. Auch mit einem geringen Wasseranteil im Fluid arbeitet die Bremsanlage nicht mehr optimal, und Sie werden das vermutlich als »schwammiges« Gefühl im Pedal erkennen, das übrigens auch von Luft im System herrühren kann.

Feuchtigkeit kann auch die Gummidichtungen in der Anlage angreifen. Um das zu verhindern, ist es wichtig, das Fluid in den empfohlenen Intervallen zu wechseln (siehe auch Kapitel 8).

Beachten Sie, dass bestimmte Citroën-Modelle das spezielle Fluid LHM verwenden. LHM hat viele Vorteile gegenüber der normalen Bremsflüssigkeit, doch erneuert werden muss es ebenfalls in regelmäßigen Abständen.

Die Handbremse

Die Handbremse wird gewöhnlich über einen Handhebel betätigt. Sie wirkt im allgemeinen auf die Hinterräder, nur sehr selten auf die Vorderräder.

Bei Autos mit hinteren Trommelbremsen arbeitet die Handbremse mit denselben Bremsbacken wie die Fußbremse, nur dass hier Seilzüge und Hebel benutzt werden, um die Backen an die Trommel zu pressen.

An Autos mit hinteren Scheibenbremsen findet man unterschiedliche Varianten von Handbremsanlagen. Bei einigen gibt es eigens kleine Bremstrommeln, bei anderen zwei zusätzliche Scheibenbremsbeläge, und wieder andere drücken mechanisch auf die Kolben der Bremszangen.

Nahezu alle Handbremsen besitzen Nachstellvorrichtungen, um den Verschleiß der Beläge und die Längung der Seile auszugleichen.

Scheiben, Scheibenwischer und Spiegel

Die ersten Autofahrer hatten keine Probleme mit verschmierten Scheiben – die Autos damals hatten gar keine. Heute kämpfen wir zwar nicht mehr mit beschlagenen Schutzbrillen, müssen aber die Scheiben immer mal wieder putzen. Wer das eine Weile nicht mehr gemacht hat, dürfte vom Unterschied überrascht sein!

Wischerblätter bleiben an vielen Autos so lange unbeachtet, bis sie buchstäblich zerbröseln, und Außenspiegel werden gar zu leicht beschädigt. Wie die folgenden Seiten zeigen, sind diese Dinge aber leicht in Ordnung zu bringen.

Scheibenwischer

Es ist ratsam, die Scheibenwischerblätter öfter einmal auf Schäden und Verschleiß zu prüfen. Wer seinen Wagen regelmäßig zur Inspektion in der Werkstatt abliefert, dürfte damit sowieso keine Probleme haben, denn in der Regel wird das dabei mit erledigt. So oder so: Einwandfrei arbeitende Scheibenwischer sind für Ihre Sicherheit wichtig und auch vorgeschrieben. Wenn sie anfangen, die Scheibe zu verschmieren oder den Regen nicht mehr schlierenfrei bewältigen, ist es höchste Zeit, die Wischerblätter zu erneuern.

Wer auf's Geld achtet, kann – je nach Fahrzeugtyp – die Gummilippen allein kaufen, aber um die dann einzusetzen, müssen Sie das ganze Wischerblatt auseinandernehmen, und das kann schwierig sein. Besser ist es, die Wischerblätter im Ganzen zu ersetzen, denn auch Federn und Gelenke altern mit der Zeit.

Neue Wischerblätter bekommen Sie beim Vertragshändler, aber auch im Kaufhaus und im Zubehörhandel. Für den Einkauf sollten Sie Marke, Modell und Baujahr Ihres Wagens wissen. Gute Wischerblätter sind nicht billig.

Beim Abnehmen der alten Wischer passen Sie auf, wie sie montiert waren, das hilft Ihnen beim Einbau der neuen.

Neue Wischerblätter einbauen

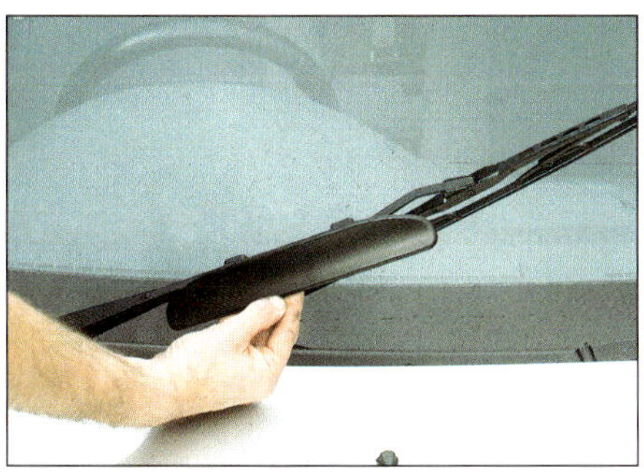

1 Wischerarm von der Scheibe wegziehen bis zum Einrasten. Sollte er nicht einrasten, hält man ihn fest, bis das Wischerblatt ausgehängt ist, lässt den leeren Wischerarm aber keinesfalls an die Windschutzscheibe zurückschlagen.

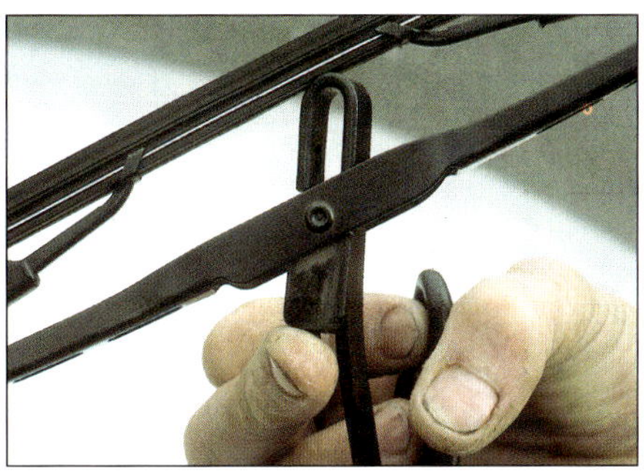

2 Wischerblatt zuerst in rechtwinklige Lage zum Wischerarm schwenken, leicht gegen die Sicherungsfeder(n) drücken, soweit vorhanden, dann das Wischerblatt aus dem »U«-Bogen des Wischerarms herausschieben.

3 Den kleinen Adapter in das neue Wischerblatt einsetzen (Einzelheiten auf der Verpackung).

4 Wischerblatt ganz in den U-Bogen des Arms einschieben, dann kann der Arm behutsam an die Scheibe angelegt werden. Vor der Fahrt Funktion kontrollieren.

Kontrollieren der Wischerblätter

- Ziehen Sie den Wischerarm von der Scheibe weg (lassen Sie ihn nicht mit Schwung zurückschnappen!) und wischen Sie mit einem mit Scheibenwaschmittel benetzten Lappen über die Gummilippe. Kontrollieren Sie den Gummistreifen sorgfältig. Ist er angerissen oder rau, erneuern Sie die Wischerblätter.

- Wenn Sie den Wischerarm zur Scheibe zurückschwenken, achten Sie auf seine Federspannung. Drückt er zu kräftig gegen die Scheibe, kann er quietschen und die Scheibe verschmieren, wird er zu »lahm« angedrückt, bringt er den Regen nicht weg. In solchen Fällen hilft der Einbau neuer Wischerarme.

- Haben Sie bei Regen den Eindruck, dass der Scheibenwischer nicht ordentlich wischt, erneuern Sie die Blätter, selbst wenn sie noch ganz gut aussehen. Einmal im Jahr – etwa bei Beginn der schlechten Jahreszeit – sollten Sie sich ohnehin neue Wischerblätter spendieren.

- Lassen Sie die Wischer nicht auf der trockenen Scheibe laufen. Bei Regen lassen Sie sie nicht schneller laufen als nötig. Sind an Ihrem Auto die Schalter für Wischer und Wascher getrennt angebracht, betätigen Sie immer zuerst den Scheibenwascher, bevor Sie die Wischer einschalten.

- Wenn Sie im Winter die Wischer einschalten, während sie noch festgefroren sind, kann sehr schnell der Wischermotor durchbrennen – eine teure Angelegenheit. Angefrorene Wischerblätter kann man mit Enteiser wieder frei bekommen. Wenn Sie die Wischerblätter von der vereisten Scheibe abheben, passen Sie auf, dass Sie die Gummilippen nicht beschädigen.

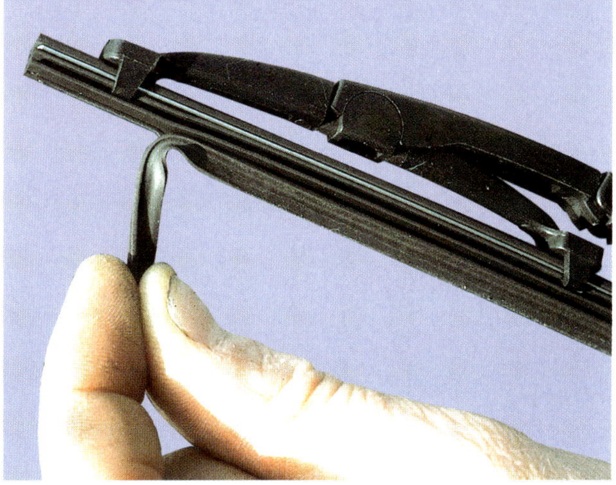

Windschutzscheibe und Fenster

Guter Durchblick durch alle Scheiben ist ungeheuer wichtig.
Sie sehen einfach besser, wenn die Scheiben sauber sind, und sie beschlagen auch nicht so schnell. Sorgen Sie immer für einen gefüllten Behälter der Waschanlage, ebenso für einwandfrei arbeitende Scheibenwischer und saubere Wischerblätter.

Blendung und Spiegelungen

Auch wenn bei Tage die Windschutzscheibe sauber zu sein scheint, kann es nachts zu störenden Spiegelungen und zu Blendung durch entgegenkommende Scheinwerfer kommen. Oft liegt das an einem Schmierfilm an der Innenseite der Scheiben oder auch an der Außenseite, dort wo die Wischer entlangfahren. Dagegen hilft zumeist auch die Defrosterstellung der Heizung nichts, und deshalb ist es gut, wenn man ein feuchtes Schwammtuch oder ein Fensterleder bei sich hat, um die Innenseite der Scheibe zu putzen.

Die Kunststoffverkleidungen im Wagen geben Dämpfe ab, die sich als fettiger Film innen auf die Scheiben setzen, und das gleiche tut Zigarettenrauch, wenn im Auto geraucht wird. Hier einige Tipps zur Abhilfe:

- Putzen Sie die Scheibeninnenseiten mit einem ammoniakhaltigen Reiniger. Häufig enthalten die Zusätze zum Scheibenwaschwasser Ammoniak (steht auf der Verpackung), dann versuchen Sie die Scheiben mit einem solchen Konzentrat zu reinigen.

- Wischen Sie die Plastikverkleidungen mit einer Reinigungslösung ab (Wasser mit einigen Tropfen Geschirrspülmittel), aber machen Sie dabei einen Bogen um die Teile der Elektrik.

- Spülen Sie die Plastikteile nachher mit einem in klares Wasser getauchten Tuch ab und trocknen Sie die Oberflächen ab. Lüften Sie durch, bis alles trocken ist.

Verschmierte Windschutzscheibe

In diesem Fall schauen Sie zuerst nach den Wischerblättern (siehe vorige Seite). Verschmierte Scheiben rühren oft von alten Wischerblättern her oder im Winter von verhärteten Wischergummis, oder schließlich von Wischern, die zu kräftig auf die Scheibe drücken.

Verschmieren ist außerdem eine typische Erscheinung bei Autobahnfahrten, an der die Dieselabgase und auch andere Luftverunreinigungen schuld sind. Sorgen Sie immer für einen gefüllten Behälter der Waschanlage und füllen Sie einen entsprechenden, reinigenden Zusatz mit ein.

Was ist das Beste zur Glasreinigung?

Sie können die üblichen Glasreiniger aus dem Haushalt nehmen, aber achten Sie darauf, daß sie Plastik und Lack nicht angreifen. Einige davon sind allerdings sehr dünnflüssig und laufen am Glas herunter, bevor Sie nach dem Putzlappen greifen können!

Weiche, fusselfreie Wischlappen sind in der Regel besser als Papiertücher. Im Wagen sollten Sie einen kleinen Schwamm (auch einen für Insektenleichen) und ein Fensterleder haben, um Beschlag und Schmierschichten auch unterwegs abwischen zu können.

Fahren bei feuchtem und winterlichem Wetter

Sind die Scheiben beschlagen oder zugefroren, fahren Sie nie mit lediglich einem kleinen »Guckloch« in Windschutz- oder Rückscheibe. Lassen Sie den Motor an, stellen die Heizung auf Enteisen und schalten Sie die elektrische(n) Scheibenheizung(en) zu. Warten Sie ab, bis die Scheiben frei sind. Denken Sie daran, dass Sie für eine sichere Fahrt nicht nur durch die Windschutzscheibe, sondern auch durch alle anderen Fenster freie Sicht benötigen.

Ebenso müssen Sie die Spiegel benutzen können. Wenn Ihr Wagen beheizbare Außenspiegel hat, schalten Sie sie ein. Wenn nicht, kratzen Sie das Eis oder wischen Sie den Beschlag ab, ehe Sie losfahren.

Ist die Außenseite der Windschutzscheibe verschmutzt, sehen vermutlich die Scheinwerfergläser ganz ähnlich aus. Wenn Ihr Auto nicht gerade eine Scheinwerfer-Waschanlage besitzt, kümmern Sie sich um die Scheinwerfer und putzen Sie die Gläser ab – wenigstens einmal die Woche oder vor längeren Fahrten. Wenn's ganz dicke kommt, müssen Sie sie eventuell bei jedem Halt sauberwischen.

Undichte Windschutzscheibe

Wenn durch die Einfassung der Windschutzscheibe Wasser eintritt, ist das nicht nur ärgerlich, es kann auch Teppiche und Verkleidungen zerstören und zu Fehlern in der Elektrik führen, wenn Feuchtigkeit eindringt.

Manche Autos haben noch eine mit Gummidichtungen eingefasste Windschutzscheibe, während sie bei vielen anderen mit Spezialklebstoff und ohne Dichtung in die Karosserie eingeklebt ist.

Hat Ihre Scheibe eine Gummidichtung, prüfen Sie, ob der Gummi beschädigt oder sichtbar gealtert ist, und wenn ja, lassen Sie die Dichtung vom Fachmann erneuern. Damit sollte die Undichtheit behoben sein.

Scheint die Gummidichtung in Ordnung zu sein oder ist die Scheibe eingeklebt, so versuchen Sie, die undichte Stelle mit klarem Silikon-Dichtmittel zu behandeln, das Sie im Zubehörhandel bekommen. Säubern Sie die Umgebung der Leckstelle sorgfältig. Handelt es sich um eine Gummidichtung, heben Sie beide Lippen der Dichtung vorsichtig an und bringen Sie das Dichtmittel darunter auf. Ist die Tülle der Tube dünn genug, versuchen Sie bis unter den Glasrand zu kommen und drücken Sie Dichtmittel zwischen Glas und Gummi. Bei einer eingeklebten Scheibe bringen Sie einen kleinen Tropfen Dichtmittel vorsichtig unter die Kanten der Scheibeneinfassung und/oder unter die Berührungsstelle von Scheibe und Karosserie. Mit einem scharfen Messer lässt sich nach dem Trocknen überschüssiges Silikon entfernen.

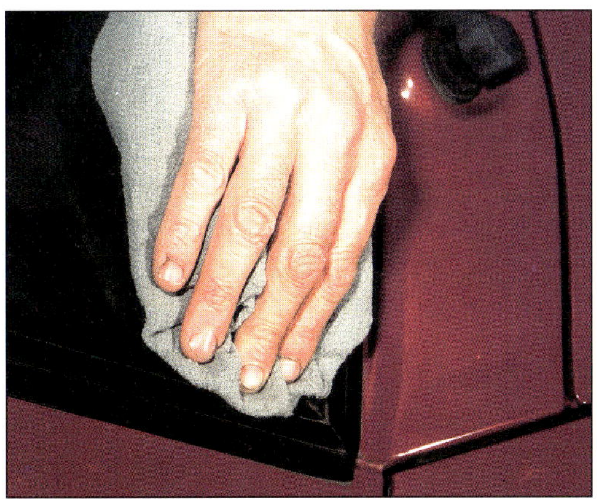

Die Heckscheibenheizung geht nicht

Wenn Ihre Heckscheibenheizung überhaupt nicht funktioniert, kontrollieren Sie, ob an beiden Seiten der Heckscheibe die Kabelstecker fest sitzen. Wenn ja, schauen Sie im Sicherungskasten (lesen Sie im Handbuch, wo er untergebracht ist) nach der zugehörigen Sicherung. Falls sie defekt ist, setzen Sie eine neue ein. Brennt sie gleich wieder durch oder war die Sicherung noch OK, lassen Sie die Sache beim Autoelektriker prüfen.

Manchmal stellt man fest, daß einer oder mehrere der einzelnen Heizdrähte nicht glühen. Wenn die Drähte freiliegen, dürfte ein Bruch der feinen, empfindlichen Drähte die Ursache sein. So etwas passiert durch übereifriges Putzen, oder wenn sich einmal ein Gepäckstück daran gescheuert hat. Soweit im Handel erhältlich, kann man mit einem leitenden Überzug die defekte Stelle überbrücken.

Sprünge und Kratzer in der Scheibe

Ist die Windschutzscheibe verkratzt oder gar gesprungen, ist das störend und auch ärgerlich, doch wenn der Schaden nicht zu tief sitzt, läßt sich die Scheibe reparieren, anstatt sie gleich auswechseln zu müssen.

Eventuell kann man einen kleinen Kratzer mit Glaspoliermittel, Zahnpaste oder einer Edelmetall-Politur herausputzen. Bringen Sie etwas davon mit einem sauberen Tuch auf, reiben Sie längere Zeit und spülen Sie mit klarem Wasser nach.

Haben Sie damit keinen Erfolg, lassen Sie sich von einem Spezialisten für Windschutzscheiben-Reparaturen beraten. Vermutlich kann er mit industriellen Mitteln und Werkzeugen die Kratzer herauspolieren.

Dieselben Fachleute können häufig auch von einem Stein verursachte Absplitterungen oder kleinere Sprünge in der Scheibe reparieren.

Ist ein kleinerer Schaden nicht im Blickfeld des Fahrers und lässt er sich nicht auf die genannte Weise beheben, können Sie eventuell noch eine Weile damit fahren. Lassen Sie größere Beschädigungen aber nicht zu lange anstehen, denn ein Schlagloch oder Bordstein kann genügen, um Ihnen noch viel ernstere Schwierigkeiten zu machen.

Haben Sie das Pech, dass unterwegs die Scheibe zerbricht, lesen Sie bitte im Kapitel 4, was Sie dann tun können.

Ein Glas im Außenspiegel ersetzen

Wenn nur das Glas im Außenspiegel gebrochen ist, werden Sie wahrscheinlich ein passendes, selbstklebendes Ersatzglas im Zubehörhandel finden. Sollten Sie Pech haben, dann müsste wenigstens der Vertragshändler ein solches Glas für Ihr Modell haben, aber Sie sollten ihn vielleicht um Rat fragen, wie das Glas zu montieren ist. In den meisten Fällen wird das Glas nur eingeklippt, doch es gibt mehrere Ausführungen, und ein neues Spiegelglas ist schnell hinüber, wenn man etwas falsch macht.

Ist auch das Gehäuse beschädigt oder handelt es sich um einen beheizbaren Spiegel, ist das Ganze eher eine Sache für die Fachwerkstatt.

1 Aufkleben: Ist das Originalglas gesprungen, sonst aber in Ordnung, reinigt man es sorgfältig von allen Schmutz- und Fettspuren (aber Vorsicht vor den scharfen Kanten!)

2 Ist das Glas gebrochen und fehlen einige Stücke, Reste vorsichtig herausnehmen und den Untergrund von Klebstoffspuren säubern.

3 Einbauanleitung für das neue Glas befolgen. Eventuell muss man nur eine Schutzfolie vom Glasrücken abziehen und das Glas dann in richtiger Lage andrücken. Oder man bekommt zum neuen Glas doppelseitig klebende Pads. In beiden Fällen sollte man auf die korrekte Einbaulage achten, ehe man das Glas andrückt.

4 Zum Schluss nicht vergessen, die Fingerabdrücke wegzuwischen.

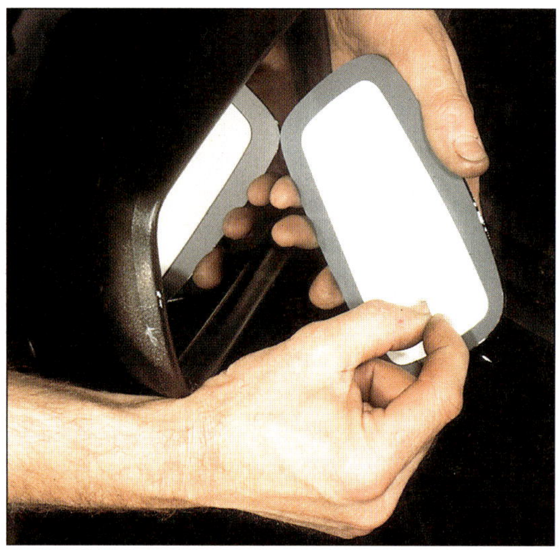

WARNUNG
Tragen Sie Schutzbrille und -handschuhe, wenn Sie die Glassplitter entfernen.

Spritzdüsen der Waschanlage ausrichten

Bevor Sie darangehen, ungenau spritzende Düsen zu richten, schauen Sie nach, ob die Düsen nicht teilweise verstopft sind, denn dann wird der Strahl abgelenkt.

In der Regel sitzen die Düsen auf einem Kugelgelenk, so dass man die Düse nach allen Seiten schwenken kann. Wenn man eine passende Nadel in die Düse steckt, kann man diese mit der Nadel als langem Hebel herumschwenken. Nur sollten Sie die Nadel nicht in der Düse abbrechen.

Bei einigen Modellen muss man die Düsenhalter selbst mit einer Zange biegen, um den Strahl zu richten, oder sie sind – wie die am Wischerblatt montierten Düsen – überhaupt nicht einstellbar.

Beim stehenden Wagen sollte der Wasserstrahl leicht nach oben gerichtet sein, denn beim fahrenden Auto drückt der Fahrtwind ihn etwas hinunter.

Abgefallenen Innenspiegel befestigen

Wenn Ihr Innenspiegel sich von der Scheibe löst, ist das nicht nur ärgerlich, sondern auch gefährlich, und ohne Innenspiegel verstößt man gegen Vorschriften. Sie benötigen Kreppband, Glasreiniger, einen sauberen Lappen und doppelseitige Klebestreifen für Innenspiegel (erhältlich im Zubehörhandel).

1 Bisherige Position des Spiegels an der Außenseite (!) der Windschutzscheibe mit Kreppband markieren. Dann die Innenseite der Scheibe gründlich von allen Klebstoffspuren und Schmutz säubern. Scheibe trocknen lassen.

2 Ebenso müssen vom Sockel des Spiegels alle Kleberreste sorgfältig entfernt werden.

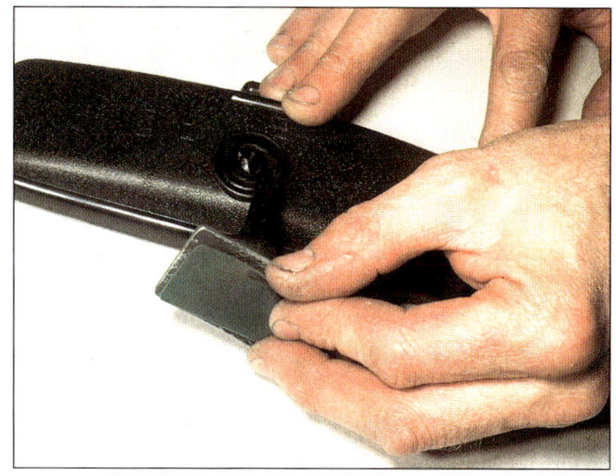

3 Obschon manche Spiegelsockel (werkseitig) direkt auf das Glas geklebt sind, ist es für die Reparatur einfacher, Doppelklebe-Pads zu verwenden. Von einer Seite die Schutzfolie abziehen und diese Seite fest auf den Sockel drücken.

4 Dort, wo der Spiegel sitzen soll, muss die Scheibe innen trocken sein (Beschlagen durch Atem vermeiden). Die zweite Schutzfolie abziehen und den Sockel an der von außen markierten Stelle innen anbringen. Den Sockel fest auf die Scheibe drücken und ihn dort einige Sekunden lang halten. Sockel nicht mehr bewegen, nachdem er einmal angedrückt ist.

5 Sind Spiegel und Sockel getrennte Teile, wird jetzt der Spiegel in den Sockel eingeschoben und das Kreppband entfernt.

Scheibenwascherdüse verstopft?

Eine verstopfte Düse kann man mit einer passenden Nadel aus Mutters Nähkasten vorsichtig durchstoßen. Nur sollten Sie die Nadel nicht in der Düse abbrechen.

Die Düsen verstopfen zuweilen durch Schmutz im Behälter der Waschanlage, der sich im Laufe der Zeit dort ansammelt. Deshalb empfiehlt es sich, einmal jährlich den Behälter zu entleeren und zu reinigen. Ist er gut zugänglich, kann man ihn ausbauen und richtig auswaschen, andernfalls nimmt man den Wasserschlauch und spritzt ihn aus, so gut es geht. Zusatzmittel für das Wasser im Behälter sind das ganze Jahr über empfehlenswert; im Winter würde die Anlage ohne sie einfrieren.

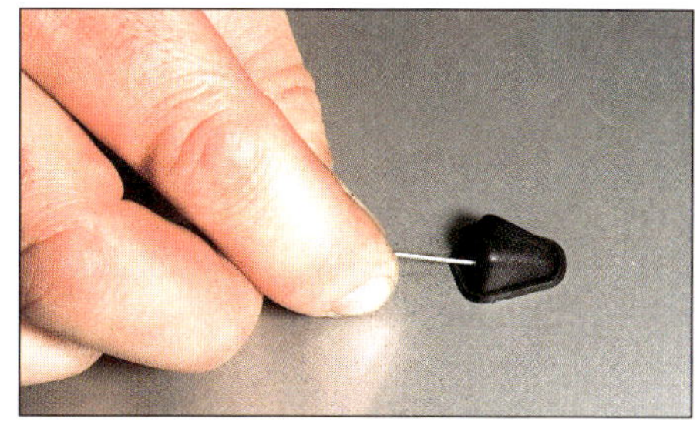

Die Elektrik

Für viele Menschen ist die Elektrizität ein »Buch mit sieben Siegeln«, vielleicht, weil sie unsichtbar und doch da ist. Es mag die Sache erleichtern, wenn man die Batterie als einen Wassertank auffasst und den Strom als »Wasser«, das durch die Leitungen fließt wie sonst durch Rohre. Im Gegensatz zum Wasser kann freilich der Strom gleichermaßen auf- und abwärts fließen.

Moderne Autos benutzen den Strom nicht nur für Zündung, Licht und Hupe, sondern auch für viele Steuer- und Regelsysteme wie Einspritzung oder ABS. Dann sind da noch Radio, Scheibenheizungen, Heizgebläse, Zentralschließanlagen und vieles andere mehr. Im Sicherungskasten Ihrer Wohnung sind jedenfalls nicht so viele Sicherungen wie in dem Ihres Autos. In diesem Kapitel wollen wir einigen der häufigeren elektrischen Probleme ihr Geheimnis entreißen und Ihnen Tipps für das Auswechseln von Glühlampen und Sicherungen geben.

Die elektrische Anlage

Beim modernen Auto besteht die Elektrik aus einer 12-Volt-Batterie, dem Generator, verschiedenen elektrischen Baugruppen und der Verkabelung. Alle heutigen Fahrzeuge sind so verkabelt, dass der Minuspol der Batterie und der Verbraucher an »Masse« liegt, d.h. dass jeder Stromkreis durch die metallische Masse von Karosserie und Motor ergänzt bzw. geschlossen wird. Dadurch spart man die Hälfte der sonst nötigen Kabel ein und vereinfacht die Anlage.

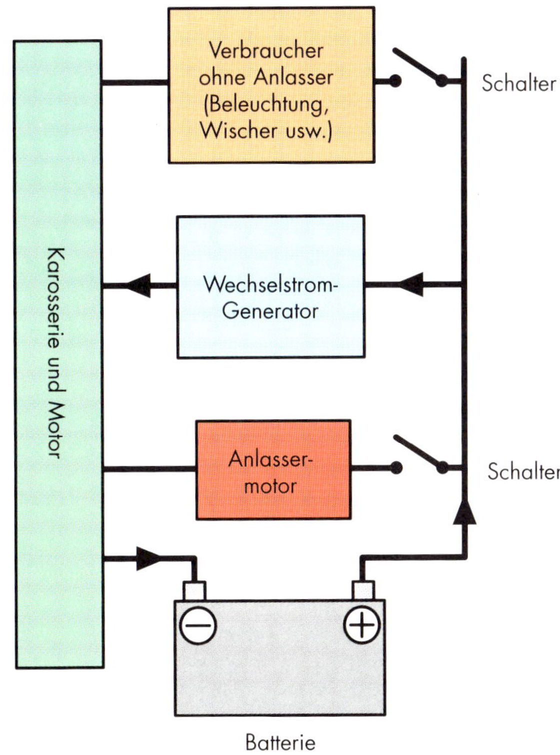

SCHEMA DER ELEKTRISCHEN ANLAGE

Die Batterie beliefert die Verbraucher mit Strom, wenn der Motor nicht läuft, und auch dann, wenn der Energiebedarf größer ist als die vom Generator gelieferte Energiemenge. Die Batterie muss aber vor allem den hohen momentanen Strombedarf des Anlassers befriedigen können.

Bei laufendem Motor liefert der Generator den Strom für alle eingeschalteten Verbraucher (Motor-Managementsystem, Beleuchtung, Instrumente usw.) und sorgt für das Aufladen der Batterie. Der Generator (es ist eine Wechselstrommaschine, deren Strom in Gleichstrom umgewandelt wird) wird von der Kurbelwelle des Motors über einen Riemen angetrieben. Die Generatorspannung wird ständig geregelt, um bestimmte Werte trotz stark wechselnder Motordrehzahlen nicht zu überschreiten.

In den meisten Anlassern wird mit dem Herumdrehen des Zündschlüssels das Ritzel (eine außen verzahnte Schiebehülse) mit Hilfe einer Magnetspule in den Zahnkranz des Motorschwungrads eingeschoben, bevor der Anlassermotor in Drehung versetzt wird. Dann erst dreht er über sein Ritzel das Schwungrad so lange, bis der Motor anspringt. Sobald er angesprungen ist, sorgt ein Freilauf im Ritzel dafür, dass der Anlasser nicht vom Motor getrieben wird, bis das Ritzel wieder aus dem Zahnkranz zurückgezogen wird.

Vorsichtsmaßnahmen

Bei Arbeiten an der Elektrik ist besondere Vorsicht geboten, um keine Bauteile zu beschädigen und sich selbst nicht zu verletzen.

- Bevor Sie an der Elektrik arbeiten, nehmen Sie Ringe, Uhren und Schmuck ab. Auch bei abgeklemmter Batterie riskieren Sie sonst einen hässlichen Stromschlag, wenn manche Bauelemente (z.B. Kondensatoren) über Metallteile plötzlich entladen werden.
- Verwechseln Sie nie die an Plus- oder Minusklemme der Batterie angeschlossenen Leitungen. Manche Komponenten könnten dabei irreparablen Schaden nehmen – Kurschluss!
- Bei laufendem Motor nie die Batterie oder den Generator, Prüfgeräte oder sonstige Kabelverbindungen abklemmen.
- Lassen Sie den Generator nicht vom Motor antreiben, wenn die Generatorkabel nicht angeschlossen sind.
- Vergewissern Sie sich, dass der Minuspol der Batterie abgeklemmt ist, bevor Sie mit Arbeiten an der Elektrik beginnen.
- Die vom Hersteller eingebauten Radio/Kassettengeräte haben heute zumeist eine Diebstahlsicherung mit Code-Nummer. Wenn ihre Stromquelle abgeschaltet, sprich: die Batterie abgeklemmt wird, aktiviert sich die Sicherung. Selbst wenn die Verbindung sofort wiederhergestellt wird, bleibt Ihr Radiogerät tot, bis Sie die richtige Code-Nummer eingegeben haben. Solange Sie die Code-Nummer nicht parat haben, sollten Sie weder die Batterie abklemmen noch das Radio ausbauen.

Batterien

Prüfen Sie vor dem Wintereinbruch Ihre Batterie. Sie wird im Winter durch das Anlassen des Motors bei kaltem, feuchtem Wetter besonders beansprucht; außerdem werden in dieser Jahreszeit mehr Verbraucher eingeschaltet (Beleuchtung, Heizgebläse, Heckscheibenheizung, Scheibenwischer).

Wie prüft man die Batterie?

Achten Sie darauf, dass die Platte, auf der die Batterie steht, in gutem Zustand ist und die Halterung festsitzt. Korrodierte Teile können mit in Wasser gelöstem Backpulver behandelt werden. Mit klarem Wasser abspülen. Metallteile mit Korrosionsschäden bestreicht man mit einem Rostprimer auf Zinkbasis, bevor man sie lackiert.

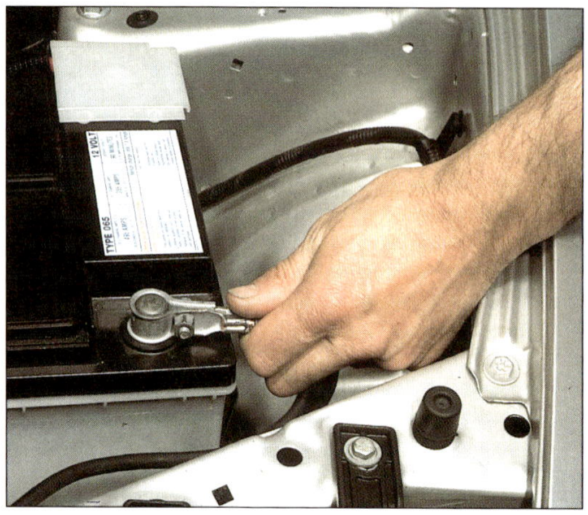

1 Das Äußere der Batterie auf Schäden aller Art und die Batterieklemmen auf festen Sitz kontrollieren, um einwandfreien Kontakt sicherzustellen. Sie sollten sich nicht bewegen lassen. Dann alle Kabel auf Brüche und Ausfransungen prüfen.

2 Sind die Batterieklemmen korrodiert (weiße, lockere Ablagerungen), schraubt man sie los und säubert sie mit der Drahtbürste. Dann setzt man sie wieder auf und zieht gut fest. Korrosion an den Klemmen verhindert man mit Rohvaseline nach dem Befestigen der Kabel.

3 Massekabel kontrollieren, das von der Batterie (Minuspol) zur Karosserie oder zum Motor führt. Wenn nötig, das Kabel dort losschrauben und die Umgebung reinigen, dann befestigen Sie es wieder.

4 Wartungsfreie Batterien besitzen eventuell eine Anzeige für ihren Ladezustand. Im Handbuch oder in der Anleitung für die Batterie stehen Einzelheiten zum Umgang mit dieser Anzeige.

5 Handelt es sich um eine nicht wartungsfreie Batterie, ist alle paar Monate der Säurestand zu kontrollieren. Dazu benötigt man einen Dichteprüfer.

Ist die Batterie leer?

Wenn die Scheinwerfer im Stand länger eingeschaltet bleiben, kann die Batterieleistung möglicherweise nicht mehr zum Starten ausreichen. Ist sie entsprechend leer, ist sogar möglich, dass beim Drehen des Zündschlüssels noch nicht einmal mehr die Warnleuchten aufleuchten.

Erstes Anzeichen einer defekten Batterie ist ein träger Anlasser. Schalten Sie die Scheinwerfer ein und betätigen Sie den Anlasser. Wird das Licht deutlich dunkler oder geht aus, ist ein Batterieproblem zu vermuten, und Sie sollten die Anlage von Fachleuten prüfen lassen.

Mit einem Voltmeter können Sie selbst schon einmal die Batteriespannung messen, wobei der Messwert nur dann verlässlich ist, wenn die Batterie sechs Stunden lang nicht in Gebrauch war. Schließen Sie das Voltmeter an die Pole der Batterie (rotes Kabel an Pluspol). In gutem Zustand liegt die Spannung der 12-Volt-Batterie bei mehr als 12,5 Volt. Zwischen 12,2 und 12,4 Volt ist sie teilweise entladen und unter 12,2 Volt leer.

1. Bitten Sie um Hilfe. Als Mitglied im Automobilklub kommt die Hilfe eventuell auch ins Haus (lesen Sie in den entsprechenden Unterlagen nach).

2. Starten Sie den Motor mit Überbrückungskabeln (siehe in diesem Kapitel Seite 121).

3. Laden Sie die Batterie selbst auf (siehe in diesem Kapitel Seite 120). Aber bevor sie voll aufgeladen ist, können Sie den Motor nicht anlassen, deshalb wählen Sie eine der beiden anderen Möglichkeiten, wenn Sie es eilig haben, und laden Sie die Batterie später auf. Wenn der Motor läuft und Sie eine nicht zu kurze Strecke fahren (so um die 20 bis 30 km), reicht der Generatorstrom zum Aufladen. Ist die Fahrstrecke kürzer, haben Sie beim nächsten Mal wieder Startprobleme.

Wahl einer neuen Batterie

Ähnlich wie bei den Reifen lohnt es sich, zuerst einige Preise einzuholen – beachten Sie aber, dass Sie gleichwertige Batterien vergleichen. Der billigste Kauf ist nicht unbedingt der beste.

Welche Kapazität sollte die Batterie haben?

Ihr Handbuch wird angeben, welche »Kapazität« die Batterie haben muss. Man misst sie auf verschiedene Weise; üblich sind die Ausdrücke »Reservekapazität« und »Kaltstartvermögen«. Allgemein kann man sagen, dass die Batteriekapazität um so höher sein muss, je größer der Motor ist, und Diesel-Fahrzeuge Batterien mit höherer Kapazität benötigen als Benziner.

Die »Reservekapazität« besagt, wie lange (in Minuten) die Batterie bei konstanter Belastung einen bestimmten Strom (25 Ampere oder 300 Watt) bei stehendem Motor und 25 °C liefern kann. Eine typische Zahl wäre 90 Minuten.

Das »Kaltstartvermögen« bezeichnet die Energie, die eine Batterie bei Kälte (z.B. -18 °C) über eine festgelegte Zeit liefert.

Bei uns wird die Batteriekapazität in »Amperestunden« (Ah) gemessen. Der Wert bezeichnet das Produkt aus Entladestrom (z.B. 4,5 Ampere) und der Anzahl Stunden, bis die Batterie leer ist (z.B. 10 Stunden, das ergäbe eine Kapazität von 45 Ah).

Konventionelle, wartungsarme oder wartungsfreie Batterie?

Die meisten modernen Autos sind ab Werk mit einer »wartungsfreien« Batterie ausgerüstet, und als Ersatz sollte man eine ebensolche kaufen.

»Konventionelle« Batterien müssen regelmäßig kontrolliert werden, und zwar in Bezug auf den Säurestand in jeder der Zellen, die deshalb jeweils mit Schraubverschlüssen versehen sind. Fehlende Flüssigkeit wird mit destilliertem Wasser ergänzt.

Eine »wartungsarme« Batterie ist wie eine konventionelle gebaut, erfordert jedoch seltener eine Prüfung des Säurestands.

»Wartungsfreie« Batterien benötigen, wie der Name sagt, keine Wartung. Sie sind für einige Jahre servicefreier Lebensdauer eingerichtet und besitzen manchmal eine Zustandsanzeige, an der abzulesen ist, ob die Batterie aufgeladen oder ersetzt werden muss (die Anleitung zur Batterie nennt Einzelheiten).

Welche Batteriegröße brauche ich für mein Auto?

Die Abmessungen der Batterien sind nicht unbedingt genormt. Daher ist vor allem wichtig, dass sie in die Halterung passt. Die Batteriehersteller geben Listen heraus, aus denen die Zuordnung zu Automarken und Modellen erkennbar ist.

Garantie auf Batterien

Die meisten Hersteller garantieren für eine Nutzungsdauer konventioneller Batterien von ein oder zwei Jahren und für diejenige einer wartungsfreien von vier oder mehr Jahren. Seien Sie vorsichtig mit Produkten ohne Garantieleistung.

Lesen Sie die Garantiebedingungen sorgfältig und bewahren Sie Beleg und Garantiekarte gut auf.

Wenn Sie beabsichtigen, Ihr Auto einige weitere Jahre zu fahren, lohnt sich die Ausgabe für eine Batterie mit entsprechend langer Garantie.

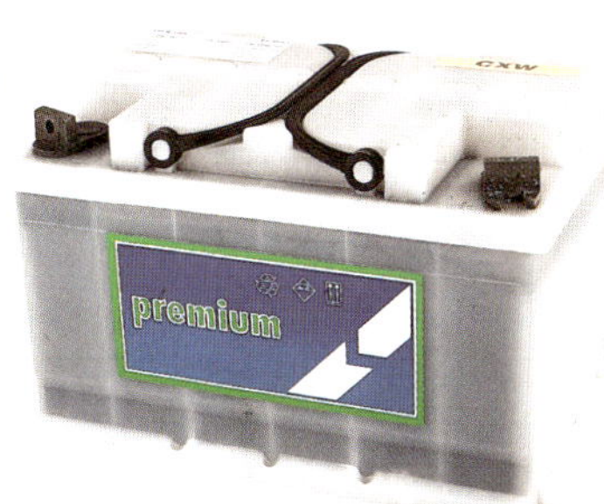

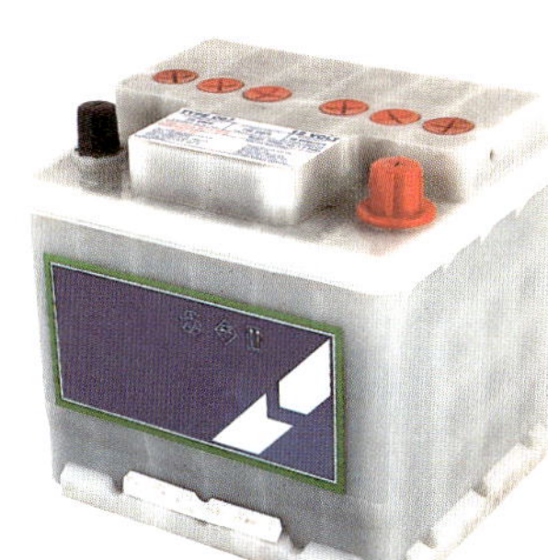
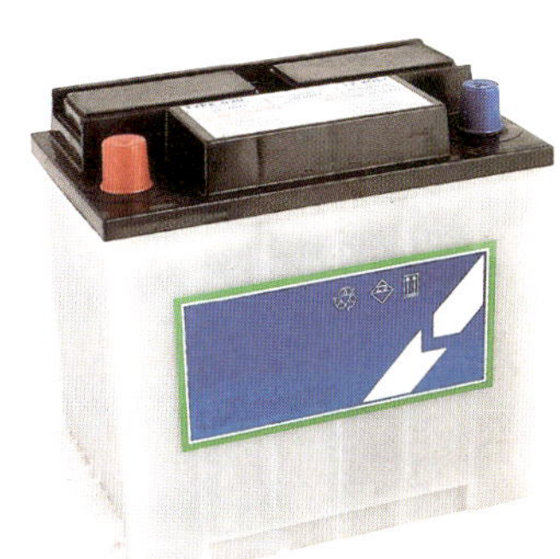

Umgang mit einem Batterie-Ladegerät

Normalerweise sollte man eine Batterie gar nicht mehr aufladen müssen, es sei denn, sie wäre durch äußere Ursachen leer geworden, etwa vergessene Scheinwerfer oder sehr lange Standzeit des Autos. Wird sie aber regelmäßig leer, kaufen Sie keine neue, ehe Sie nicht die elektrische Anlage von einer Werkstatt haben prüfen lassen. Möglicherweise liegt es nämlich gar nicht an der Batterie und die Ursache der Entladung besteht weiterhin (siehe »Batterien« Seite 118).

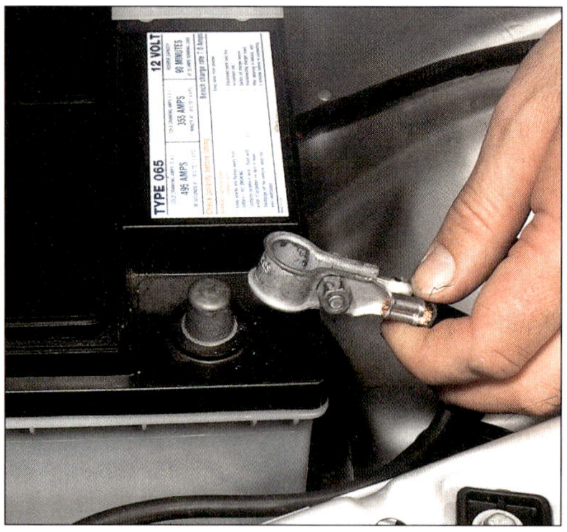

1 Zuerst die Batterieanschlüsse abnehmen und, wenn nötig, die Batterie ausbauen.

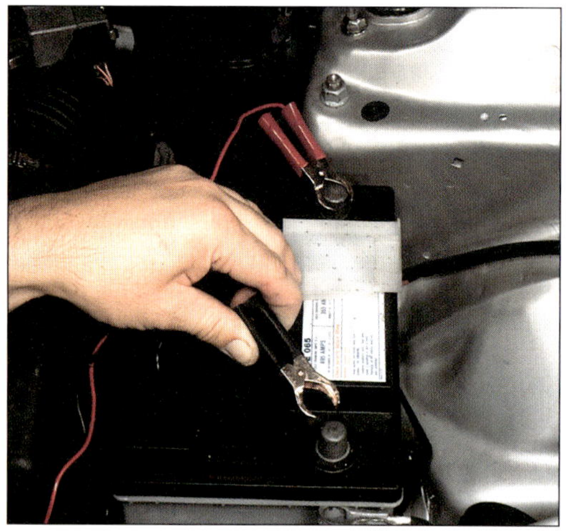

2 Plusleitung des Ladegeräts (rot) an den Pluspol der Batterie anklemmen, dann die Minusleitung (schwarz) an den Minuspol.

3 Falls erforderlich, Ladestrom einstellen (siehe Anleitung zum Ladegerät; nicht alle Geräte sind einstellbar). Dann das Gerät an eine Steckdose anschließen und einschalten.

Kauf eines Batterie-Ladegeräts

Achten Sie darauf, dass das Gerät einen »Wärme-Überlastungsschutz« und eine »Absicherung gegen Polaritäts-Umkehr« hat.

Die »Ladestromstärke« bestimmt, wie schnell eine Batterie mit dem Gerät aufgeladen werden kann (je höher, um so schneller). Auf der Batterie wird meistens ein empfohlener Ladestrom angegeben, und den sollte man nicht überschreiten.

Einige Geräte ermöglichen eine »Schnellladung«, doch sie ist nicht auf alle Batterien anwendbar (im Zweifel mit dem Hersteller abklären). Einige teurere Geräte haben eine zusätzliche Stufe (»Boost«), um den Motor auch mit leerer Batterie anlassen zu können.

Auf jeden Fall sollte Ihr Gerät eine Ladeanzeige haben. Damit können Sie feststellen, wie weit der Ladevorgang fortgeschritten ist.

VORSICHT!
Beim Aufladen werden brennbare Gase erzeugt, so dass Rauchen, Funkenbildung und offene Flammen in der Nähe der Batterie unbedingt zu vermeiden sind. Außerdem ist die Batteriesäure ätzend, wenn sie auf die Haut oder gar in die Augen spritzt, und sie zerstört auch Kleidung und Lackierung. Beim Abklemmen der Batterie stets zuerst das Kabel am *Minuspol* und dieses auch als letztes wieder anklemmen.

4 Nach Beendigung des Ladevorgangs Gerät vom Netz nehmen und ausschalten. Dann erst die Kabel zu den Batteriepolen abnehmen. Damit vermeidet man Funkenbildung an den Batteriepolen.

Wann ist die Batterie voll geladen?

Wie lange das Aufladen dauert, hängt davon ab, wie weit sie zuvor entladen war, ferner von ihrer Kapazität und vom Ladestrom. Wenn die Anleitung zum Gerät keine ausreichende Angabe enthält, gilt der »Daumenwert«: 4-6 Ampere Ladestrom und über Nacht aufladen.

Umgang mit dem Überbrückungskabel (Starthilfekabel)

Wenn Ihre Batterie leer ist, können Sie den Motor dennoch anlassen, wenn Sie kurzzeitig Ihre leere Batterie durch Überbrückungskabel mit einer vollen Batterie verbinden, auch mit der eines anderen Autos.

1 »Spenderfahrzeug« (Auto B, rechts) neben das Auto mit der leeren Batterie (Auto A, links) stellen. Zündung und alle elektrischen Verbraucher an beiden Fahrzeugen ausschalten. Handbremse anziehen und Schalthebel in Leerlaufstellung (Automatik: Position »P«) bringen.

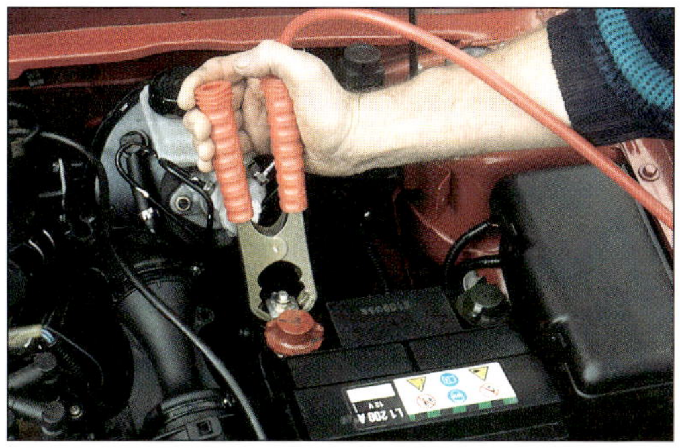

2 Ein Ende des roten Kabels an den Pluspol der leeren Batterie (Auto A) anklemmen. Das andere Ende nicht mit irgendeinem Metallteil in Berührung bringen, sonst gibt es einen Kurzschluss!

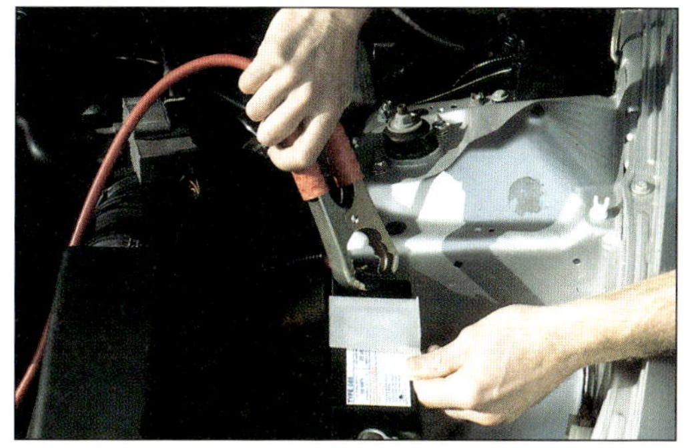

3 Das andere Ende des roten Kabels an den Pluspol der vollen Batterie (Auto B) anschließen.

4 Ein Ende des schwarzen Kabels an den Minuspol der vollen Batterie (Auto B) anklemmen.

5 Das andere Ende des schwarzen Kabels an einen Schraubenkopf oder ein anderes Metallteil am Motor des Autos A anklemmen; aber möglichst weit entfernt von der Batterie.

6 Sicherstellen, dass die Überbrückungskabel mit keinem umlaufenden Teil der beiden Motoren in Berührung kommen können. Motor des Autos B starten und mit leicht erhöhter Leerlaufdrehzahl laufen lassen. Dann den Motor des Autos A anlassen und abwarten, bis er rundläuft.

7 Motor des »Spenderfahrzeugs« (Auto B) abstellen, dann beide Kabel in umgekehrter Reihenfolge wieder abklemmen (A-schwarz; B-schwarz; B-rot; A-rot).

8 So wenige Verbraucher wie möglich einschalten. Denken Sie daran, dass der Generator eine ganze Weile benötigt, bis er die Batterie wieder aufgeladen hat. Motor deshalb nicht zu bald abstellen und beim Fahren vermeiden, dass der Motor unterwegs stehen bleibt.

Kauf eines Satzes Starthilfekabel

- Wählen Sie ausreichend dicke Kabel. Dubiose Flohmarkt-Angebote sind manchmal so dünn, dass sie sich beim Gebrauch stark erhitzen und schmelzen oder Feuer fangen können.
- Achten Sie darauf, dass die Kabel lang genug sind!
- Die beiden Kabel sollen auf jeden Fall farbig markiert sein: Rot für Pluspole, Schwarz für Minuspole.
- Die Klemmen müssen genügend kräftig ausgeführt sein und sicher festhalten.
- Manche Kabel werden bei Kälte steif und lassen sich dann schwer anschließen. Achten Sie darauf, dass sie weich und flexibel sind.
- Kaufen Sie die Kabel mit einem festen Behältnis, in dem sie sich nicht verwickeln und gut und sicher aufgehoben sind, wenn man sie nicht benutzt.

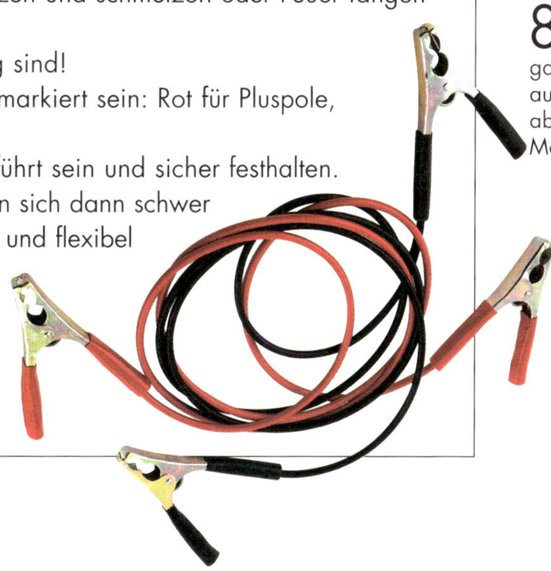

Beleuchtung und Blinker

Zum Kauf von Ersatzglühlampen sollten Sie wissen, wie die Fassung aussieht (Einschublaschen, Bajonettsockel, Soffittenfassung), und wieviel Watt sie haben müssen.

Die Wattzahl findet man zumeist am Metallsockel oder ins Glas eingeätzt. Manche Autos haben für Schluss- und Bremslicht kombinierte Glühlampen mit Bajonettfassung und versetzt angeordneten Stiften oder Zungen, damit sie nur in einer Lage eingesetzt werden können.

Halogen-Glühlampen für Scheinwerfer und Nebelleuchten sind mit einer »H«-Nummer gekennzeichnet. Es kann nicht schaden, wenn man immer einen Satz Glühlampen im Auto mitführt (in einigen Ländern Vorschrift).

Glühlampen auswechseln

Hier ist eine allgemeine Anleitung zum Auswechseln der Halogenlampen im Scheinwerfer. Das kann bei Ihrem Auto allerdings (z.B. in Bezug auf Zugänglichkeit, Glühlampentyp usw.) etwas anders aussehen.

Zuerst sollten Sie sich aber vergewissern, dass die Beleuchtung tatsächlich ausgeschaltet ist. Und denken Sie daran, dass die Glühlampen noch heiß sein können.

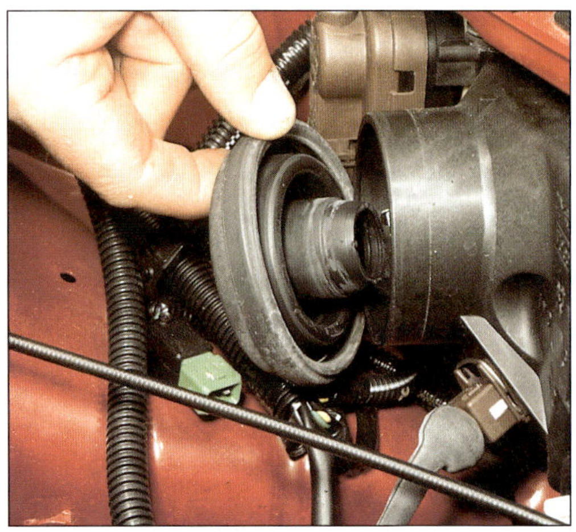

1 Wo erforderlich, zunächst die Schutzkappe (mit Clip) an der Rückseite des Scheinwerfereinsatzes abnehmen.

2 Kabelanschluss von der Rückseite der Glühlampe abziehen und Gummidichtkappe abnehmen.

3 Federclip am Sockel der Halogenlampe durch Zusammendrücken der Enden lösen und herausziehen, dann Glühlampe aus der Halterung nehmen.

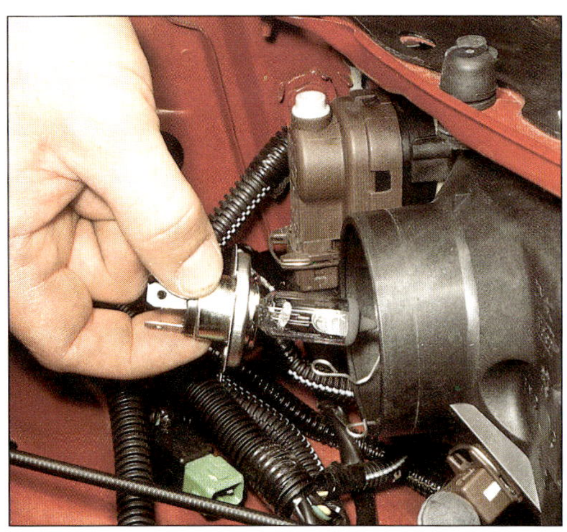

4 Das Glas der neuen Glühlampe auf keinen Fall mit den Fingern berühren – nur mit einem sauberen Tuch oder Papiertaschentuch anfassen. Wurde das Glas versehentlich berührt, reinigt man es mit etwas Alkohol.

5 Halogenlampen haben gewöhnlich am Rand des Sockels Zungen und können daher nur in einer Lage eingesetzt werden. Neue Lampe einsetzen, mit Federclip befestigen. Dichtkappe, Kabelanschluss und Schutzdeckel wieder aufsetzen.

Licht nicht in Ordnung?

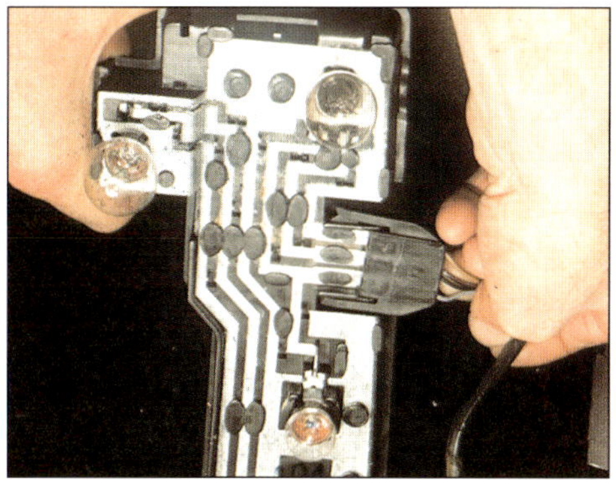

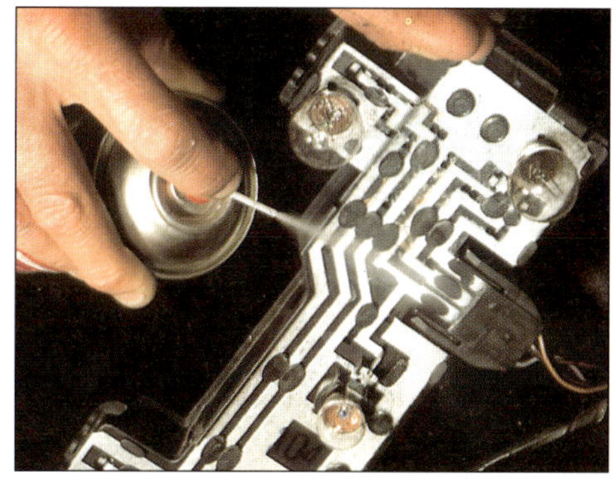

Wenn Sie feststellen, dass eine Leuchte nicht richtig funktioniert und die Glühlampe intakt ist, liegt es mit ziemlicher Sicherheit am elektrischen Anschluss.

Korrosion

Prüfen Sie die Stecker an der Leiterplatte bzw. an der Glühlampe auf Korrosion. Auch wenn kein Wasser von außen eindringt, kann Kondenswasser Probleme bereiten.

Kratzen Sie die Kontaktstellen blank und sprühen Sie dann Kontaktspray darüber. Eventuell müssen Sie die betroffenen Teile erneuern.

Masseverbindungen

Wenn an den genannten Stellen keine Korrosion festzustellen ist, prüfen Sie die Masseverbindung. Meistens ist das Massekabel an ein benachbartes Karosserieteil angeschraubt oder dort an einen Massekontaktblock angeschlossen. Die Anschlüsse dürfen nicht korrodiert sein, und die Schrauben müssen fest sitzen. Wenn ein Kabel direkt an die Karosserie angeschraubt ist, entfernen Sie die Schraube, reinigen die Stelle mit Sandpapier und schließen das Kabel wieder an. Dann sprühen Sie etwas Kontaktspray darüber.

Funktionieren die Blinker nicht?

Symptom	Mögliche Ursache	Beseitigung
Blinker gehen auf einer Wagenseite zu schnell	• Glühlampe defekt • Falsche Wattzahl (zu niedrig)	• Glühlampe ersetzen • Wattzahl prüfen
Blinker gehen auf einer Wagenseite zu langsam	• Schlechter Massekontakt im Stromkreis • Falsche Wattzahl (zu hoch)	• Siehe Kasten oben • Wattzahl prüfen
Blinker gehen an, blinken aber nicht	• Blinkrelais defekt • Fehler in den Zuleitungen	• Blinkrelais erneuern • Stromkreis prüfen lassen
Blinker brennen überhaupt nicht	• Sicherung durchgebrannt • Blinkerschalter defekt • Blinkrelais defekt • Fehler in den Zuleitungen	• Sicherung auswechseln • Schalter prüfen lassen • Blinkrelais auswechseln • Stromkreis prüfen lassen

Scheinwerfer nicht hell genug?

Wenn Ihre Scheinwerfer nicht die normale Lichtstärke haben, liegt das fast immer an einer schlechten Masseverbindung oder einem Batterieproblem. Siehe »Licht nicht in Ordnung?« bzw. »Batterien« (Seite 123 bzw. 118).

Scheinwerfer falsch ausgerichtet?

Das Abblendlicht leuchtet normalerweise die Straße vor dem Wagen gut aus, der Lichtkegel beleuchtet überwiegend die rechte Straßenseite und blendet nicht den Gegenverkehr.

Wenn das Wagenheck schwer beladen ist, tendieren die Scheinwerferkegel nach oben, weil der Wagen hinten niedergedrückt wird.

An vielen (neueren) Autos lässt sich die Scheinwerfereinstellung mit einem Handrad korrigieren, um schwere Hecklasten zu kompensieren. Lesen Sie im Handbuch nach, wie die Scheinwerfer bei verschiedenen Hecklasten korrigiert werden müssen.

Eine exakte Scheinwerfereinstellung können nur Fachwerkstätten mit spezieller Ausrüstung durchführen.

Wie hilft man sich bei einem gebrochenen Scheinwerferglas?

Zum Schutz Ihrer Scheinwerfergläser (Streuscheiben) gibt es häufig Kunststoff-Schutzdeckel zu kaufen, die man über den defekten Streuscheiben befestigt.

Wenn ein Scheinwerferglas gesprungen ist, können Sie die Bruchstelle provisorisch mit Klebeband abdecken, damit kein Wasser eindringen kann. Ist es ein einfacher Bruch vorn oder an den Rückleuchten, und es sind noch alle Bruchstücke da, lässt sich das Ganze oft wieder zusammenkleben. Säubern Sie alle Teile vor dem Kleben gründlich und achten Sie darauf, dass der Kleber für das Material geeignet ist. Sorgen Sie möglichst bald für Ersatz. Lässt sich der Schaden auf diese Weise nicht beheben, müssen Sie Ersatz beschaffen. Für manche Marken gibt es im Handel ein einzelnes Glas, doch häufig ist nur die ganze Leuchteinheit zu bekommen. In solchen Fällen kann es lohnen, es einmal beim Autoverwerter zu versuchen.

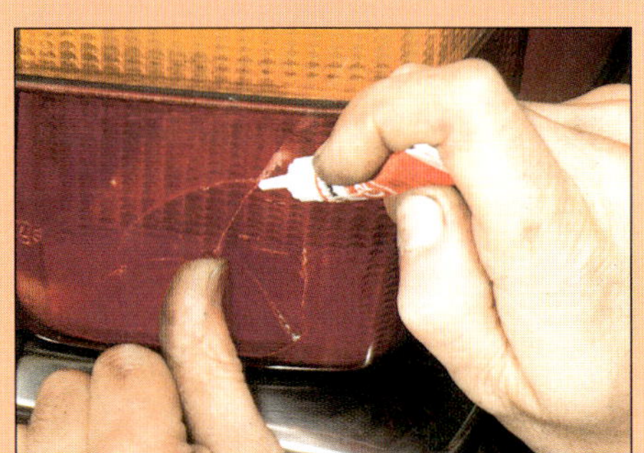

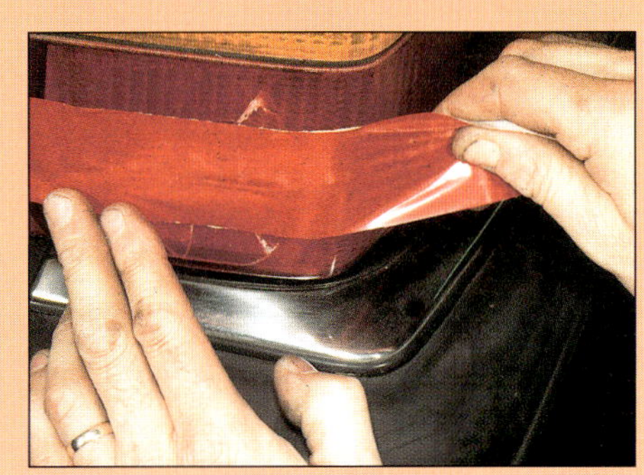

Blinkgeber defekt?

Ist der Blinkgeber an Ihrem Wagen defekt, ist die erste Frage, wo er zu finden ist, um ihn auswechseln zu können (siehe Handbuch). Normalerweise befinden sich die Relais entweder hinter einem Deckel unter der Schalttafel oder in einem Kasten im Motorraum. Oft schreibt der Fahrzeughersteller jedoch vor, dass ein Relais nur von der Fachwerkstatt ausgewechselt werden darf.

Funktioniert der Geber noch, können Sie ihn leicht finden, wenn Sie die Blinker einschalten und horchen, wo es »klickt«. Dieses Klicken können Sie sogar mit den Fingern ertasten.

Ist der Geber trotzdem nicht zu finden, fragen Sie bitte Ihre Werkstatt.

Sicherungen (elektrische Schmelzsicherungen)

Die Sicherungen schützen die elektrische Anlage vor Überlastung. Funktioniert ein elektrisches Bauteil nicht mehr, so ist häufig die zugehörige Sicherung »durchgebrannt«. Brennt sie beim Auswechseln wieder durch, so ist der Fehler fast mit Sicherheit an der Verkabelung oder dem betreffenden Bauteil selbst zu suchen (Kurzschluss).

Sicherung brennt immer wieder durch

Sicherungen sind dafür vorgesehen, den Stromkreis beim Überschreiten einer bestimmten Stromstärke (in Ampere) zu unterbrechen, um Geräte und Leitungen zu schützen. Jede Überschreitung weist auf einen Fehler im Stromkreis hin, in der Regel auf einen Kurzschluss.

Eine durchgebrannte Sicherung erkennt man an einem durchgeschmolzenen dünnen Draht in der Mitte der Sicherung.

Wenn die Sicherung immer wieder durchbrennt, prüfen Sie zuerst, ob diese den für das Gerät passenden Ampere-Wert hat. Lage und Ampere-Wert der Sicherung sind am Sockel des Sicherungskastens oder im Deckel oder sonst im Handbuch vermerkt. Die Sicherungen sind farblich gekennzeichnet. Im Deckel finden Sie Angaben zum zugehörigen Stromkreis, für den die Sicherung vorgesehen ist. Stimmt die Sicherung und brennt sie immer wieder durch, lassen Sie den betreffenden Stromkreis in der Werkstatt prüfen.

Auswechseln einer Sicherung

Zuerst schalten Sie die Zündung und möglichst alle elektrischen Verbraucher aus.

WARNUNG!
Setzen Sie nie einen Draht oder ein anderes Metallstück anstelle der Sicherung ein, auch nicht für kurze Zeit! Sie würden damit ganz sicher einen Schaden und schlimmstenfalls einen Brand verursachen.

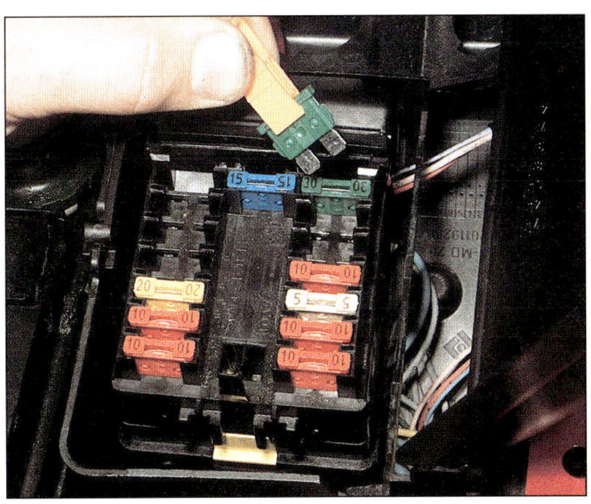

1 Im Handbuch steht, wo sich der Sicherungskasten befindet; gewöhnlich entweder hinter einem Deckel unter der Schalttafel, aber einige (oder alle) Sicherungen können auch irgendwo im Motorraum untergebracht sein.

2 Zum Herausnehmen einfach die Sicherung aus dem Sockel ziehen; in manchen Autos liegt dafür eine Klammer im Deckel des Kastens.

3 Die neue Sicherung muss natürlich die gleiche Amperezahl aufweisen wie die alte: Farbe und/ oder aufgedruckte Nummer müssen die gleiche sein.

4 Neue Sicherung fest in den Sockel eindrücken. Das betreffende Gerät einschalten. Brennt die Sicherung wieder durch, gibt es ein Problem.

Warnleuchten

An der Schalttafel befinden sich eine Anzahl Warnleuchten, die Sie über Defekte oder mögliche Probleme in den verschiedenen Systemen Ihres Autos informieren sollen. Einige davon sind besonders ernst zu nehmen; deshalb folgt hier ein Leitfaden über die Bedeutung der wichtigsten Warnleuchten und was zu tun ist, wenn sie aufleuchten.

Warnleuchte zeigt an:		Was bedeutet das?	Was ist zu tun?
	**Bremsflüssigkeitsstand***	Es fehlt Bremsfluid	• Nicht weiterfahren. • Flüssigkeitsstand prüfen, wenn nötig auffüllen. • Anlage auf Leckstellen prüfen. Bei Undichtheit nicht weiterfahren, ehe der Schaden behoben ist.
	Bremsbeläge*	Bremsbeläge abgenutzt	• Auto kann weiter gefahren werden. • Schnellstmöglich Beläge erneuern lassen.
	Handbremse angezogen*	Handbremse ist noch angezogen	• Prüfen, ob Handbremse ganz gelöst wurde.
	**Batterieladung**	Generator lädt die Batterie nicht auf	• Auto kann weiter gefahren werden, aber nicht zu lange, weil die Batterie leer wird. • Generator und Leitungen baldmöglichst prüfen lassen.
	**Öldruck-Warnung**	Motoröldruck ist zu niedrig	• Wenn die Warnleuchte im Leerlauf brennt, kann hoher Motorverschleiß oder sehr heißer Motor der Grund sein. Prüfen Sie, ob das Licht ausgeht, wenn Sie kurz Gas geben. • Schnellstmöglich Ölstand im Motor prüfen. • Geht das Licht während der Fahrt an, sofort anhalten, Motor abstellen, Ölstand prüfen und nach Leckstellen suchen. Wenn nötig, Hilfe holen. Bei Weiterfahrt drohen ernste Motorschäden.
	**Kühlwassertemperatur**	Zu hohe Temperatur des Kühlmittels	• Schnellstmöglich anhalten. Motor abkühlen lassen, dann den Kühlmittelstand kontrollieren und ggf. Wasser auffüllen. • Wenn nach kurzer Fahrt die Warnleuchte wieder brennt, anhalten und Hilfe holen.

*ANMERKUNG: Häufig ist nur eine Warnleuchte für zwei oder mehrere verschiedene Fehlerwarnungen bezüglich der Bremse vorgesehen. Wenn Sie vermuten, dass die brennende Warnleuchte »zu wenig Bremsflüssigkeit« bedeutet, *fahren Sie nicht weiter,* ehe Sie den Flüssigkeitsstand kontrolliert, nachgefüllt und die Anlage auf Leckstellen untersucht haben!

Warnleuchte zeigt an:	Was bedeutet das?	Was ist zu tun?
Kühlwasserstand	Zu wenig Kühlmittel im Kühlkreislauf	• Schnellstmöglich anhalten, Motor abkühlen lassen, dann den Kühlmittelstand kontrollieren und ggf. Wasser auffüllen. • Wenn die Warnleuchte nach kurzer Fahrt wieder angeht, nach Leckstellen suchen.
Motor-Managementsystem	Im Bord-Diagnosesystem liegt eine Fehlermeldung vor	• Sie können weiterfahren, stellen aber eventuell Leistungsabfall fest. Schnellstmöglich das Motor-Managementsystem prüfen lassen.
 **ABS-Warnung**	Defekt im Antiblockiersystem	• Auto kann weiter gefahren werden, aber das ABS wird vermutlich nicht arbeiten (die normale Bremsfunktion bleibt erhalten). Schnellstmöglich ABS überprüfen lassen.
 **Airbag-Warnung**	Fehler im Airbag-System	• Auto kann weiter gefahren werden, aber die Airbags werden bei einem Unfall vermutlich nicht funktionieren. Airbag-System schnellstmöglich überprüfen lassen.
 **Glühkerzen (nur Diesel)**	Glühkerzen sind eingeschaltet	• Warten Sie, bis das Licht ausgeht, ehe Sie den Motor anlassen.
 **Choke-Warnung (Ottomotor)**	Starterklappenzug gezogen	• Sobald der Motor aufgewärmt ist, Starterklappenzug einschieben. Dann geht das Warnlicht aus.
Wasser im Kraftstoff (Diesel)	Im Kraftstofffilter hat sich Wasser angesammelt	• Vorgehen wie im Kapitel 8, Seite 62.
 **Tank-Warnung**	Nur noch wenig Kraftstoff im Tank	• Bald tanken!

Die Karosserie – außen und innen

Das Auto von außen und von innen regelmäßig zu putzen und zu pflegen, hilft seinen Wert zu erhalten. Manche Leute behaupten sogar, ihr Auto liefe nach jeder Wäsche besser, aber das ist wohl bloße Einbildung. Immerhin hat man ein besseres Gefühl, wenn man einen strahlend sauberen Wagen fährt, als wenn er mit Straßendreck beschmiert ist. Auch Ihre Fahrgäste werden lieber in ein gepflegtes Auto einsteigen, obgleich jeder, der kleine (oder größere) Kinder transportiert, weiß, dass es ein »Full-time job« ist, den Innenraum einigermaßen sauber zu halten.

In diesem Kapitel geben wir Ihnen ein paar Tipps, wie Sie Ihr Auto reinigen und äußerlich und innerlich wiederherstellen, wozu auch das Ausbessern der unvermeidlichen kleinen Steinschlagstellen und Kratzer im Lack gehört.

Wie man das Auto wäscht

Waschen ist das Wichtigste, was Sie tun können, um Ihren Lack zu schützen. Dabei finden Sie auch am besten die kleinen Lackschäden, ehe sich darauf Rost bilden kann.

Verwenden Sie zum Waschen keine Haushaltsreiniger, sie sind zu scharf für den Lack und können ihm schaden. Waschen Sie den Wagen auch nicht in der prallen Sonne, denn das Wasser trocknet fast augenblicklich weg und hinterlässt hässliche Flecke. Und auf dem heißen Lack kann das kalte Wasser feinste Risse verursachen.

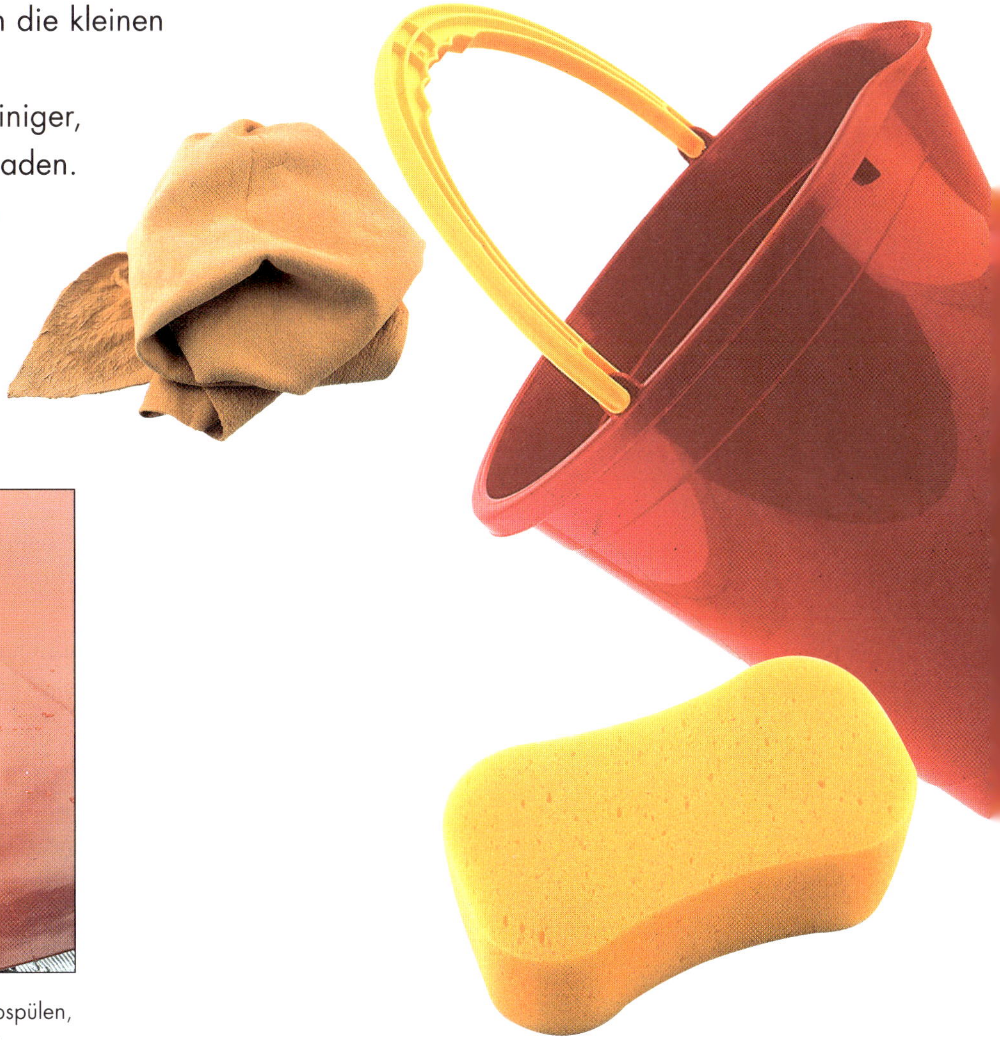

1 Den Wagen zuerst mit einem Eimer kaltem Wasser und Schwamm abspülen, um oberflächlichen Schmutz zu entfernen. Räder abschrubben. Dicke Schmutzschicht mit dem Wasserschlauch abspülen.

Eimer danach gut ausspülen, die empfohlene Menge Auto-Shampoo hineintun und mit kaltem Wasser auffüllen. Nicht zuviel Shampoo nehmen, denn es ist nachher schwer abzuspülen und hinterlässt gern einen schmierigen Film.

2 Das geeignete Shampoo, das gewöhnlich etwas Pflegewachs enthält, reinigt den Lack gründlich und ergibt eine schöne, glänzende Oberfläche.

3 Das Auto mit einem weichen, sauberen Schwamm abseifen und den Schaum mit kaltem Wasser abspülen. Dann mit einem Fensterleder abtrocknen; es nimmt das Wasser auf und sorgt für ein glänzendes, streifenloses Finish.

Wie man das Auto poliert

Wenn bei Regen oder bei der Wagenwäsche das Wasser nicht mehr so recht abperlt, könnte eine neue Politur sicher nicht schaden.

Die meisten modernen Polituren enthalten Wachs und/oder Silikon. Sie reinigen den Lack und hinterlassen eine durchgehende Schutzschicht. Lesen Sie auf der Verpackung, ob die Politur für Ihr Auto geeignet ist – beispielsweise taugen einige Polituren nicht für Metalliclackierungen. Viele Lackierungen bestehen aus zwei Schichten, Grundlack und Klarlack. Benutzen Sie auf diesen Lacken keine Polituren, die Schleifmittel enthalten; die Klarlackschicht könnte darunter leiden.

Polieren Sie nicht in der prallen Sonne, denn auch die Politur trocknet sonst sofort auf und lässt sich dann schwer auspolieren (man kann beim Versuch, sie zu entfernen, sogar den Lack zerkratzen)

Vor dem Polieren muss der Wagen gewaschen und gut getrocknet sein.

Sie brauchen zwei weiche Tücher für Ihre Arbeit: eins zum Auftragen der Politur, eins zum Auspolieren. Baumwolle ist am besten, weil sie nicht fusselt.

Bearbeiten Sie immer nur ein Bauteil der Karosserie zur Zeit. Wenn Sie die Politur auf das ganze Auto auf einmal auftragen, werden Sie sehen, dass die Stellen, die zuerst behandelt wurden, schon trocken und deshalb schwer auszupolieren sind.

Tragen Sie das Poliermittel in kreisenden Bewegungen dünn und gleichmäßig auf. Lassen Sie es nur zu einem Schleier antrocknen (nicht zu weißem Pulver!) und polieren Sie dann mit dem zweiten Tuch aus.

Von Glasflächen wischen Sie das Poliermittel sofort ab – es sei denn, die Aufschrift auf der Verpackung sagt, es sei für Glas geeignet (ist meistens nicht der Fall).

Auf Plastikteilen kann das Poliermittel nach dem Trocknen ein Entfärben bewirken (Schwarzes wird z.B. grau). Im Zubehörhandel gibt es dafür Fett- oder Wachsentferner, aber vergewissern Sie sich vorher, dass das Mittel geeignet ist, und folgen Sie der Anleitung.

Kunststoffteile kann man mit einem Farbauffrischer oder Kunststoffreiniger aus dem Zubehörladen behandeln (Anleitung lesen!). Bei verblichenen Plastikteilen können diese Mittel Wunder wirken, aber wischen Sie sie von Lackflächen sofort wieder ab.

Alter, ausgelaugter Lack

Mit dem Alter geht der Glanz dahin – auch beim Auto. Der Lack sieht matt und trübe und sogar nach dem Waschen noch schmutzig aus.

Wenn's nicht zu weit vorgeschritten ist, kann man mit einem Farbauffrischer noch einiges ausrichten. Im Fachhandel finden Sie eine ganze Serie solcher Mittel: Einige enthalten viel, andere weniger Schleifzusätze; einige sind speziell für Metalliclacke, wieder andere sind farbig und nur für diese Farbe geeignet. Sie alle wirken nur deshalb, weil sie eine hauchdünne Lackschicht »herunterhobeln«. Also Vorsicht!

Am besten beginnen Sie mit einem Auffrischer mit nur geringem Zusatz von Schleifmittel. Eine Lackschicht ist schnell herunter, aber Sie können sie nicht wieder ersetzen. Probieren Sie das Mittel zuerst an einer kleinen Fläche aus, um zu sehen, was passiert, ehe Sie an größere Flächen herangehen. Reiben Sie nicht zu stark – manche Mittel nehmen den Lack sehr schnell weg.

Sie werden eine Menge weicher Putzlappen (am besten aus Baumwolle) brauchen, stets getrennt für das Aufbringen und das Auspolieren des Mittels. Wechseln Sie den Putzlappen, sobald er voller Farbe ist.

Wenn Sie mit dem Ergebnis zufrieden sind, kann's ans Polieren gehen (siehe oben).

Wie man kleine Lackschäden ausbessert

Entfernen Sie an den Lackkratzern und Steinschlagstellen zuerst den Rostansatz mit feiner Stahlwolle oder der kleinen Drahtbürste, die meistens dem Lackstift-Set beiliegt. Versuchen Sie, den heilen Lack nicht zu verkratzen (es geht besser, wenn man ein wenig Stahlwolle um das Ende eines Bleistifts legt).

Als nächstes säubern Sie den benachbarten Lack, am besten mit klarem Wasser; alles andere kann den Lack beschädigen oder das Haften des neuen Lacks verhindern. Lassen Sie das Wasser ganz abtrocknen. Den Inhalt des Lackstifts einige Minuten kräftig schütteln. Tragen Sie nur wenig Lack mit dem beigefügten Pinsel oder besser mit einem feinen Tuschepinsel auf. Lassen Sie sich Zeit und pinseln Sie nur in einer Richtung. Versuchen Sie, den Kratzer oder das »Loch« aufzufüllen. Bei Zweischichtlack behandeln Sie die Stelle nach der Anleitung mit dem Klarlack – aber warten Sie einige Tage, bis das Ganze völlig durchgetrocknet ist. Dann polieren Sie die ausgebesserte Stelle mit Politur (evtl. ein Auffrischer mit ganz leichtem Zusatz von Schleifmittel), um sie unsichtbar zu machen. Wenn Sie mit dem Ergebnis zufrieden sind, waschen und polieren Sie das Auto zum Schluss.

Wahl des richtigen Lackstift-Sets

Jedes Auto besitzt einen Farb-Code, der meistens beim Lackieren im Werk auf ein Metallschildchen aufgestempelt wird. Wenn Sie einen Lackstift bei Ihrem Vertragshändler kaufen wollen (was das Sicherste ist), nehmen Sie Ihr Auto mit. Die Fachleute kennen zumeist die Bezeichnung für Ihre Lackfarbe und wissen auf jeden Fall, wo der Farb-Code zu finden ist.

Zubehörläden führen ebenfalls Lackstift-Sets. Alles was Sie wissen müssen, ist die genaue Bezeichnung des Herstellers für den Farbton Ihres Autos und dessen Baujahr. Doch obschon diese Lackstifte gewöhnlich der Originalfarbe sehr nahe kommen, stimmen sie selten ganz genau. Deshalb ist der Kauf beim Vertragshändler eher zu empfehlen.

Meistens wird man Ihnen zweierlei anbieten: den einfach mit dem Pinsel aufzutragenden »Lackstift-Set«, oder eine Sprühdose. Ersterer besteht aus einem kleinen Gefäß mit Lack und einem in den Deckel eingearbeiteten Pinsel. Oft ist noch eine kleine Drahtbürste beigefügt, mit der Rost und lose Lackstückchen entfernt werden sollen. Doch gehen Sie mit der Drahtbürste vorsichtig um – mit den scharfen Drähtchen können Sie die unversehrten Lackflächen zerkratzen.

Rost

Wenn Sie ernste Rostprobleme haben, sollten Sie einen Karosseriefachmann zu Rate ziehen. Kleinere Roststellen kann man aber recht einfach selber behandeln.

Wenn Sie beim Wagenwaschen Roststellen entdecken, ist es am besten, möglichst schnell etwas dagegen zu tun, ehe sie sich zum ernsten Problem entwickeln.

Im Zubehörhandel werden eine ganze Reihe Selbsthilfe-Kits zur Rostbekämpfung angeboten. Folgen Sie den Anweisungen des Herstellers.

Lose Zierleisten befestigen

Wenn sich ein Zierteil gelöst hat, sollte man es am besten wieder befestigen, ehe es unterwegs von selber abfällt. Die meisten Zierleisten am Auto sind entweder mit Klipsen oder mit stark haftendem Doppelklebeband befestigt. Versuchen Sie nicht, sie mit gewöhnlichem Kleber wieder anzubringen – das würde nicht lange halten, und der Lack könnte Schaden nehmen.

Mit Doppelklebeband befestigte Leisten

Im Zubehörhandel gibt es spezielles Klebeband (»Tape«) für Zierleisten. Es lohnt sich fast immer, die betreffende Leiste zuerst ganz abzuziehen und mit neuem Tape wieder anzubringen. Wenn Sie die Leiste abgenommen haben, müssen Sie zuerst alle Spuren des alten Klebers entfernen. Wenn das sehr schwer geht, nehmen Sie einen Klebstoffentferner zu Hilfe (beachten Sie dann die Arbeitsanleitung für dieses Mittel).

1 Soll eine Zierleiste wieder befestigt werden, ist es vorteilhaft, sich mit Kreppband entlang der Karosserie eine Hilfslinie zu schaffen, die man an den noch festsitzenden übrigen Leisten ausrichtet. Andernfalls kann man von einer geraden Karosseriekante her die Höhe ausmessen.

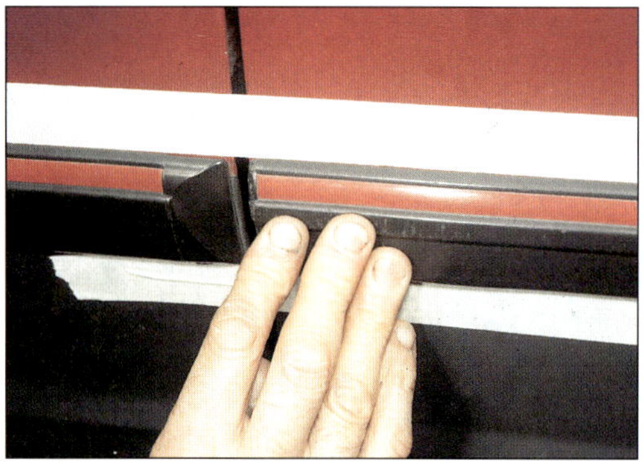

2 Man schneidet das Tape auf die erforderliche Länge und klebt es auf die Rückseite der Zierleiste oder auf die Karosserie. Ist die Leiste sehr breit, muss man eventuell zwei Streifen Tape nebeneinander kleben. Leiste zuerst anhalten und prüfen, ob das Doppelklebeband für diese Aufgabe dick genug ist. Manchmal muss man zwei Lagen Tape oder ein dickeres Material nehmen.

3 Schutzstreifen vom Doppelklebeband abziehen. Von einem Ende ausgehend die Leiste kräftig andrücken und dabei auf die Ausrichtung an der Hilfslinie achten.

Mit Plastikklipsen befestigte Leisten

Wenn ein solcher Klips fehlt oder gebrochen ist, muss man die benachbarten Klipse vorsichtig lösen, so dass man einen Teil der Zierleiste abziehen und einen neuen Klips einsetzen kann. Aber Achtung: Dabei brechen gerne noch weitere ab!

Die Klipse sollte es bei Ihrem Vertragshändler geben; aber passen Sie auf, dass Sie die richtigen bekommen!

Setzen Sie den oder die neuen Klipse ein und drücken Sie die Leiste wieder fest.

Türen quietschen

Wenn eine Tür quietscht oder schwergeht, liegt es praktisch immer an fehlender Schmierung der Scharniere. Machen Sie die Tür weit auf und ölen oder fetten Sie die Scharniere. Besonders wirksam ist feines Öl oder Molybdän-Schmiermittel aus einer Sprühdose. Nach dem Ölen oder Sprühen Tür einige Male öffnen und schließen, damit das Mittel gut eindringen kann. Zum Schluss überschüssiges Öl oder Fett abputzen, damit es nicht die Karosserieteile und Ihre Kleidung verschmutzt.

Der Innenraum

Regelmäßiges Saugen und Staubwischen im Innenraum macht sich besser als ein einmaliger Großputz pro Jahr – und das Auto sieht immer adrett aus. Machen Sie's bei schönem Wetter, denn die Türen bleiben dabei eine Weile offen. Erforderlich sind ein Handstaubsauger, Staub- und Poliertücher und ein Sprühreiniger, wie es ihn im Zubehörhandel gibt (suchen Sie aus, welchen Sie wollen).

Zuerst nehmen Sie alle losen Dinge und alle Fußmatten heraus und leeren Sie die Ascher. Ziehen Sie Ihr Stereo-Radio heraus, wenn es leicht herausgeht.

Öffnen Sie alle Türen weit und saugen Sie Böden und Teppiche, auch zwischen und unter den Vordersitzen. Saugen Sie mit dem Bürstenaufsatz auch die Sitzbezüge. Heben Sie die hochklappbaren Rücksitze und -lehnen und saugen Sie auch darunter und im Kofferraum.

Flecke in den Teppichen reinigt man mit einem Sprühreiniger, behandelt sie entsprechend der Anleitung mit einer Nagelbürste und feuchtem Schwamm oder mit dem Staubsauger. Den meisten »eingewachsenen« Schmutz findet man meistens im Fahrerfußraum neben den Pedalen. Auch Schmutz an den Polsterbezügen wird mit geeigneten Sprühreinigern auf diese Weise entfernt.

Lassen Sie die Feuchtigkeit aus Stoffen und Teppichen gut durchtrocknen, bevor Sie das Auto wieder benutzen. Beschleunigen kann man das Trocknen eventuell mit einem Nass- und Trockensauger.

Wenn diese Staub aufwirbelnden Arbeiten erledigt sind, folgt das Putzen der Innenausstattung. Mit einem weichen Staubtuch entfernt man zuerst allen losen Staub, ehe man die Kunststoffteile mit einem Cockpitreiniger behandelt. Der säubert nicht nur die Innenausstattung, sondern lässt den Innenraum auch frisch duften. Die Scheiben werden am besten mit dem feuchten Ledertuch geputzt; nur für den hartnäckigen Schmutz nimmt man einen Fensterspray und zum Schluss ein weiches Tuch.

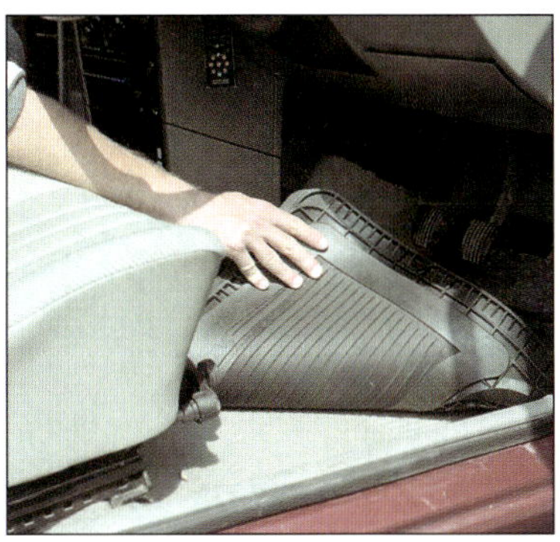

Gerüche beseitigen

Rührt ein Geruch von ausgelaufenen Flüssigkeiten oder ähnlichem her, geht man bei der Fleckenentfernung und Reinigung vor wie oben unter »Innenraum«. Je nach dem, was passiert ist, muss die Stelle eventuell zuerst desinfiziert werden. Lesen Sie aber die Anweisungen auf dem Etikett des Desinfektionsmittels, um nichts zu beschädigen.

Wenn das eigentliche Übel beseitigt ist, kann trotzdem ein unangenehmer Geruch bleiben. Lassen Sie, wenn möglich, beim Parken alle Fenster offen, dann kann sich der Geruch bald verziehen.

Im Zubehörhandel erhält man eine ganze Auswahl von Luftauffrischern. Dort sollten Sie nach einem mit Geruchsneutralisierung fragen. Ein solcher Auffrischer lässt alle unangenehmen Gerüche bald verschwinden. Wählen Sie nach der Anleitung auf den Verpackungen den am besten geeigneten aus.

Reinigen der Kunststoffteile im Interieur

Verwenden Sie einen geeigneten Kunststoffreiniger, den Sie im Zubehörladen bekommen. Beachten Sie die Hinweise auf der Packung; nicht alle Produkte eignen sich für alle Kunststoffe.

Den Reiniger geben Sie am besten auf ein sauberes Tuch und reiben damit die Kunststoffteile ab. Auf diese Weise bringen Sie das Mittel nicht ungewollt mit dem Lack in Berührung. Ist doch etwas davon auf dem Lack, wischen Sie es möglichst sofort ab.

Wo bekomme ich am besten Hilfe?

Dieses Kapitel soll Ihnen einige Hinweise geben, welche Werkstatt Sie aufsuchen und wie Sie Ihre Wünsche vorbringen können. Wenn Sie Ihre Probleme oder die Arbeiten, die Sie ausgeführt haben möchten, genau beschreiben können, ist die Gefahr, unangenehme Überraschungen beim Erhalt der Rechnung zu erleben, schon weitgehend eingeschränkt. Sie finden hier auch Informationen über Garantiefälle, Hinweise zum günstigen Kauf von Verschleißteilen wie Reifen oder Schalldämpfern und zum Kauf und Verkauf eines Autos; ebenso einige Ratschläge, wie Sie bei Versicherungen Geld sparen können.

Werkstattwahl

Wenn Sie Arbeiten am Auto ausführen lassen wollen – seien es Inspektionen, Reparaturen oder der Einbau von Zubehörteilen – wie entscheiden Sie, wohin Sie damit gehen? Vielleicht wollen Sie die Arbeiten auch selbst ausführen oder von einem Bekannten, der sich damit auskennt, machen lassen. Andernfalls aber müssen Sie eine Werkstatt auswählen, die die Arbeit übernehmen kann.

Besteht für Ihren Wagen noch eine Garantie, so sollten Sie ihn stets in Ihre Vertragswerkstatt bringen, und zwar für alle Arten von Aufträgen. Gehen Sie damit in eine andere Werkstatt, kann die Garantie leicht verfallen.

Auch wenn Sie Wert darauf legen, dass das Serviceheft beim Verkauf des Wagens lückenlos geführt ist, sollte er immer beim Vertragshändler betreut werden. Im allgemeinen ist das allerdings die teuerste unter den Möglichkeiten, doch sie gibt Ihnen die Sicherheit, dass die Ausführung aller Arbeiten und die eingebauten Ersatzteile den Werksvorschriften entsprechen.

Besteht keine Garantie mehr und brauchen Sie für Ihr Auto neue Reifen, Teile der Abgasanlage, Stoßdämpfer oder eine neue Kupplung, so bieten sich zahlreiche Spezialbetriebe an. Sie berechnen häufig einen Pauschalpreis, der alles einschließt – zumeist auch eine umfassende Garantie – und sind oft bedeutend preisgünstiger als die Vertragswerkstatt.

Wenn Sie nicht die höheren Preise einer Vertragswerkstatt bezahlen wollen, kommt womöglich als Alternative eine der kleineren unabhängigen Werkstätten in Betracht. Wenn Sie vorhaben, Ihr Auto in eine Werkstatt zu bringen, lohnt es sich, mehrere in der Nähe liegende Firmen aufzusuchen und sich den Preis der bevorstehenden Reparatur geben zu lassen, und zwar einen schriftlich vorgelegten Festpreis. Achten Sie darauf, was dieser Preis einschließt (siehe nächste Seite »Was wird's kosten?«).

Hat die Werkstatt einen guten Ruf?

Suchen Sie die Werkstatt auf und reden Sie mit einem der Mechaniker, um ein Gefühl zu bekommen für Arbeitseifer und Wissensstand der Leute und für den Service, den Sie erwarten können. Der kann nämlich in einem kleinen Team besser sein als in einem großen Betrieb. Nur leider gibt es eben auch ein paar »schwarze Schafe« unter den Kleinbetrieben, die man sicher meiden sollte.

Kleinere Werkstätten bieten dem Kunden nicht unbedingt den vornehmen Rahmen der Großen mit teppichbelegtem Warteraum, Kaffee und kostenlosem Ersatzwagen; doch bedenken Sie, dass all dies bei der Vertragswerkstatt nachher irgendwo in der Rechnung enthalten ist.

Fragen Sie Ihre Bekannten, ob sie mit dieser oder jener Werkstatt, die Sie aufsuchen wollen, bereits Erfahrungen gemacht haben. Der Ruf einer Firma ist sehr wichtig, und oft ist es besser, ein paar Mark mehr zu zahlen und das Auto in eine Werkstatt zu bringen, die für saubere Arbeit bekannt ist.

Ein Problem beschreiben

Wie erklären Sie es dem Monteur oder dem Kundendienstberater, wenn Sie mit einem Problem in die Werkstatt kommen? Sie wissen ja, dass Sie die Arbeit nach Stunden bezahlen müssen; also kann jede zusätzliche Information, die Sie geben können, bares Geld sparen.

Wenn Sie ein Problem nicht genauer identifizieren konnten, sind dies die Fragen, die man Ihnen wahrscheinlich stellen wird:

- Tritt der Fehler dauernd auf oder nur hin und wieder?
- Tritt das Problem bei kaltem oder bei warmem Motor auf oder in beiden Fällen?
- Gibt es noch andere Symptome (Geräusche, Vibrationen usw.)?
- Wird der Wagen regelmäßig gewartet?
- Haben Sie in letzter Zeit irgend etwas am Wagen machen lassen?

Tritt das Problem dauernd auf, führt man es am besten bei einer kurzen Probefahrt vor.

Treten Fehler und Störungen nur hin und wieder auf, ist ihre Ortung und Behebung oft schwierig. Kommen sie nur zu bestimmten Zeiten (oder unter besonderen Umständen) vor, fahren Sie rasch in die Werkstatt, wenn sie erkennbar sind. Die meisten mechanischen Problemfälle sind relativ leicht aufzuspüren; beim Motor kann es allerdings schwieriger werden. Manchmal hat die Werkstatt keine andere Wahl, als verschiedene Teile auszuwechseln, bis der Fehler endlich behoben ist. Das kann natürlich teuer werden.

Verlangen Sie Festpreise stets schriftlich (was freilich nicht immer möglich sein wird); aber andernfalls kann es böse Überraschungen geben, wenn man Ihnen die Rechnung präsentiert.

Was enthält die Rechnung?

Die Positionen einer Werkstattrechnung teilen sich zumeist in drei Kostenarten: Arbeit, Teile und Verbrauchsstoffe. Arbeitskosten richten sich nach der vom Personal benötigten Zeit (in Stunden) bzw. nach den vom Herstellerwerk festgelegten »Richtpreisen«. Teile – das sind alle zur Durchführung der Arbeiten erforderlichen Ersatzteile. Verbrauchsstoffe sind eingefüllte Öle und Flüssigkeiten, Reinigungsmittel usw.

Lassen Sie sich die Rechnung in jedem Fall aufschlüsseln, damit Sie genau wissen, welche Leistungen sie enthält.

Wenn man Ihnen den Arbeitspreis nennt, stellen Sie ruhig folgende Fragen:

- Welcher Stundenpreis wird berechnet?
- Wie lange sollte die Reparatur dauern?
- Werden in der Werkstatt Original-Ersatzteile oder Fremdfabrikate verwendet?
- Ist die Mehrwertsteuer eingeschlossen?
- Wird eine Garantie erteilt? (Fragen Sie nach Einzelheiten)

Schätzpreise vergleichen

Vergessen Sie beim Vergleich mit anderen Angeboten nicht, dass Preise verschiedener Firmen unterschiedlich strukturiert sein können. Die Original-Ersatzteilpreise können Sie beim Vertragshändler erfragen, die der Fremdprodukte eventuell im Zubehörhandel. Die Werkstatt erhält ihren Rabatt auf diese Preise und verrechnet Ihnen natürlich den höheren »Verkaufspreis«.

Müssen neue Teile eingebaut werden, erkundigen Sie sich, ob eine Garantie auf Teile und Arbeit erteilt wird, und wenn nein, warum nicht.

Die Angebote sollten einigermaßen übereinstimmen. Beim Vergleichen lassen sich eventuelle Diskrepanzen und verdächtige Positionen herausfinden. Fragen Sie, wenn Ihnen etwas unverständlich ist.

Wenn Sie beschlossen haben, die Arbeiten in Auftrag zu geben, bitten Sie um sofortigen Anruf, falls sich bei der Arbeit Mehraufwand ergeben sollte. Andernfalls werden viele Werkstätten die zusätzliche Arbeit auch so ausführen und den Mehraufwand in Rechnung stellen.

Was wird's kosten?

Wenn immer Sie eine Arbeit in Auftrag geben wollen, verlangen Sie zuvor einen schriftlichen Festpreis. Es ist sinnvoll, Kostenvoranschläge von mehreren Werkstätten einzuholen und zu vergleichen. Hüten Sie sich vor mündlich, besonders vor telefonisch abgegebenen Schätzungen. Wenn die Rechnung später viel höher ist, haben Sie ohne schriftliches Angebot nichts Konkretes in der Hand.

Rechnung prüfen

Verlangen Sie stets eine aufgeschlüsselte Rechnung mit Einzelangaben für alle Kostenarten, um erkennen zu können, welche Arbeiten ausgeführt wurden.

- Prüfen Sie die Einzelheiten der Rechnung gegenüber dem genannten Festpreis und beanstanden Sie jede Abweichung. Lassen Sie sich gegebenenfalls erklären, was »Verschiedenes« bedeutet.
- Vergleichen Sie die Arbeitskosten mit dem Ihnen genannten Stundenpreis der Werkstatt. Prüfen Sie die Preise aller aufgeführten Ersatzteile (siehe vorige Seite: »Was enthält die Rechnung?«).
- Prüfen Sie nach, ob die berechneten Arbeiten tatsächlich durchgeführt wurden (siehe nächste Seite: »Arbeiten überprüfen«). Sofern es die geringsten Zweifel gibt, dass nicht ausgeführte Arbeiten dennoch berechnet wurden, befragen Sie den betreffenden Mechaniker.

Erst wenn Sie sicher sind, dass die Rechnung stimmt, geht es ans Bezahlen.

Die Sprache der Monteure verstehen

Im Gespräch mit dem Monteur über die auszuführenden Arbeiten sollten Sie sich nicht »einwickeln« lassen. Bei den Fachausdrücken können Ihnen unser »Glossar« und die Erläuterungen in diesem Buch zur Arbeitsweise der verschiedenen Bauteile des Autos behilflich sein. Sorgen Sie dafür, dass Sie verstehen, welche Arbeiten die Werkstatt ausführen wird. Fragen Sie, ob es Probleme geben kann, etwa wenn Schrauben festgefressen oder abgerissen sind, wodurch die Arbeit erschwert wird.

Manchmal weist ein Mechaniker auf andere potenzielle Probleme hin, während er an Ihrem Wagen arbeitet; so z.B. wenn er findet, die Bremsscheiben und -beläge müssten bald ersetzt werden. Sehen Sie sich deren Zustand an oder lassen Sie es sich vom Monteur zeigen. Im Zweifelsfall bitten Sie einen anderen Fachmann um sein Urteil.

Arbeiten überprüfen

Wenn Teile Ihres Wagens erneuert wurden, legen viele Werkstätten die ausgebauten Teile in den Kofferraum, damit Sie sehen können, dass die Arbeit ausgeführt wurde und auch notwendig war. Wo dies nicht üblich ist, bitten Sie schon beim Bringen des Wagens, die ausgebauten Teile für Sie aufzubewahren.

War das Motoröl zu wechseln, achten Sie darauf, dass ein neues (sauberes) Ölfilter montiert wurde, und kontrollieren Sie am Ölpeilstab, ob frisches Öl im Motor ist. Im allgemeinen erkennt man, an welchen Stellen des Autos gearbeitet wurde, denn daherum ist es sauberer als am restlichen Fahrwerk.

Wurden Arbeiten ausgeführt, bei denen Abdichtungen eine Rolle spielen, so legen Sie über Nacht unter den geparkten Wagen ein Stück Pappe oder Papier. Am anderen Morgen sehen Sie dann, ob alles dicht ist. Gibt es Leckstellen, bringen Sie das Auto gleich zurück und lassen sie kostenlos richten (nur wenn die Arbeit mit dem ausgeführten Auftrag nichts zu tun hat, müssen Sie dafür bezahlen).

Mussten bei der Arbeit die Räder abgenommen werden, so lohnt es sich, an Ort und Stelle zu probieren, ob Sie mit Ihrem Werkzeug notfalls auch die Schrauben lösen können (siehe Seite 105: »Ein Rad abnehmen«).

Garantie

Garantie sollte es natürlich beim Kauf jedes Neuwagens, aber auch bei Gebrauchtwagen geben. Ebenso selbstverständlich sollte es sein, dass auf Werkstattarbeit und Neuteile eine Garantie gewährt wird.

Bei Neuwagen kann die Garantie sehr umfangreich sein und in manchen Ländern sogar die Mitgliedschaft in einem Automobilklub einschließen. Auch auf mehrere Jahre verlängerte Garantiezeiten werden häufig angeboten. Prüfen Sie genau, was von einer solchen erweiterten Garantie abgedeckt wird (gibt es Beschränkungen in den Ansprüchen und wird irgendetwas ausgeschlossen?), und wägen Sie Wert und Kosten der Zusatzgarantie ab. Für das »ruhige Gewissen« muss man oft viel Geld bezahlen und ist außerdem gezwungen, Wartungsdienste in der Vertragswerkstatt ausführen zu lassen.

Beim Kauf eines Gebrauchtwagens ist wichtig zu wissen, was die Garantie abdeckt. Häufig sind Garantieansprüche nach oben so eng begrenzt, dass die Leistungen nur für sehr kleine Probleme in Anspruch genommen werden können. Wenn Sie dann für die Garantie extra zahlen müssen, sollten Sie das Kleingedruckte genau lesen – wahrscheinlich werden Sie feststellen, dass sich der Mehrpreis nicht rentiert.

Wenn Sie Arbeiten ausführen lassen, bei denen Neuteile eingebaut werden müssen (besonders Austauschmotoren, -getriebe usw.), achten Sie darauf, dass man Ihnen auf Material und Arbeit Garantie einräumt, denn das schützt Sie später vor Ärger, wenn Fehler an den Bauteilen oder an der Arbeit auftreten sollten. Auf der Rechnung muss vermerkt sein, dass und für welche Dauer die Arbeiten von der Garantie abgedeckt sind.

Kauf von Ersatzteilen

Um sicher zu sein, dass Sie die richtigen Teile bekommen, müssen Sie Modell und Baujahr und zuweilen auch die Fahrgestellnummer Ihres Wagens angeben können. Im Bedienungshandbuch steht, wo Sie die Fahrgestellnummer finden. Manchmal hilft es auch, die alten Teile zur Ansicht mitzunehmen. Aggregate wie Anlasser und Generator gibt es häufig im Tausch.

Zubehörhandel

Hier erhalten Sie vor allem die Dinge, die Sie zur Wartung und Pflege des Autos brauchen. In seriösen Geschäften sind sie von gleich guter Qualität wie die vom Werk verwendeten Teile.

Neben solchem Material bieten diese Geschäfte auch Werkzeuge und normales Zubehör (Lacke, Reiniger usw.) an, haben vernünftige Öffnungszeiten und sind zumeist preisgünstiger. Einige von ihnen können Ihnen praktisch das gesamte für Ihre Hobby-Reparaturen erforderliche Material liefern oder bestellen.

Autoteile-Shops

Vielfach findet man auch Firmen, die Autoteile der verschiedensten Marken, insbesondere alle wichtigen Verschleißteile, anbieten und das Material für die Reparaturen an größeren Baugruppen des Wagens (z.B. Dichtungen und Teile der Bremshydraulik, Lagerschalen, Kolben und Ventile für den Motor) beschaffen können.

Reifen- und Auspuffspezialisten

Das sind entweder unabhängige Firmen, oder sie gehören einer Kette an. Sie sind in der Regel billiger als Vertragshändler und als die »Werkstatt nebenan«. Erkundigen Sie sich aber, was als »Extras« hinzukommt; zum Reifenpreis addieren sie gewöhnlich noch Montage, Auswuchten und neue Ventile hinzu.

Andere Bezugsquellen

Hüten Sie sich vor dem Kauf bei »fliegenden Händlern« aller Art. Ihre Waren müssen nicht unbedingt schlecht sein, doch bei Reklamationen haben Sie kaum eine Chance, Ihr Recht zu bekommen. Bei sicherheitsrelevanten Artikeln wie etwa Bremsbelag kommt sogar noch das Unfallrisiko hinzu.

Unter gewissen Voraussetzungen kann es sich rentieren, Teile bei einer Autoverwertung zu kaufen. Doch für diese Art Einkäufe ist es am besten, wenn man selbst oder ein Bekannter ausreichend Erfahrung mit Hobby-Reparaturen hat.

Vertragswerkstätten

Hier bekommen Sie am ehesten die ganz individuell auf Ihre Automarke und Ihr Modell zugeschnittenen Teile (z.B. das Markenlogo, Innenverkleidungsteile, Blechteile der Karosserie usw.). Und solange die Garantie für Ihr Auto gilt, sollten Sie Autoteile ohnehin nur beim Vertragshändler kaufen.

Ein Auto verkaufen

Wenn Sie Ihr Auto verkaufen wollen, müssen Sie sich zuerst einmal über den Preis klar werden, den Sie verlangen wollen. Sie finden Hinweise dazu in den Gebrauchtwagenlisten, die bei Fachzeitschriften, Klubs usw. erhältlich sind. Ausschlaggebend für den erzielbaren Preis sind Baujahr, Zustand und gefahrene Kilometer Ihres Autos. Verlangen Sie nicht zu viel, aber etwas mehr als Sie unbedingt erzielen wollen. Dann bleibt Ihnen noch ein Verhandlungsspielraum.

Liegt der Wunschpreis fest, wäre die Anzeige aufzugeben. Ihre Lokalzeitung und die Fachblätter nehmen Anzeigen zu angemessenen Preisen auf. Wenn Sie sich an einen bestimmten Käuferkreis wenden wollen, platzieren Sie eine Anzeige in einem speziellen Auto-Anzeigenblatt.

Überlegen Sie sich den Text gut. Geben Sie mit wenigen Worten so viel positive Information wie möglich. Erwähnen Sie Modell und Hubraum, lückenlose Wartung (wenn's der Fall ist), Farbe, Baujahr, Kilometerstand, Zustand und wichtige Extras. Wenn Sie Erstbesitzer sind, sollten Sie das ebenfalls anführen.

Denken Sie daran, was den potenziellen Käufer interessiert (siehe nächste Seite: »Gebrauchtwagenkauf«). Natürlich sollte der Wagen zum Verkauf sauber und gut »in Schuss« sein; der erste Eindruck ist meistens entscheidend. Wenn's irgendwo ein Leck gibt, muss es zuvor abgedichtet werden. Auf keinen Fall dürfen Sie erhebliche Mängel an der Karosserie (Unfälle) oder am Fahrwerk verschweigen. Sorgen Sie dafür, dass Serviceheft, Papiere, TÜV-Protokoll usw. vorliegen. Wenn der nächste TÜV- oder AU-Termin bald bevorsteht, sehen Sie zu, dass Sie mit möglichst wenig Aufwand die neuen Plaketten bekommen – das erleichtert den Verkauf des Autos enorm.

Der Wagen verkauft sich auch besser und schneller, wenn man ihn in der richtigen Jahreszeit anbietet. Im Frühling und Sommer ist die Nachfrage deutlich größer als im Herbst und Winter.

Wenn Sie den Wagen beim Neukauf in Zahlung geben, wird der erzielbare Preis voraussichtlich niedriger sein als beim Privatverkauf. Verkaufen Sie das Auto privat, lassen Sie den Käufer auf keinen Fall damit wegfahren (und geben Sie den Kfz-Brief nicht aus der Hand), ehe er bezahlt hat. Machen Sie einen schriftlichen Kaufvertrag, aus dem hervorgeht, dass der Käufer den Wagen »wie besehen« akzeptiert, nur für den Fall, dass es später Probleme damit geben sollte. Quittieren Sie den Erhalt des Kaufpreises.

Ein neues Auto kaufen

Das ist die teuerste Möglichkeit, aber auch die sicherste – Sie schützen sich dadurch vor allem Ärger, den es mit dem Auto geben könnte.

Wahl des Händlers
Suchen Sie in den »Gelben Seiten« den oder die örtlichen Händler der Marke, die Sie kaufen wollen. Sind es mehrere, lohnen sich ein paar Anrufe. Denn es ist nicht sicher, dass ihre Angebote identisch sind, nur weil sie das gleiche Auto verkaufen.

Was ist inbegriffen?
Wenn Sie das Auto gefahren haben und Einzelheiten und Farbe nach Ihren Wünschen festliegen, erfragen Sie, was alles im Kaufpreis enthalten ist (Zulassung, Kennzeichen, Überführung...?). Die meisten Neuwagen sind mit einer umfassenden Garantie (evtl. mit erweiterter Dauer) ausgestattet, zu der oft auch eine »Mobilitätsgarantie« gehört (schließt Pannenhilfe/Ersatzwagen ein).

Feilschen Sie!
Sofern Sie nicht ein ganz besonders gefragtes Modell erwerben, ist der Listenpreis der absolute Höchstpreis. Der Verkäufer hat aber gewiss noch einen Spielraum, also feilschen Sie! Das hat am ehesten Erfolg, wenn Ihr Kauf in eine Zeit mäßiger Umsätze fällt, beispielsweise um Weihnachten herum.

Gebrauchtwagenkauf

Am sichersten ist es, bei einem seriösen Gebrauchtwagenhändler zu kaufen. Riskanter ist das Ersteigern auf Auktionen (nichts für Normalbürger) oder der Kauf aus Privathand. Wenn Ihnen eine fachmännische Überprüfung zu teuer ist, nehmen Sie wenigstens einen Freund mit, der etwas davon versteht, und achten Sie auf die folgenden Punkte.

• **Kaufen Sie nicht das erstbeste Auto, das Ihnen gefällt.** Wenn Sie Ihr Traummodell noch nie gefahren haben, sollten Sie zuvor zum Vergleich einige Probefahrten mit verschiedenen Exemplaren machen.

• **Wenn Sie von Privat kaufen, bitten Sie um das Serviceheft und das TÜV-Protokoll.** Damit läßt sich nebenher feststellen, daß das Auto nicht gestohlen und der Tachostand nicht »getürkt« ist. Verlangen Sie stets, das Auto an der Privatadresse des Verkäufers zu besichtigen, um sicher zu sein, daß es sich nicht um einen skrupellosen Händler handelt, der sich als Privatmann ausgibt.

• **Lassen Sie sich von einem hohen Kilometerstand nicht abschrecken.** Die meisten modernen Autos halten 150 000 Kilometer und mehr ohne größere Probleme durch, wenn sie gut gewartet werden. Ein Fahrzeug, das hohe Kilometerleistungen auf Autobahnen zurücklegt, kann in besserem Zustand sein als eines mit wenig Kilometern, das überwiegend auf Kurzstrecken läuft.

• **Prüfen Sie genau das Serviceheft.** Das beim Neuwagen mitgelieferte Heft muß von einer Vertragswerkstatt nach jedem Service ausgefüllt und abgestempelt worden sein. Ein Auto mit lückenlos geführtem Serviceheft wird beim Verkauf am höchsten einzustufen sein. Ist es drei Jahre alt oder älter, sollten TÜV- und AU-Plakette (Abgasuntersuchung) nicht viel mehr als ein paar Monate alt sein.

• **Besichtigen Sie das Auto nicht im Dunkeln oder bei Regen.** Nasser Lack kann über den wahren Zustand der Lackierung hinwegtäuschen.

• **Prüfen Sie den angegebenen Tachostand und überlegen Sie, ob er stimmen kann.** Bei einem Auto mit vielen Tausend Kilometern sind gewöhnlich der Sitzbezug des Fahrers, der Belag im Fußraum und die Pedalgummis deutlich abgenutzt.

• **Untersuchen Sie den Wagen auf Roststellen und auf Lackausbesserungen, die auf einen Unfall schließen lassen.** Kontrollieren Sie die Reifen auf ungleiche Abnutzung oder Beschädigungen. Prüfen Sie auch, ob der Wagen rundum gleich hoch auf den Federn steht, oder ob er an einer Ecke »hängt«.

• **Öffnen Sie die Motorhaube.**Schauen Sie, ob sichtbare Leckstellen (Öl, Wasser, Bremsflüssigkeit) vorhanden sind. Lassen Sie den Motor an und horchen Sie auf verdächtige Geräusche. Qualmt es aus dem Auspuff? Blauer Rauch weist meistens auf hohen Verschleiß im Motor hin, und die Reparatur kann teuer werden.

• **Probieren Sie Schlüssel und Schlösser.** Ein einziger Schlüssel sollte für alle Schlösser und das Zündschloss passen. Wenn nicht, kann das ein Zeichen dafür sein, dass das Auto einmal gewaltsam geöffnet und ein oder mehrere Schlösser ausgewechselt wurden.

• **Fahren Sie den Wagen probe und testen Sie Bremsen, Lenkung und Getriebe.** Achten Sie besonders darauf, ob der Wagen nach einer Seite verzieht, ob die Lenkung korrekt arbeitet und sich das Getriebe einwandfrei schalten lässt; achten Sie auch auf ungewöhnliche Geräusche und Schwingungen. Beobachten Sie die Instrumente und Warnleuchten.

• **Lassen Sie sich Zeit mit dem Kauf.** Es gibt noch eine Menge anderer Autos, die Sie sich ansehen können.

Gehen Sie sicher!

Es gibt Organisationen, die für wenig Geld nachprüfen, ob das Fahrzeug nicht mit unbeglichenen Forderungen des Vorgängers belastet oder auf der »schwarzen Liste« einer Versicherung steht. Schuldet der Besitzer noch Geld aus einer Finanzierung, so kann sich das Institut Eigentumsrechte vorbehalten haben, und Sie sind dann der Dumme. Das gleiche gilt, wenn Sie in gutem Glauben ein gestohlenes Auto erwerben.

Fallen beim Gebrauchtwagenkauf

Viele Händler bieten umfassende Garantien auf den Gebrauchten. Hüten Sie sich aber vor unlauteren Angeboten. Häufig sehen die Garantieansprüche nur auf den ersten Blick gut aus. Bauteile, die dem Verschleiß unterliegen, wie Kupplungs- und Bremsbelag, Keilriemen und Kühlwasserschläuche – Dinge, die bei älteren Autos die häufigsten Probleme bereiten – sind fast immer von der Garantie ausgeschlossen. Wenn Sie dann für die Garantie extra zahlen müssen, sollten Sie das Kleingedruckte genau lesen – wahrscheinlich werden Sie feststellen, dass sich der Mehrpreis nicht rentiert.

Die Kfz-Versicherung

Versicherungsprämien verschiedener Gesellschaften können weit auseinandergehen; stellen Sie Vergleiche an. Versicherungen sind ein großes Geschäft, und außer dem Bonus-/Malus-System werden auch noch Spezialtarife für individuelle Fälle angeboten, z.B. für Fahrer bestimmter Altersgruppen, für Führerschein-Neulinge, für Wenigfahrer, bei ständiger Unterstellung in der Garage usf.

Die beste Art, bei Versicherungen Geld zu sparen, ist unfallfreies Fahren. Aber es lohnt sich, die Prämienunterschiede, die sich bieten, voll zu nutzen. Hier sind noch einige weitere Möglichkeiten, billiger zu fahren.

Welche Versicherungsarten kommen in Frage?

Die Vollkasko-Versicherung deckt jeden Schaden an Ihrem Auto ab, auch wenn Sie gegen Ihr Gartentor fahren. Diebstahl, Einbruch, Feuer und Glasschäden sind hier mitversichert. Eine Teilkasko-Versicherung deckt dagegen nur die letztgenannten Risiken ab. Vernünftigerweise vereinbart man in beiden Fällen eine Selbstbeteiligung, bis zu deren Höhe man Schäden selber trägt. Das reduziert die Versicherungsprämie. Eine Insassen-Unfallversicherung dient der finanziellen Absicherung von in Ihrem Wagen verunglückten Personen (bei Tod, Invalidität usw.), und zwar ohne Rücksicht auf die Schuldfrage.

Der Abschluss einer der vorstehenden Versicherungsarten ist freiwillig. Was der Gesetzgeber dagegen zwingend vorschreibt, ist die Haftpflicht-Versicherung. Sie deckt die Schäden ab, für die Sie selbst haften, für die Sie die Verantwortung tragen. Da Schäden an anderen Fahrzeugen, Personen und Sachen überaus teuer werden können (einschließlich Schadenersatz, Schmerzensgeld usw.), empfiehlt es sich, gegen geringen Aufpreis eine sehr hohe oder »unbegrenzte« Deckungssumme abzuschließen.

Für Reisen ins Ausland sollten Sie vorsorglich die »Grüne Versicherungskarte« dabei haben, die Ihnen von Ihrer Haftpflicht-Versicherung auf Verlangen unentgeltlich ausgestellt wird.

Welche Angaben benötigt die Versicherung?

Informieren Sie Ihre Versicherungsgesellschaft stets genau und beantworten Sie Fragen in jedem Fall wahrheitsgetreu. Werden wichtige Angaben »vergessen« oder unrichtig gemacht, kann Ihr Versicherungsvertrag nichtig werden. Bei einem Unfall könnten Sie ernste Probleme bekommen.

Im allgemeinen werden die Versicherungen Ihnen etwa die folgenden (zuweilen noch einige weitere) Fragen stellen:

- Name und volle Adresse
- Geburtsdatum
- Beruf, Branche
- Führerscheinklasse/Datum der Ausstellung
- Hersteller, Modell und Daten des Fahrzeugs
- Erstzulassung des Wagens
- Art und Verwendung des Wagens (privat/geschäftlich)
- Vorversicherungen; Schadenfreiheitsrabatte
- Gewünschte Versicherungsarten/Tarife und in besonderen Fällen:
- Erstbesitzer des Wagens?
- Voraussichtliche Jahres-Fahrstrecke?
- Regelmäßiges Parken in geschlossenen Garagen?
- Kilometerstand des Fahrzeugs
- Nur vom Besitzer oder Partner(in) gefahren?

Wie lassen sich die Prämien reduzieren?

Für den Führerschein-Neuling ist der Einstieg in die Kfz-Versicherung besonders teuer, da von ihm für eine gewisse Zeit eine sehr viel höhere als die normale Prämie verlangt wird. Nach einigen (unfallfreien) Jahren erreicht er dann die Standardprämie.

Günstige Spezialtarife werden heute angeboten, wenn Sie nur geringe Jahres-Kilometer fahren, Ihr Wagen stets in Garagen steht, nur Sie oder Ihr(e) Partner(in) am Steuer sitzen usw. Bei teuren Kaskoversicherungen (die Prämien werden für den einzelnen Typ bzw. das Modell nach dessen Schadenshäufigkeit festgelegt) rentiert sich das Vereinbaren einer Selbstbeteiligung, bis zu deren Höhe Schäden selbst zu bezahlen sind. Das alles kann die Prämien erheblich reduzieren.

Bonus für unfallfreies Fahren

Die beste Art, bei Versicherungen Geld zu sparen, ist, wie gesagt, unfallfreies Fahren, denn dann wird Ihnen im Laufe der Jahre ein immer höherer Schadenfreiheits-Rabatt (SFR oder »Bonus«) eingeräumt. Jeder Versicherungsfall, für den die Gesellschaft berappen muss, wirkt sich nachteilig auf den SFR aus. Daher müssen Sie bei kleineren Schäden selbst entscheiden, ob es sich für Sie rentiert, die Kosten eventuell selbst zu tragen.

Vergleich der Angebote

Unter den angebotenen Versicherungen gibt es manch einen Unterschied in der Prämiengestaltung und bei den Leistungen bzw. der Kombination von Leistungen. Zum Beispiel kann es sein, daß der Ersatz einer gesprungenen Windschutzscheibe bei der Teil- oder Vollkasko-Versicherung ohne Wirkung auf den Schadenfreiheits-Rabatt (SFR) bleibt. Auch die Frage, in wieweit der Versicherer ein Ersatzauto für die Dauer der Reparaturen bezahlt, wird unterschiedlich gehandhabt. Größere Versicherungsgesellschaften arbeiten mit eigenen Reparaturwerkstätten zusammen, so daß für Sie die Werkstattwahl und der Preisvergleich entfallen. Eventuell wird das Abholen und Bringen Ihres Wagens auch von der Versicherung arrangiert. Wenn immer Sie die Versicherungsprämien miteinander vergleichen, sollten Sie daher auf solche Unterschiede in den Leistungen achten.

Oft enthält das Angebot des Versicherers auch eine Rechtsschutzversicherung; manchmal ist diese bereits im Gesamtumfang enthalten. Sie kann sehr wertvoll sein, wenn es darum geht, Ansprüche gegenüber Dritten besonders bei von Ihnen nicht verschuldeten Unfällen durchzusetzen.

Anmeldung eines Anspruchs

Lesen Sie bitte in Ihren Versicherungsunterlagen, was zu tun ist, um einen Anspruch zu melden.

Bei Unfall, Autodiebstahl oder Einbruch ist die Versicherung umgehend zu informieren. Verlangt wird das genaue Ausfüllen der Schadenmeldungen mit allen Details des Hergangs. Sorgen Sie dafür, dass die Versicherung so viel Information wie nur möglich erhält. Wenn Sie an einem Unfall beteiligt sind, versuchen Sie Namen und Adressen von unbeteiligten Zeugen zu erhalten.

Pannenhilfsdienste

Wenn Sie irgendwo mit einer Panne liegen bleiben, können eventuell hohe Kosten auf Sie zu kommen. Hilfeleistungen von Werkstätten und Abschleppfirmen sind – besonders bei Pannen auf der Autobahn – teuer. So kann oft das Abschleppen mehr kosten als ein ganzer Jahresbeitrag bei einer Pannenhilfe-Organisation oder einem Automobilklub. Ohne eine solche Mitgliedschaft wird Ihr Wagen gerade zur nächstliegenden Werkstatt geschleppt, wo dann erst die eigentlichen Reparaturkosten beginnen. Dauert die Reparatur länger, so sitzen Sie möglicherweise in irgendeinem »Nest« ohne Fahrgelegenheit fest.

Die diversen Automobilklubs halten verschiedene Leistungspakete bereit, und darunter ist sicher eines, das Ihren Ansprüchen entspricht. Man wird Ihnen anbieten, Ihr Fahrzeug je nach Wunsch entweder zum Fahrtziel oder zu Ihrem Wohnort zu befördern, während andernfalls der Wagen nur zur nächstgelegenen Werkstatt gebracht wird. Ebenso gibt es Angebote, die Ihnen helfen, wenn das Auto zu Hause nicht anspringen will, und solche, die auch bei Pannen im Ausland alle möglichen Aufenthalts-, Beförderungs- und sprachlichen Probleme für Sie lösen.

Besorgen Sie sich Informationen mehrerer Pannenhilfe-Organisationen oder Automobilklubs und lesen Sie deren Bedingungen genau, bevor Sie entscheiden, welches Angebot für Ihre Bedürfnisse passt. Prüfen Sie sorgfältig, was in dem Paket enthalten ist und wo möglicherweise Leistungsgrenzen bestehen.

Glossar

Das folgende Stichwortverzeichnis soll keine Übersetzung vom »Fach-Chinesisch« ins Deutsche sein; es soll Ihnen aber helfen, einige der häufig benutzten Ausdrücke zu verstehen, die Sie im Gespräch mit den Leuten in der Werkstatt (oder auch mit denen am Stammtisch) immer wieder hören.

ABS – Antiblockiersystem. Drehzahlsensoren an allen vier Rädern melden einem Steuergerät, wenn das jeweilige Rad kurz vor dem Blockieren ist. Der Bremsdruck am Rad wird abwechselnd verringert und erhöht und das Blockieren verhindert. Siehe Kapitel 12, Seite 109.

Achsschenkel – Bauteil der Vorderradaufhängung, schwenkt beim Lenken um die Lenkdrehachse. Auf dem Achsschenkel ist das Vorderrad gelagert.

Achstrieb (Vorder-, Hinterachstrieb) – Vorderachstrieb: Baugruppe, die ein Stirnradpaar und das Differenzial zum Antrieb der Gelenkwellen vom Getriebe aus enthält. Bei Hinterradantrieb sind in einem eigenem Gehäuse ein Kegelradsatz (»Teller- und Kegelrad«) und das Differenzial vereinigt. Siehe Kapitel 11, Seite 87.

Achswelle – Angetriebene Welle, starr oder mit Gelenken, an deren Nabe eines der Räder montiert ist.

Airbag – Aufblasbares Luftkissen, das bei Frontalaufprall des Autos auf ein Hindernis die Insassen vor Verletzung schützt. Gewöhnlich in die Lenkradnabe und die Schalttafel (evtl. auch in die Sitzlehnen = Seiten-Airbags) eingebaut. Siehe Kapitel 2 Seite 18.

Aktivkohlefilter (EVAP) – System zur Verminderung der Emission schädlicher Benzindämpfe aus dem Tank. Die Dämpfe werden in einem Filter aus Holzkohle gespeichert und später im Motor verbrannt. Siehe Kapitel 9, Seite 79.

Anlasser – Elektromotor, der zum Anlassen des Motors dient. Sein längs verschiebbares Ritzel wird zuerst in den großen Zahnkranz des Schwungrads eingespurt und dreht dann die Kurbelwelle. Siehe Kapitel 14, Seite 117.

Antriebsriemen – Normalerweise aus Gummigewebe-Material gefertigter Riemen, der über mindestens zwei Riemenscheiben läuft und von der Kurbelwelle aus Nebenaggregate oder die Nockenwelle(n) antreibt (als Keilriemen, Flachriemen oder Zahnriemen). Siehe Kapitel 9.

Antriebsstrang – Oberbegriff für den gesamten Antrieb eines Fahrzeugs mit Motor, Kupplung, Getriebe, Kardanwelle (soweit vorhanden), Achstrieb/Differenzial und Antriebswellen.

Aufbohren (Zylinder) – Verfahren zum Nacharbeiten der Zylinderbohrungen bei starkem Verschleiß. In die um ein geringes Maß vergrößerten Bohrungen werden entsprechend größere Kolben eingebaut. Nur nach langer Laufzeit erforderlich.

Ausdehnungsbehälter – Teil der modernen, unter Druck arbeitenden Kühlanlage. In diesen Behälter kann das infolge des Temperaturanstiegs sich ausdehnende Kühlmittel ausweichen. Siehe Kapitel 10.

Ausgleichgetriebe – Siehe Differenzial.

Ausgleichscheibe – Stahlscheibe, zumeist in verschiedenen Dicken, zum Ausgleich des Axialspiels beweglicher Bauteile.

Auspuffkrümmer – Sammelrohr, das die Abgase des Motors von jedem der Zylinder in die (gemeinsame) Abgasanlage leitet.

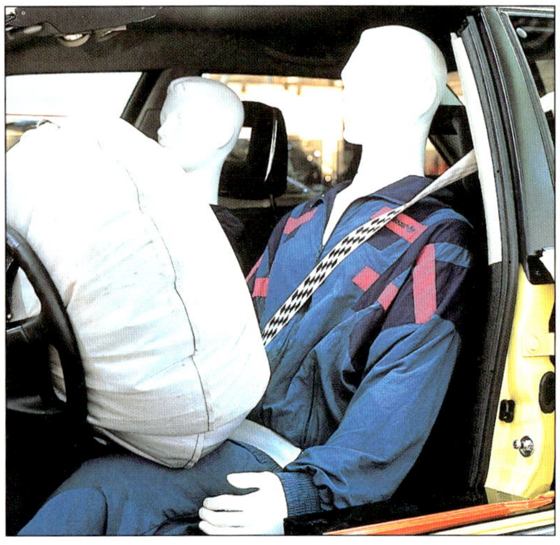

Ausrücklager (Kupplung) – Wälzlager, das axial gleitend auf einer Hülse vorn im Getriebegehäuse montiert ist, beim Auskuppeln vom Kupplungs-Ausrückhebel gegen die rotierende Tellerfeder gedrückt oder gezogen wird und dabei die Kupplungsscheibe freigibt. Siehe Kapitel 11, Seite 88.

Auswuchten (Räder) – Prüfen und Korrigieren eines Rades mit Reifen im Hinblick auf statische und dynamische »Unwucht«, d.h. auf Kräfte, die das Rad zu Flatter- oder Zitterbewegungen veranlassen könnten.

Automatikgurt – Sicherheitsgurt, der den Fahrzeuginsassen bei normaler Fahrt Bewegungsfreiheit lässt, aber blockiert wird, wenn das Auto stark verzögert wird oder die angegurtete Person plötzliche Bewegungen macht.

Axialspiel – Bewegungsfreiheit eines Bauteils in Achsrichtung, z.B. die seitliche Bewegung eines Pleuels auf dem Lagerzapfen der Kurbelwelle.

Batterie – (Akkumulatorenbatterie) »Reservoir«, in dem elektrische Energie gespeichert wird. Sie liefert den Strom zum Anlassen des Motors und für die übrigen Verbraucher bei stehendem Motor. Sie wird bei laufendem Motor vom Generator aufgeladen. Siehe Kapitel 14.

Blattfeder – Lange, schmale, gekrümmte Feder, zumeist als Paket aus mehreren Blättern zusammengesetzt. Heute nur noch bei Lkws, schweren Geländewagen und alten Autos mit hinterer Starrachse zu finden.

Bord-Diagnosesystem – Elektronische Überwachungsanlage für das Motor-Managementsystem. Sie lässt über den Fehlercode Fehlfunktionen erkennbar werden, die sich negativ auf Abgasemissionen, Leistung und Verbrauch auswirken können. Siehe Kapitel 9, Seite 78.

Boxermotor – Motorbauform, bei welcher die Zylinder einander gegenüberliegen; im allgemeinen sind gleich viele Zylinder auf jeder Seite der Kurbelwelle.

Bremsankerplatte – Stahlblechplatte, am Radträger (zumeist nur noch der Hinterräder) befestigt. Daran sind die Bremsbacken der Trommelbremse montiert. Siehe Kapitel 12, Seite 108.

Bremsbacken – Gekrümmtes Bauteil in der Trommelbremse, mit Bremsbelägen bewehrt. Die Backen werden beim Bremsen von innen gegen die Bremstrommel gedrückt. Siehe Kapitel 12, Seite 108.

Bremsbelag – Trommelbremse: auf die Bremsbacken aufgebrachter Reibbelag aus hitzebeständigem Werkstoff; Scheibenbremse: Mit aufvulkanisiertem Reibbelag versehene Metallplatte. Die Bremsbeläge werden von den Hydraulikkolben von beiden Seiten her beim Bremsen an die Bremsscheibe angedrückt.
Siehe Kapitel 12, Seite 107/108.

Bremse entlüften – Entfernen der unerwünschten Luft aus einer geschlossenen hydraulischen Bremsanlage.

Bremsflüssigkeit – Spezielles, hitzebeständiges Hydrauliköl für Bremsanlage (ggf. auch für Kupplungsbetätigung). Siehe Kapitel 8.

Bremsscheibe – Mit dem Rad umlaufende, häufig hohl gegossene (»belüftete« Bremsscheibe) Metallscheibe. Beim Betätigen der Bremse werden von beiden Seiten her die Bremsbeläge an die Scheibe angedrückt und verzögern dadurch Scheibe und Rad. Siehe Kapitel 12, Seite 107.

Bremsservo (Vakuum-Bremsverstärker) – Gerät, das die am Pedal aufgebrachte Kraft zum Betätigen des Hauptbremszylinders erhöht. Der Unterdruck, mit dem das Gerät arbeitet, kommt beim Benzinmotor vom Saugrohr, beim Dieselmotor von einer zusätzlichen Pumpe. Siehe Kapitel 12, Seite 108.

Bremstrommel – Mit dem Rad umlaufendes, schüsselförmiges Bauteil der Trommelbremse. Beim Betätigen der Bremse werden von innen her die beiden Bremsbacken an die Trommel angedrückt und verzögern dadurch Trommel und Rad. Siehe Kapitel 12, Seite 108.

Bremszange, -sattel – Bauteil, das am Radträger montiert ist und sattelförmig die Bremsscheibe übergreift. Enthält die Hydraulikkolben und Bremsbeläge. Siehe Kapitel 12, Seite 107.

Brennraum – Raum über dem Kolben, in dem dieser das Gemisch verdichtet, und in dem im Augenblick der Zündung die Verbrennung stattfindet. Der Brennraum kann auch zum Teil in den Kolbenboden eingelassen sein. Siehe Kapitel 9, Seite 65.

Choke (Vergaser) – Manuell oder automatisch betätigtes Klappenventil, das beim Kaltstart durch Drosselung der Luftzufuhr zum Motor das Gasgemisch anreichert.

CVT-Automatik – (Continuously Variable Transmission) Automatische, stufenlose Kraftübertragung mit je einer zweigeteilten, kegeligen Scheibe auf An- und Abtriebswelle. Durch axiales Verschieben der kegeligen Scheiben wird der wirksame Radius eines auf ihnen laufenden Keilriemens oder einer Lamellenkette stufenlos verändert, und damit auch die jeweils wirksame Übersetzung. Siehe Kapitel 11, Seite 92.

Diagnosesystem – Siehe Bord-Diagnosesystem.

Diagnose-Warnleuchte – Warnleuchte an der Schalttafel. Zeigt an, dass eine Fehlfunktion vorliegt und als solche im Steuergerät gespeichert wurde. Siehe Kapitel 9, Seite 72.

Dichtung – Verformbares Material, das zwischen zwei Oberflächen eingefügt wird, um gas- bzw. flüssigkeitsdichte Verbindungen zu schaffen.

Dieselmotor – Der »Selbstzünder« (Gegensatz: »Ottomotor«=Fremdzünder) arbeitet mit der durch Verdichtung reiner Luft im Zylinder entstehenden Temperatur, die ausreicht, um den zerstäubten Dieselkraftstoff zu entzünden. Hierfür ist freilich eine weit höhere Verdichtung erforderlich als beim Ottomotor. Siehe Kapitel 9, Seite 65.

Differenzial/Ausgleichgetriebe – Zumeist als Kegelrädertrieb ausgeführt, treibt es die beiden Räder einer Achse gemeinsam in gleicher Drehrichtung, erlaubt ihnen aber, sich bei Kurvenfahrt unterschiedlich schnell zu drehen. Siehe Kapitel 11, Seite 95.

Direkteinspritzung – Spezielle Bauart von Motoren, bei denen der Kraftstoff durch Düsen unmittelbar in die Brennräume eingespritzt wird. Siehe Kapitel 9, Seite 69.

DOHC – (Double Overhead Camshaft) Bezeichnung für einen Motor mit zwei obenliegenden Nockenwellen, von denen eine die Ein- und eine die Auslassventile betätigt. Dies erlaubt optimale Anordnung der Ventile in Bezug auf Leistung und Emissionen (strömungsgünstigere Kanalführung im Kopf).

Drehkolbenmotor – Siehe Wankelmotor.

Drehmoment – Die an einem Hebelarm wirkende Kraft, früher in mkp (Meter-Kilopond), heute in Nm (Newtonmeter) ausgedrückt (1 mkp = 9,81 Nm).

Drehmomentschlüssel – Werkzeug zum Anziehen von Schrauben und Muttern mit einem vorgegebenen Drehmoment.

Drehmomentwandler/»Wandler« – Eine Abart der Flüssigkeitskupplung, eingebaut anstelle einer mechanischen Kupplung zwischen Motor und Automatikgetriebe. Kann das Motordrehmoment nach Bedarf verändern. Siehe Kapitel 11, Seite 92.

Drehstabfederung/Torsionsfederung – Eine in manchen Automodellen angewandte Art der Federung, die auf der Verdrehung eines geraden Stabes (Drehstab) um seine eigene Achse beruht.

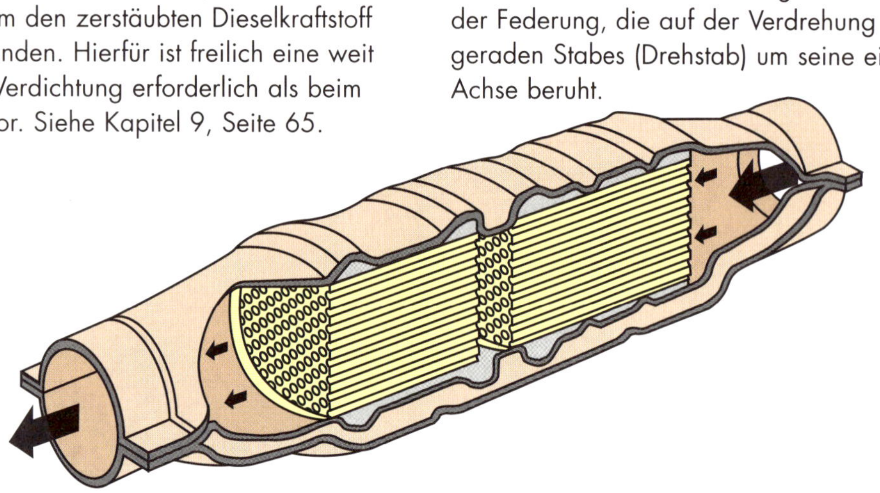

Drosselklappe – Vom Gaspedal betätigte Ventilklappe vor dem Saugrohr, die mehr oder weniger Luft zu den Einlaßventilen strömen läßt.

Drosselklappenschalter – Bauteil des Motor-Managementsystems, das dem Steuergerät die jeweilige Stellung der Drosselklappe signalisiert.

Druckfester Verschluß (Kühler) – Schraubkappe auf dem Ausdehnungsgefäß. Wirkt als Sicherheitsventil bei Über- und Unterdruck im Kühlsystem, um dieses vor Beschädigungen zu schützen. Siehe Kapitel 10, Seite 84.

EGR – (Exhaust Gas Recirculation) Abgasentgiftung: Ein Teil der Abgase wird der Ansaugluft wieder zugeführt, um unverbrannte Kraftstoffanteile weiter zu verbrennen. Siehe Kapitel 9, Seite 79.

Einscheiben-Sicherheitsglas – Scheibe aus thermisch behandeltem Glas in nur einer Schicht. Wenn die Scheibe zerspringt, zerfällt sie in viele kleine Teile mit stumpfen Kanten. Zerspringt sie beim Auftreffen eines Körpers nicht, wird der Durchblick stark behindert.

Einspritzdüse – Gerät, das den Kraftstoff direkt oder indirekt in den Brennraum eines Otto- oder Dieselmotors einspritzt. Siehe Kapitel 9, Seite 68/69.

Einspritzpumpe (Diesel) – Gerät, das beim Dieselmotor für die Zumessung der Kraftstoffmenge und die Einspritzung unter hohem Druck zum genau festgelegten Zeitpunkt sorgt. Siehe Kapitel 9, Seite 69.

Einspritzzeitpunkt (Diesel) – Die kurz vor dem Erreichen des oberen Totpunkts (OT) liegende Stellung des Kolbens, in welcher der Kraftstoff eingespritzt wird. Siehe Kapitel 9, Seite 69.

Einzelradfederung – Federungssystem, bei welchem jedes Rad ohne gegenseitige Wirkung auf die übrigen Räder des Wagens Auf- und Abbewegungen ausführt. Siehe Kapitel 12, Seite 98.

Elektrode – An der Zündkerze springt zwischen diesen Metallteilen der Zündfunke über; zwischen Verteilerfinger und Verteilerkappe sorgen Elektroden für die Übertragung des hochgespannten Stroms an die einzelnen Kerzen.

Elektrodenabstand (Kerze) – Einstellbare Distanz zwischen Plus- und Masse-Elektrode der Zündkerze. Siehe Kapitel 9, Seite 71.

Elektrolyt – Aus Schwefelsäure und destilliertem Wasser bestehende Flüssigkeit, die in der Batterie den Strom leitet.

Elektronische Einspritzung – Kraftstoffeinspritzung mit elektronischer Steuerung. Siehe Kapitel 9, Seite 68.

Elektronische Zündung – Zündanlage, die von einer Elektronik gesteuert wird, welche die Funktion des Verteilers und der Unterbrecherkontakte übernimmt. Siehe Kapitel 9, Seite 72.

Elektronisches Steuergerät – Elektronische Zentraleinheit, die Signale von diversen Sensoren empfängt, verarbeitet und entsprechende Befehle an Zünd-, Einspritz- und andere Systeme erteilt.

Emissionen/Abgasemissionen – Vom Auspuff und verschiedenen anderen Teilen des Autos (Tank, Kurbelgehäuse) in die Atmosphäre abgegebene (schädliche) Substanzen, die gasförmig oder als Partikel auftreten. Siehe Kapitel 9, Seite 78/79.

Emissionskontrolle – Oberbegriff für diverse Systeme zur Verminderung schädlicher Emissionen. Siehe Kapitel 9, Seite 78/79.

Endanschlag – Dämpfendes Gummiteil, das beim vollen Durchfedern auf schlechter Fahrbahn das Anschlagen der Radaufhängung an die Karosserie verhindert.

Entkohlen – Entfernen von Verbrennungsrückständen in den Brennräumen, den Kanälen und auf den Kolbenböden bei einer Motorüberholung.

Entlüftung – Öffnung oder Ventil, aus dem Luft oder Gase aus einem Gehäuse (z.B. Kurbelgehäuse) austreten bzw. in ein System eintreten können. Siehe Kapitel 9, Seite 79.

Entlüftungsnippel – Hohlschraube, durch welche nach dem Lösen zur Entlüftung eines geschlossenen Systems (Bremse, Kupplungsbetätigung) Luft und Flüssigkeit austreten können.

Entstörgerät – Gerät zur Beseitigung oder Unterdrückung elektrischer Störeinflüsse von der Zündung oder anderen Bauteilen der Elektrik.

Fading (Bremse) – Vorübergehendes Nachlassen der Bremsenfunktion infolge Überhitzung des Reibmaterials (vor allem bei Trommelbremsen).

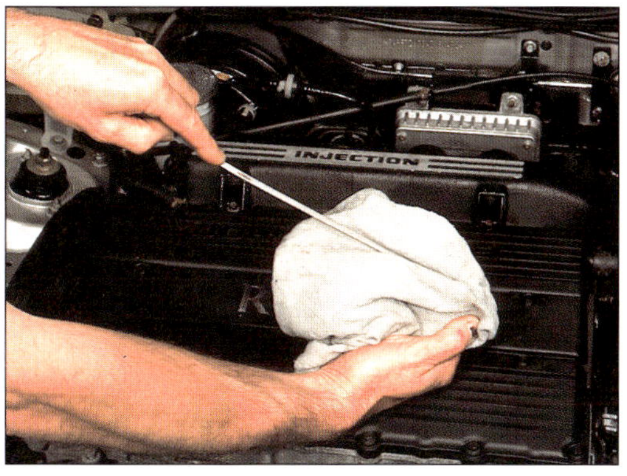

Federbein – Siehe McPherson.

Federung – Oberbegriff für die Bauteile eines Fahrzeugs, die der Isolierung der Karosserie von den Rädern dienen und dafür sorgen, dass alle vier Räder ständigen Fahrbahnkontakt halten. Siehe Kapitel 12, Seite 98/99.

Fehlercode – Elektronischer Code, den das Steuergerät eines Diagnosesystems beim Auftreten eines Funktionsfehlers speichert. Der verschlüsselte Code enthält Einzelheiten zur Fehlerquelle und veranlasst, dass eine Warnlampe am Schaltbrett aufleuchtet. Siehe Kapitel 9, Seite 72.

Fehlercode-Transmitter – Elektronisches Bauteil, das den verschlüsselten Code für die Werkstatt lesbar macht.

Festsattelbremse – Fest am Radträger montierter Bremssattel der Scheibenbremse. Der Festsattel besitzt (im Gegensatz zum Schwimmsattel) mindestens zwei einander gegenüberliegende Hydraulikkolben. Siehe Kapitel 12, Seite 107.

Fettes Gemisch – Ausdruck für ein Kraftstoff-Luft-Gemisch mit höherem als dem optimalen Kraftstoffanteil.

Fliehkraftregler (Zündung) – Vorrichtung im Zündverteiler, die auf der Fliehkraft von kleinen Gewichten beruht und entsprechend der Motordrehzahl laufend automatisch den Zündzeitpunkt verstellt.

Fluid – Häufig benutzter Ausdruck für Flüssigkeit, Kühlmittel, Bremsöl usw.

Flüssiggas – (LPG = Liquefied Petroleum Gas) Gemisch von aus Rohöl gewonnenen Brenngasen (Butan, Propan...), das in manchen Fällen statt anderer Kraftstoffe für entsprechend eingerichtete Ottomotoren eingesetzt wird. Siehe Kapitel 7, Seite 47.

Frostschutz – Flüssigkeit, die dem Kühlwasser zugesetzt wird, um das Einfrieren der Motorkühlung im Winter zu unterbinden und sie vor Korrosion zu schützen.
Siehe Kapitel 10.

Fühlerlehre – Einfaches Messgerät zum genauen Messen einer Spaltbreite (z.B. den Elektrodenabstand einer Zündkerze); besteht aus einem Satz verschieden dicker Stahlblech-»Fühler«.

Gasgemisch – Mischung aus bestimmten Gewichtsanteilen an Luft und Kraftstoff zur Verbrennung im Ottomotor. Das optimale Verhältnis für eine vollständige Verbrennung beträgt 14,7:1. Siehe Kapitel 9, Seite 65.

Gelenkwelle/Antriebswelle – Welle zum Antrieb eines (Vorder- oder Hinter-)Rads vom Differenzial aus. Gelenkwellen an derselben Achse können gleich oder auch verschieden lang sein und ein oder zwei Gelenke besitzen. Siehe Kapitel 11.

Generator (Wechselstromgenerator) – Stromerzeuger, vom Motor über Riemen getrieben. Er liefert bei laufendem Motor den Strom für die elektrische Anlage des Wagens und zum Aufladen der Batterie.
Siehe Kapitel 14, Seite 117.

Getriebe/Schaltgetriebe – Aus Wellen und veränderlichen Zahnradübersetzungen aufgebautes Aggregat, angeordnet zwischen Kupplung und Achstrieb. Mit Hilfe der im Getriebe wählbaren Übersetzungen kann der Motor trotz veränderlicher Fahrgeschwindigkeiten in seinem günstigsten Arbeitsbereich gehalten werden.
Siehe Kapitel 11, Seite 90.

Getriebeeingangswelle – Von der Kupplung (oder dem Drehmomentwandler) ins Getriebe (oder in die Automatik) führende Welle. Siehe Kapitel 11.

Gleichlaufgelenk – Variante des Kardangelenks für Gelenkwellen (Antriebswellen) frontangetriebener Wagen. Dieses Gelenk ermöglicht eine gleichförmige, ruckfreie Kraftübertragung trotz der Überlagerung von Federungs- und Lenkbewegungen. Siehe Kapitel 11, Seite 94.

Gleitlager – Metallische oder sonstige verschleißarme Oberfläche an einem Bauteil, gegen die sich ein anderes Bauteil frei bewegen (normal: rotieren) kann, und die zur Minderung von Reibung und Verschleiß ausgelegt ist. Gleitlager werden gewöhnlich geschmiert.

Gleitmittel gegen Fressen – Schmiermittel, das besonders temperatur- und druckbeanspruchte Bauteile am »Fressen« (Festgehen bei Trockenlauf) hindert.

Glühkerze – Elektrisches Heizgerät, das in die Brennräume der (zumeist aller) Zylinder eines Dieselmotors hineinragt, um ihn beim Kaltstart vorzuwärmen und damit die Rauchentwicklung unmittelbar nach dem Anspringen zu verringern. Siehe Kapitel 9, Seite 70.

Gürtel-/Radialreifen – Reifen, bei dem die Kordfäden in der Karkasse (Grundstruktur des Reifens) im rechten Winkel zur Reifenflanke verlaufen.

Handling – Häufig verwendeter Ausdruck für das Fahrverhalten eines Autos, schließt Kurvenverhalten, Geradeauslauf und die gefühlsmäßige »Handhabung« ein.

Hauptzylinder (Geberzylinder) – Hydraulikzylinder mit Kolben, gefüllt mit Hydraulikfluid. Das Brems- oder Kupplungspedal wirkt direkt (oder über ein Bremsservo) auf den Kolben und gibt die eingeleitete Kraft über das Fluid an die Nehmerzylinder weiter.
Siehe Kapitel 12, Seite 106.

Heizungs-Wärmetauscher – Kleiner »Kühler«, der in den Kühlkreislauf des Motors eingefügt und für die Bereitstellung von Warmluft für die Wagenheizung zuständig ist. Die durch die Rippen strömende Kaltluft erwärmt sich am heißen Kühlwasser des Motors, das durch den Wärmetauscher fließt.
Siehe Kapitel 10, Seite 85.

Hilfsrahmen – Kleiner Rahmen aus Stahlprofilen, der unter der Karosserie montiert ist und Radaufhängungen und/oder Antriebsaggregate aufnimmt.

Hochspannungskreis (Zündanlage) – Stromkreis mit hoher Voltzahl für die Erzeugung des Funkens an der Zündkerze. Siehe Kapitel 9, Seite 70.

Hub/Kolbenhub – Weg, den der Kolben eines Verbrennungsmotors im Zylinder vom oberen zum unteren Totpunkt zurücklegt.

Hubraum, -volumen – Gesamtes Volumen aller Zylinder eines Motors, gerechnet zwischen dem unteren und oberen Totpunkt der Kolben.

Hydraulik – Bezeichnung für ein mit Drucköl arbeitendes Übertragungssystem.

Hydraulikstößel – Ventilstößel, in dem das Ventilspiel bei allen Betriebszuständen durch Drucköl ausgeglichen wird. Dadurch entfällt die Ventilspiel-Einstellung.

Hydropneumatische Federung – Fahrzeugfederung, bei welcher eine Kombination aus Hydraulik und Luftfederung die Stelle der üblichen Stahlfedern (zuweilen auch der Stoßdämpfer) übernimmt.

Indirekte Einspritzung – Dieselmotoren-Bauart, bei der der Kraftstoff nicht unmittelbar in den Brennraum, sondern in eine benachbarte Wirbelkammer eingespritzt wird. Siehe Kapitel 9, Seite 69.

Kardangelenk – Flexible, das Drehmoment übertragende Verbindung zwischen zwei Wellen, die ein mehr oder weniger starkes Abknicken der Wellen zu einander erlaubt. Wird in Kardanwellen und manchen Gelenkwellen verwendet, ergibt jedoch keine gleichförmige, ruckfreie Drehbewegung.

Kardanwelle – Welle, die die Kraft vom Schalt-/Automatikgetriebe zur Hinterachse (Motor vorn und Hinterradantrieb) und ggf. vom Verteilergetriebe zur Vorderachse (bei Vierradantrieb) überträgt. Siehe Kapitel 11, Seite 87.

Katalysator – In die Abgasanlage eines Autos eingebautes Gerät, das die in die Atmosphäre austretenden Schadstoffe auf chemischem Wege reduziert, ohne sich selbst zu verändern. Siehe Kapitel 9, Seite 74.

Kerzen – Siehe Zündkerzen.

Kick-down (Automatik) – Vorrichtung, die bei vollem Durchtreten des Gaspedals einen kleineren Gang einschaltet und starkes Beschleunigen erlaubt.

Kipphebel – Übertragungsteil im Ventiltrieb, in der Mitte gelagert, setzt die Aufwärtsbewegung des Nockens (bzw. der Stoßstange) in eine Abwärtsbewegung des Ventils um.

Klimaanlage – Anlage zur Kühlung und Entfeuchtung der in den Fahrgastraum von außen einströmenden Luft. Dient dem Fahrkomfort und der Freihaltung der Scheiben von Beschlag.

Klingeln – Siehe Klopfen/Klingeln.

Klopfen/Klingeln – Metallisches Motorgeräusch, das oft bei zu frühem Zündzeitpunkt, zu niedriger Oktanzahl des Kraftstoffs oder starken Ablagerungen im Brennraum auftritt. Es rührt von Druckwellen her, die die Zylinderwände in Schwingungen versetzen.

Klopfsensor – Signalgeber, der beim ersten Auftreten von Klopfgeräuschen einen Befehl ans Steuergerät im Motor-Managementsystem erteilt.

Kolben – Zylindrisches Bauteil, das sich in einer Bohrung linear bewegt. Beim Motor verdichtet der Kolben ein Kraftstoff-Luft-Gemisch, überträgt lineare Kraft durch das Pleuel auf die rotierende Kurbelwelle und schiebt verbranntes Gas durch Auslassventile aus dem Zylinder. Siehe Kapitel 9, Seite 65.

Kolbenring – Federnder Feingussring, der in einer um den Kolben laufenden Nut liegt und sich im Betrieb derart an die Zylinderwand anschmiegt, dass der Kolben im Zylinder praktisch gasdicht ist.

Kondensator – Zündanlage: Gerät zur Unterdrückung zu starker Funkenbildung an den Zündkontakten; Klimaanlage: Gerät zur Umwandlung des Kühlmittels vom gasförmigen in den flüssigen Zustand.

Kontakte – Siehe Zündkontakte.

Kontermutter/Gegenmutter – Schraubenmutter, mit der eine Einstellmutter oder ein anderes Gewindeteil gegen Lösen gesichert wird.

Kopfdichtung – Siehe Zylinderkopfdichtung.

Kraftstoff – Bezeichnung für die verschiedenen in Verbrennungsmotoren verwendeten Treibstoffe wie Benzin, Diesel, Flüssiggas usw.

Kraftstoff-Druckregler (Systemdruckregler) – Regler in der Einspritzanlage, der für konstanten Kraftstoffdruck an den Einspritzdüsen sorgt. Arbeitet gewöhnlich mit dem Saugrohr-Unterdruck.

Kraftstoffeinspritzung – siehe Einspritzung

Kraftstofffilter – Auswechselbares Filter, das Fremdkörper und Wasser aus dem Kraftstoff abscheidet. Siehe Kapitel 8, Seite 62/63.

Kraftstoffpumpe/Benzinpumpe – Pumpe, heute meist elektrisch angetrieben, fördert den Kraftstoff vom Tank zur Vergaser- oder Einspritzanlage.

Kraftübertragung – Allgemeine Bezeichnung für die Baugruppen des Antriebsstrangs (Getriebe, Achstrieb, Wellen) mit Ausnahme des Motors. Siehe Kapitel 11.

Kugelgelenk – Wartungsfreies, in mehreren Ebenen bewegliches Übertragungsteil, vor allem in Radaufhängungen und Lenksystemen verwendet. Es besteht aus Kugel und Kugelpfanne sowie einer Gummiabdichtung, die kein Fett austreten lässt.

Kugellager – Reibungsarme Wellenlagerung, besteht aus zwei gehärteten Stahlringen und zwischen ihnen abwälzenden Kugeln (»Wälzkörper«).

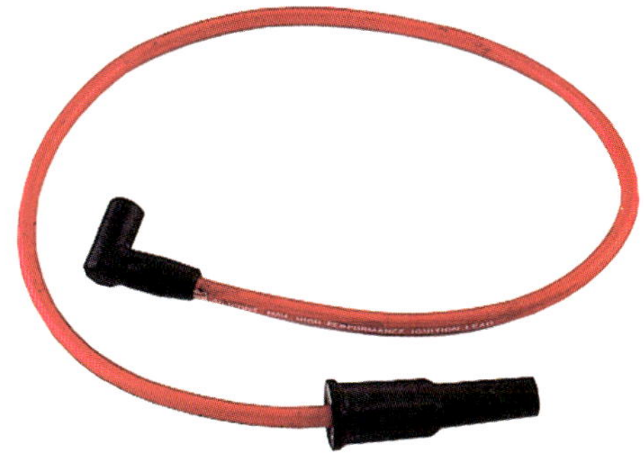

Kühler – Bauteil des Kühlsystems, durch dessen feine Röhren oder Waben das heiße Kühlmittel fließt. Er ist vorn im Motorraum so angeordnet, daß er vom Fahrtwind durchströmt und dabei das Kühlmittel abgekühlt wird. Siehe Kapitel 10.

Kühlmittel – Mischung aus Wasser und Frostschutzmittel für die Motorkühlung. Siehe Kapitel 10.

Kühlmittel (Klimaanlage) – Flüssigkeit, die beim Betrieb der Klimaanlage wechselweise gasförmig und wieder verflüssigt wird.

Kühlmittelpumpe – Siehe »Wasserpumpe«.

Kühlmittelsensor – Sensor, der im Motor-Managementsystem Informationen über die momentane Temperatur des Kühlmittels an das Steuergerät gibt.

Kühlventilator – Siehe Ventilator.

Kupplung – Auf Reibung beruhende Einrichtung zur Übertragung und zur weichen Einleitung (Einkuppeln) des Drehmoments vom Motor ins Getriebe, ohne dass hierzu eine der beiden Komponenten zum Stillstand kommen muss. Siehe Kapitel 11, Seite 88.

Kupplungs-Ausrückhebel – Überträgt die Pedalkraft auf das Kupplungs- Ausrücklager. Siehe Kapitel 11, Seite 88.

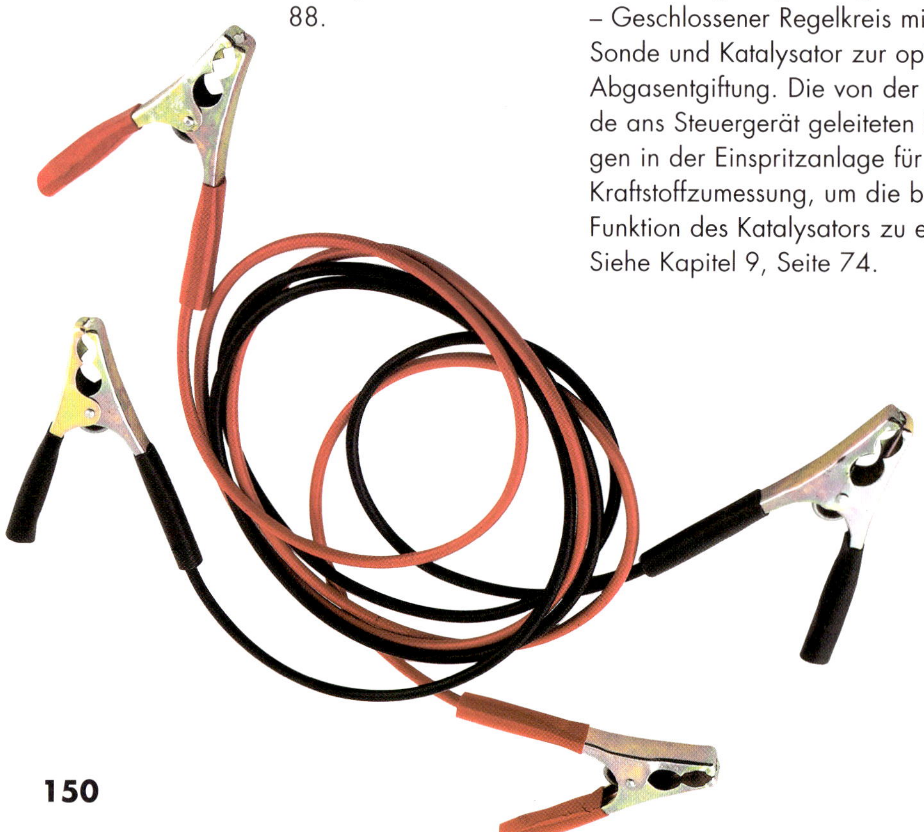

Kupplungsscheibe – Metallscheibe mit verzahnter Nabe, trägt auf beiden Seiten Reibbeläge; gewöhnlich abgefedert zur weichen Einleitung der Kräfte. Siehe Kapitel 11, Seite 88.

Kurbelgehäuse – Der unterhalb der Zylinder liegende Teil des Motorblocks, in welchem die Kurbelwelle gelagert ist. Siehe Kapitel 9, Seite 65.

Kurbelwelle – Welle mit außermittigen (exzentrischen) Kurbelzapfen, durch die die geradlinige Bewegung der Kolben über die Pleuel in Drehbewegung umgewandelt wird. Siehe Kapitel 9, Seite 65.

Kurbelwellensensor – Sensor, der im Motor-Managementsystem Informationen über die momentane Kurbelwellenstellung (und evtl. -drehzahl) an das Steuergerät gibt.

kW/PS – Siehe PS/kW.

Lader/Kompressor – Luftverdichter, der Frischluft unter Druck zu den Einlassventilen des Motors fördert, um einen höheren Zylinderfüllungsgrad und damit erhöhte Leistung zu erzielen. Laderantrieb erfolgt entweder mechanisch von der Kurbelwelle oder beim Abgasturbolader über den Abgasdruck und eine Turbine.

Lambda-Regelung (Geregelter Katalysator) – Geschlossener Regelkreis mit Lambda-Sonde und Katalysator zur optimalen Abgasentgiftung. Die von der Lambda-Sonde ans Steuergerät geleiteten Signale sorgen in der Einspritzanlage für eine genaue Kraftstoffzumessung, um die bestmögliche Funktion des Katalysators zu erzielen. Siehe Kapitel 9, Seite 74.

Lambdasonde – Gerät in der Abgasleitung eines Ottomotors mit geschlossenem Regelkreis (Lambda-Regelung), das den Sauerstoffgehalt der Abgase überwacht. Die von der Lambdasonde ans Steuergerät geleiteten Signale sorgen in der Einspritzanlage für eine genaue Kraftstoffzumessung, um die bestmögliche Funktion des Katalysators zu erzielen. Siehe Kapitel 9, Seite 74.

Längslenker – Parallel zur Fahrtrichtung auf und ab schwenkender Tragarm, an dessen Ende das Rad montiert ist. Seine Schwenkachse liegt im rechten Winkel zur Fahrzeuglängsachse. Siehe Kapitel 12, Seite 98.

Leerlaufdrehzahl – Drehzahl des Motors bei geschlossener Drosselklappe.

Leerweg/Spiel – Freie Beweglichkeit eines Bauteils (z.B. eines Pedals), ehe eine Wirkung oder Funktion einsetzt.

Lenkgetriebe – Siehe Zahnstangenlenkung.

Lenkung – Oberbegriff für die Bauteile der Lenkanlage. Das eigentliche Lenkgetriebe ist heute in der Regel eine Zahnstangenlenkung. Siehe Kapitel 12, Seite 97.

LHM-Fluid (Citroën) – Spezielle Hydraulikflüssigkeit auf Mineralölbasis für die Hydraulik bestimmter Citroën-Modelle. Siehe Kapitel 8, Seite 61.

Lufteinblasung – Maßnahme zur Schadstoffreduktion mit Katalysator. In den Auspuffkrümmer wird Frischluft eingeblasen, um die Abgastemperatur zu erhöhen. Dies hilft dem Kat, seine Betriebstemperatur rascher zu erreichen. Siehe Kapitel 9, Seite 79.

Luftfilter – Ein auswechselbarer Einsatz aus Papier oder Schaumstoff in einem Gehäuse. Das Filter hält Fremdkörper aus der zum Motor strömenden Luft zurück.
Siehe Kapitel 8, Seite 60.

Luftmengenmesser – Messvorrichtung, die im Motor-Managementsystem die durchfließende Luftmenge zu den Zylindern misst und diese Information an das Steuergerät weitergibt.

Mageres Gemisch – Ausdruck für ein Kraftstoff-Luft-Gemisch mit geringerem als dem optimalen Kraftstoffanteil.

Massekabel – Flexibles Kabel, das den Minuspol der Batterie mit der Karosserie bzw. die Karosserie mit dem Motor/Getriebe-Aggregat verbindet. Die Metallteile dienen in der elektrischen Anlage als Rückleitung.

McPherson-Federbein – Einzelradfederung. Kombinierte Einheit aus Schraubenfeder und Stoßdämpfer, bildet bei Einbau an der Vorderachse gleichzeitig die Lenkdrehachse der Vorderräder. Siehe Kapitel 12 , Seite 98.

Mehrventiler – Motor mit mehr als zwei Ventilen pro Zylinder, nämlich zumeist vier (2 Einlass-, 2 Auslassventile), seltener drei (2 Einlass-, 1 Auslassventil).

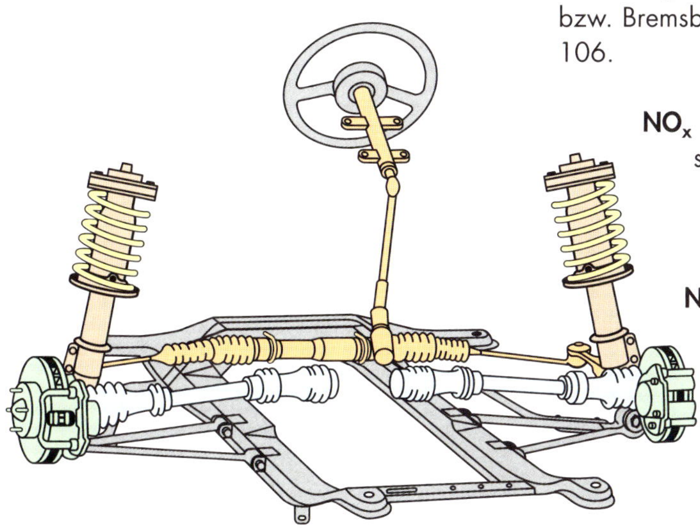

Membrane – Scheibe aus flexiblem, luftundurchlässigem Werkstoff, z.B. im Bremsservo verwendet, wo die Membrane vom Unterdruck gesteuert wird.

Motor-Managementsystem – Anlage in modernen Fahrzeugen, die mit Hilfe eines elektronischen Steuergeräts die Motorfunktionen (Zündung, Einspritzung, Abgasemission) regelt und überwacht. Siehe Kapitel 9, Seite 68.

Motornachlauf – Neigung eines Motors zum Weiterlaufen nach dem Ausschalten der Zündung. Zumeist verursacht durch zu geringe Oktanzahl des Benzins, zu frühe Zündeinstellung, starke Ablagerungen im Brennraum oder schlechte Wartung des Motors.

Multi-Point-Einspritzung – Einspritzanlage bei Ottomotoren mit je einer Einspritzdüse pro Zylinder. Siehe Kapitel 9, Seite 69.

Nachlauf – Winkel zwischen der Lenkdrehachse der Vorderräder und einer Senkrechten durch den Berührpunkt des Rades mit dem Boden.

Nachschleifen (Kurbelwelle) – Verfahren zum Nacharbeiten der Lagerzapfen der Kurbelwelle bei starkem Verschleiß. Die um ein geringes Maß verkleinerten Zapfen werden mit Lagerschalen mit entsprechend kleinerem Durchmesser montiert. Nur nach langer Laufzeit erforderlich.

Nehmerzylinder (Radbremszylinder) – Hydraulikzylinder mit Kolben unmittelbar an der Radbremse, gefüllt mit Hydraulikfluid. Er erhält den hydraulischen Druck über Rohrleitungen vom Hauptbremszylinder. Seine Kolbenbewegung wirkt auf die Bremsbacken bzw. Bremsbeläge. Siehe Kapitel 12, Seite 106.

NO_x (Stickoxide) – Einer der Schadstoffe in den Abgasen von Otto- und Dieselmotoren. Siehe Kapitel 9, Seite 78.

Nocken – Exzentrische Erhebungen an der Nockenwelle zur Betätigung der Ventile.

Nockenwelle – Umlaufende, von der Kurbelwelle angetriebene Welle mit Nocken. Sie betätigt die Ein- und Auslassventile über diverse Zwischenglieder. Siehe Kapitel 9, Seite 65.

Nockenwellen-Antriebsriemen/Zahnriemen – (Alternative zur Steuerkette) Verstärkter, verzahnter Flachriemen aus Gummi-Gewebe-Material, der über Riemenscheiben mit flachen Zähnen die Nockenwelle(n) von der Kurbelwelle aus antreibt. Siehe Kapitel 9, Seite 77.

Nockenwellensensor – Sensor, der im Motor-Managementsystem Informationen über die momentane Stellung der Nockenwelle(n) ans Steuergerät gibt.

Oberer Totpunkt (OT) – Höchste Position in der Kolbenbewegung. Im OT bleibt der Kolben für Sekundenbruchteile stehen, ehe er abwärts geht.

OHC – (Overhead Camshaft) Obenliegende Nockenwelle(n). Bezeichnet die Motorbauart, bei welcher die Nockenwelle(n) über den Zylindern im Kopf angeordnet ist (angetrieben über Zahnriemen, Kette oder Zahnräder). Infolge der direkteren Betätigung der Ventile für Motoren höherer Leistung vorteilhaft.

OHV – (Overhead Valves) Stoßstangenmotor. Die Ventile sind im Zylinderkopf, werden jedoch von einer unten im Gehäuse liegenden Nockenwelle über Stoßstangen betätigt.

Oktanzahl – Vergleichszahl, die die Klopffestigkeit eines Otto-Kraftstoffs angibt (siehe Klopfen/Klingeln).

Ölfilter – Auswechselbares Filter, das Fremdkörper und Kondenswasser aus dem Motorenöl abscheidet. Siehe Kapitel 8, Seite 52.

Ölkühler – Kleiner Kühler, der mit Hilfe des Fahrtwinds hauptsächlich bei Diesel- und Hochleistungsmotoren das Motorenöl zusätzlich kühlen soll.

Ölpeilstab – Metall- oder Kunststoffstab mit mehreren Markierungen zum Prüfen des Ölstands.

Ölsumpf/Ölwanne – Auffangschale und Reservoir unter dem Kurbelgehäuse für das im Motor umlaufende Öl.

O-Ring – Gummi-Dichtring mit kreisrundem Querschnitt. Wird oft zur Abdichtung zylindrischer Flächen in eine Nut eingesetzt.

Pleuel – Bauteil im Motor, das den Kolben (auf- und abgehend) mit der Kurbelwelle (rotierend) verbindet. Siehe Kapitel 9, Seite 65.

Pleuellager – Unteres Gleitlager des Pleuels, das dessen Bewegung auf den zugehörigen Zapfen der Kurbelwelle überträgt. Siehe Kapitel 9, Seite 65.

PS/kW (Leistung) – Ausdruck für die pro Zeiteinheit von einem Motor (Verbrennungs-, Elektromotor) aufgebrachte Arbeit. Die jahrzehntelang nur in PS (Pferdestärken) angegebene Leistung mißt man heute in kW (Kilowatt; 1 kW entspricht 1,36 PS).

Querstabilisator – Federstahl-Drehstab, an Vorderachse und/oder Hinterachse montiert, um die Neigung der Karosserie zum »Rollen« (Wankbewegungen um die Fahrzeug-Längsachse) zu reduzieren. Wird nicht in jedem Auto verwendet. Siehe Kapitel 12, Seite 98.

Radbremszylinder – Siehe »Nehmerzylinder«.

Rad(muttern)schlüssel – Werkzeug, mit dem die Radschrauben oder -muttern eines Autos gelöst oder festgezogen werden.

Radträger – Teil der Vorder- oder Hinterradaufhängung, in dem die Radlagerung und der feste Teil der Bremsanlage untergebracht sind. Siehe Kapitel 12.

Reihenmotor – Verbrennungsmotor, bei welchem alle Zylinder in einer Reihe angeordnet sind.

Ritzel – Bezeichnung für ein Zahnrad mit kleiner Zähnezahl, das in eines mit größerer Zähnezahl oder in eine Zahnstange eingreift.

Sattel – Siehe Bremssattel.

Saugrohr/Ansaugrohr – Bauteil des Motors, in dem – je nach Art der Gemischaufbereitung – entweder reine Luft oder Kraftstoff-Luft-Gemisch zu den Einlassventilen befördert wird.

Saugrohrdrucksensor – Gerät, das den Innendruck im Saugrohr eines Ottomotors misst und Signale an das Steuergerät im Motor-Management gibt.

Scheibenwaschmittel – Wasser mit handelsüblichen Zusätzen (Frostschutz- und Reinigungsmittel) zum Befüllen der Scheibenwaschanlage.

Schräglenker – Auf und ab schwenkender Tragarm, an dessen Ende eines der Hinterräder montiert ist. Seine Schwenkachse liegt *nicht* im rechten Winkel zur Fahrzeuglängsachse.

Schrägverzahnte Räder – Zahnradpaar, dessen Verzahnung unter einem Winkel zur Radachse steht. Sorgt für günstigeren Zahneingriff und ruhigeren Lauf.

Schraubenfeder – Für Personenwagen-Federungen heute meistverwendete, gewindeförmige Stahlfeder. Siehe Kapitel 12, Seite 98.

Schwimmsattelbremse – Am Radträger seitlich verschiebbar montierter Bremssattel der Scheibenbremse. Der Schwimmsattel besitzt (im Gegensatz zum Festsattel) nur auf einer Seite einen (oder mehrere) Hydraulikkolben. Siehe Kapitel 12, Seite 107.

Schwungrad – Schwere metallene Scheibe am Abtriebsende der Kurbelwelle. Soll die von den Kolbenkräften herrührende Ungleichförmigkeit teilweise ausgleichen. Siehe Kapitel 9/10.

Selbstbeteiligung – Der vom Versicherten selbst zu übernehmende Kostenanteil im Schadensfall.

Service-Heft – Nachweis (wichtig beim Wiederverkauf), dass das Fahrzeug von Anbeginn und lückenlos in Fachwerkstätten gewartet wurde.

Servolenkung – System, das hydraulische Hilfskraft (Servokraft) zur Verfügung stellt, sobald der Fahrer am Lenkrad dreht.

Servo-Unterstützung – Anlage, die mit Hilfskräften (Hydraulik, Pneumatik) die vom Fahrer aufgewendete Kraft (am Lenkrad, am Pedal usw.) unterstützt.

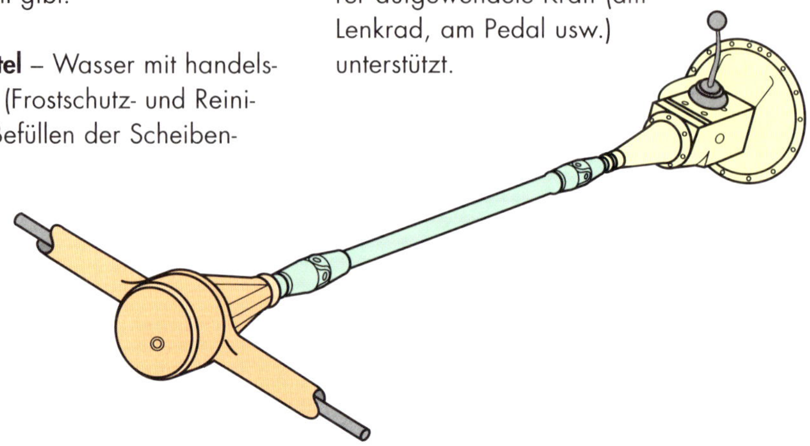

Sicherungsblech – Blechscheibe mit einer oder mehreren Laschen, mit denen eine Mutter oder ein Schraubenkopf gegen Lösen gesichert wird.

Single-Point-Einspritzung – Einspritzanlage bei Ottomotoren mit nur einer Einspritzdüse für alle Zylinder. Siehe Kapitel 9, Seite 68.

SOHC – (Single Overhead Camshaft) Bezeichnung für einen Motor mit nur einer obenliegenden Nockenwelle, die Ein- und Auslassventile betätigt.

Spannungsregler – Elektrischer Regler, der die Spannung des Generators konstant hält.

Sprengring – Ringförmigige Sicherung in einer Bohrung oder auf einer Welle, eingelassen in eine Innen- oder Außennut. Der Ring stoppt die ungewollte axiale Bewegung von Bauteilen.

Spurstange – Teil des Lenkgestänges, das die Lenkbewegungen vom Lenkgetriebe zum Vorderradträger überträgt. Siehe Kapitel 12, Seite 97.

Starrachse – Aufhängung der Hinterräder an einem starren, sie verbindenden Achskörper. Federbewegung des einen Rades wirkt sich direkt auf das andere aus.

Starthilfekabel – Siehe Überbrückungskabel.

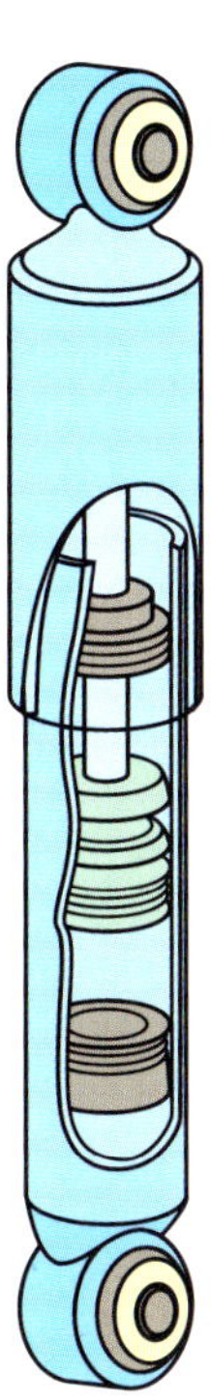

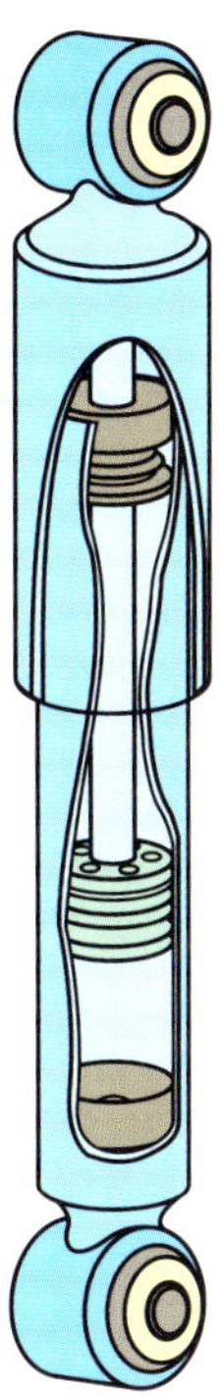

Steuerkette – Metallgliederkette, die über Kettenräder die Nockenwelle(n) von der Kurbelwelle aus antreibt. Siehe Kapitel 9, Seite 77.

Stoß-/Schwingungsdämpfer – Bauteil der Radaufhängung, welches das Auf- und Abschwingen der Federung eines Wagens beim Überfahren schlechter Wegstrecken absorbiert. Siehe Kapitel 12, Seite 99.

Stößel – Siehe Ventilstößel, Tassenstößel.

Sturz, Radsturz – Der Winkel, unter dem sich die Räder von der Senkrechten nach außen neigen. Negativer Sturz bedeutet, dass die Räder nach innen gekippt sind.

Synchronisierung – Vorrichtung im Schaltgetriebe. Sie gleicht zum Schalten eines Ganges die Drehzahlen der beiden in Eingriff zu bringenden Teile einander an, um geräuschloses Schalten zu ermöglichen. Siehe Kapitel 11, Seite 90.

Tassenstößel – Topfförmiges Zwischenglied, geführt in einer zylindrischen Bohrung, das zwischen den Ventilen des Motors und der (obenliegenden) Nockenwelle eingebaut ist (zuweilen mit einer spielausgleichenden Hydraulik versehen).

Thermostat – Temperaturabhängige Regelanlage im Kühlkreislauf, die das Erwärmen des Kühlmittels beschleunigt, indem sie ihm erst ab einer bestimmten Temperatur den Weg zum Kühler freigibt. Siehe Kapitel 10, Seite 82.

Totpunktmarke/Einstellmarke – Kerben oder Markierungen an der vorderen Riemenscheibe der Kurbelwelle oder am Schwungrad und an den Antriebsteilen der Nockenwelle(n); sie dienen zum exakten Einstellen des Zünd- bzw. Einspritzzeitpunkts eines bestimmten Zylinders.

Transaxle – Kombination von Getriebe und Achstrieb in einem Gehäuse.

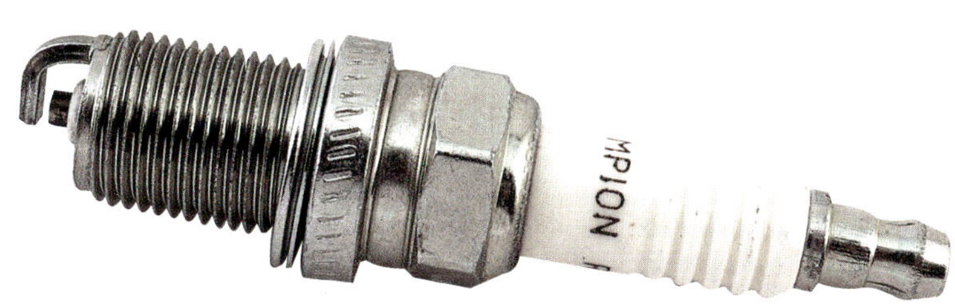

Turbolader/Abgasturbolader – Lader (s.d.), dessen Antrieb über den Druck der Abgase des Motors erfolgt, die auf eine Turbine wirken. Der Lader (Gebläse) fördert zusätzliche Luft in die Zylinder und erreicht damit einen höheren Füllungsgrad und höhere Leistung.

Überbrückungs-/Starthilfekabel – Kabelsatz (1 rotes, 1 schwarzes) mit großem Querschnitt und kräftigen Klemmen an den Enden. Bei leerer Batterie kann mit Hilfe der Kabel und einer vollen »Spenderbatterie« der Motor angelassen werden. Siehe Kapitel 14, Seite 121.

Ungeregelter Katalysator – »Offenes« System, das die Schadstoffe im Abgas mit Hilfe eines von der Gemischbildung unabhängig arbeitenden (ungeregelten) Katalysators nur teilweise reduzieren kann. Siehe Kapitel 9, Seite 74.

Unterdruckpumpe – Dieselmotor: Der für die Servobremse erforderliche Unterdruck wird hier von einer vom Motor angetriebenen Pumpe geliefert (siehe auch »Bremsservo«).

Unterer Totpunkt (UT) – Tiefste Position in der Kolbenbewegung. Im UT bleibt der Kolben für Sekundenbruchteile stehen, ehe er aufwärts geht.

Unverbleites Benzin (Bleifrei) – Benzin, das außer dem im Rohöl enthaltenen Bleianteil bei der Herstellung nicht zusätzlich verbleit wird. Keine Schädigung des Katalysators.

Ventil – Allgemein eine Vorrichtung, die geöffnet und geschlossen werden kann, um den Durchfluss von Gasen oder Flüssigkeiten zu ermöglichen bzw. zu stoppen.

Ventilator – Heute meist elektrisch, früher vom Motor angetriebener, vorn im Motorraum hinter dem Kühler angeordneter Lüfter (Ventilatorflügel). Soll die Kühlung unterstützen. Siehe Kapitel 10, Seite 83.

Ventilatorriemen – Keilriemen, der bei mechanischem Antrieb des Ventilators von der Kurbelwelle aus verwendet wird.

Ventileinstellung – Siehe Ventilspiel.

Ventilspiel – Gesamter Leerweg zwischen dem Ende des Ventilschafts und dem Nocken der Nockenwelle. Das Spiel ist erforderlich, um das völlige Schließen des Ventils trotz Wärmedehnung der Bauteile zu gewährleisten. Es wird entweder an einer Stellschraube manuell eingestellt oder von einem Hydraulikstößel (s.d.) automatisch ausgeglichen.

Ventilsteuerung – Oberbegriff für die Bauteile, die das Öffnen und Schließen der Ein- und Auslasskanäle des Motors bewirken: Nockenwelle(n), Stößel, Stoßstangen, Kipphebel, Ventile usw.

Ventilstößel – Bauteil im Motor, das die Drehbewegung der Nockenwelle in die Auf- und Abbewegung der Ventile umwandelt. Siehe auch »Tassenstößel«.

Verbleites Benzin (Bleibenzin) – Benzin, das außer dem im Rohöl enthaltenen Bleianteil bei der Herstellung zusätzlich verbleit wird. Nicht für Katalysatorbetrieb geeignet, da Blei dem Kat schadet.

Verbundglas – Sicherheitsglas für Autoscheiben. Besteht aus zwei dünnen Schichten aus gehärtetem Glas mit einer dünnen Schicht aus Spezial-Kunststoff dazwischen. Bei einem Aufprall zerbröselt das Glas nicht, und die Sicht bleibt weitgehend erhalten.

Verdichtung (-sverhältnis) – Gibt an, auf welches Volumen die Zylinderfüllung zwischen dem unteren und dem oberen Totpunkt des Kolbens verdichtet wird (Volumen eines Zylinders plus Brennraumvolumen im Verhältnis zum Brennraumvolumen allein, z.B. 10:1).

Vergaser – Vorrichtung, mit der (bei älteren Autos) das Kraftstoff-Luft-Gemisch in dem zur Verbrennung nötigen Verhältnis gebildet wird. Heute meist durch ein Einspritzsystem ersetzt.

Verteilerfinger – Im Zündverteiler umlaufendes Teil, dessen Elektrode über weitere Elektroden in der Verteilerkappe den Zündstrom an die Kerzen befördert.

Verteilerkappe – Kunststoffkappe, die auf den Verteiler aufgesetzt wird und von welcher die Zündkabel (Hochspannungskabel) zu den Kerzen führen. Siehe Kapitel 9, Seite 70 und »Zündverteiler«.

Viertaktmotor – Bezeichnet einen Otto- oder Dieselmotor, der nach dem Viertaktverfahren arbeitet, d.h. für jeden vollständigen Arbeitszyklus zwei Auf- und zwei Abwärtshübe des Kolbens benötigt. Siehe Kapitel 9, Seite 65.

Vierventiler/16-Ventiler – Bezeichnung für einen Verbrennungsmotor mit zwei Einlass- und zwei Auslassventilen pro Zylinder. Der Ausdruck 16-Ventiler wird für den weit verbreiteten Vierzylindermotor mit je vier Ventilen pro Zylinder verwendet.

V-Motor – Motorbauweise, bei welcher die Zylinder in zwei Reihen angeordnet sind, die von vorn oder hinten gesehen ein »V« bilden. Zum Beispiel hat ein V8-Motor zwei Reihen zu vier Zylindern.

Vorderachseinstellung – Prüfung und Berichtigung gemäß der werksseitig vorgeschriebenen Einstellung von Vorspur, Sturz und Nachlauf der Vorderräder. Einstellbar sind freilich an den meisten Autos nur die Vorspurwerte. Fehlerhafte Einstellung kann hohen Reifenverschleiß und schlechtes »Handling« zur Folge haben.

Vorspur/Nachspur – Der Winkel oder der Betrag, um den die Stellung der Vorderräder bei Geradeausfahrt von einer Geraden parallel zur Fahrzeuglängsachse abweicht. Vorspur bedeutet, dass die Räder vorn leicht einwärts gerichtet sind.

Wankel-/Drehkolben-/Kreiskolbenmotor – Verbrennungsmotor, der im wesentlichen nur rotierende Teile besitzt. Der Kolben (Rotor) ist etwa dreiecksförmig und rotiert in einem Gehäuse mit spezieller, lang-ovaler Innenform (Epitrochoide). Nur sehr wenige Automodelle sind mit einem solchen Motor ausgerüstet.

Wasserpumpe/Kühlmittelpumpe – Vom Motor angetriebene Flügelpumpe, die das Kühlmittel durch alle Teile des Kühlkreislaufs pumpt. Siehe Kapitel 10.

Wertminderung – Mit dem Altern eines Autos (gefahrene Kilometer, Unfallschäden usw.) verbundene Minderung des möglichen Wiederverkaufserlöses.

Wirbelkammer (Diesel) – Hohlraum im Zylinderkopf von Dieselmotoren. Bei Indirekteinspritzung wird Kraftstoff, statt direkt in den Brennraum, in die Wirbelkammer eingespritzt und dort mit der Luft »verwirbelt«. Siehe Kapitel 9, Seite 69.

Zahnriemen – Siehe Nockenwellen-Antriebsriemen.

Zahnstangenlenkung – Heute weit verbreitete Ausführung des Lenkgetriebes, bestehend aus einem Ritzel und einer Zahnstange, welche die Räder über Spurstangen einschlägt.

Zündanlage – Elektrisches System, das beim Ottomotor für das Zünden des Gasgemisches im Zylinder verantwortlich ist. Siehe Kapitel 9, Seite 70.

Zündfolge – Reihenfolge, in der die Zylinder eines Motors gezündet werden.

Zündkabel – Besonders stark isolierte Kabel für die Übertragung des hochgespannten Stroms vom Zündverteiler zu den Kerzen.

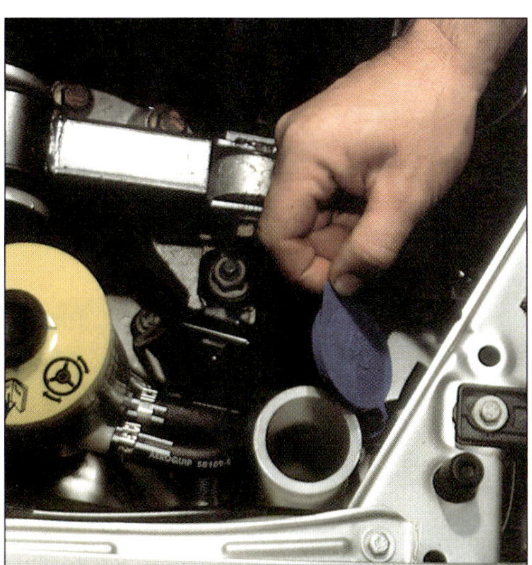

Zündkerze – Bauteil des Ottomotors. Die Kerze ragt mit zwei Elektroden in den Brennraum hinein, zwischen denen zum Zünden des Kraftstoff-Luft-Gemisches ein Funken erzeugt wird. Siehe Kapitel 9, Seite 71.

Zündkontakte – In der Zündanlage älterer Autos dient ein Kontaktpaar zum Unterbrechen des Niederspannungsstroms und erzeugt dadurch in der Zündspule eine Hochspannung, die an der Kerze Zündfunken überspringen lässt.

Zündspule – Elektrisches Bauteil, das beim Ottomotor die eingeleitete Batteriespannung in Hochspannung (12 Volt) für den Zündfunken umsetzt. Siehe Kapitel 9, Seite 70.

Zündverteiler – Bauteil der Zündanlage, zuständig für die Verteilung der Hochspannungsenergie an die einzelnen Zündkerzen des Motors. Siehe Kapitel 9, Seite 70.

Zündzeitpunkt – Die kurz vor dem Erreichen des oberen Totpunkts (OT) liegende Stellung des Kolbens, in welcher der Zündfunken überspringt. Siehe Kapitel 9, Seite 65.

Zweinockenwellenmotor – Siehe DOHC.

Zylinder – Hohlraum, in welchem der Kolben eines Motors auf und ab geht. Die Zylinder können entweder direkt in den Motorblock gebohrt sein, oder es werden Laufbüchsen in den Block eingesetzt. Siehe Kapitel 9, Seite 65.

Zylinderblock/Motorblock – Haupt-Bauteil (Gussteil) eines Motors, der im oberen Teil zumeist die Zylinder und im unteren die Lagerung der Kurbelwelle (Kurbelgehäuse) umfasst. Siehe Kapitel 9, Seite 65.

Zylinderbohrung – Innendurchmesser eines Motorzylinders. Siehe Kapitel 9, Seite 65.

Zylinderkopf – Gussteil unmittelbar über dem Motorblock, in dem normalerweise die Brennräume und die Ein-/Auslasskanäle sowie der Ventiltrieb untergebracht sind. Der Zylinderkopf ist mit dem Block verschraubt. Siehe Kapitel 9, Seite 65.

Zylinderkopfdichtung/Kopfdichtung – Dichtung, die zwischen Zylinderblock und Zylinderkopf liegt und für Abdichtung unter hohem Arbeitsdruck sorgt.

Zylinder-Laufbüchsen – Metallhülsen, die in entsprechende Bohrungen im Zylinderblock eingeschoben werden und in denen die Kolben auf und ab gehen. Wenn verschlissen, können Laufbüchsen und Kolben miteinander ausgetauscht werden.

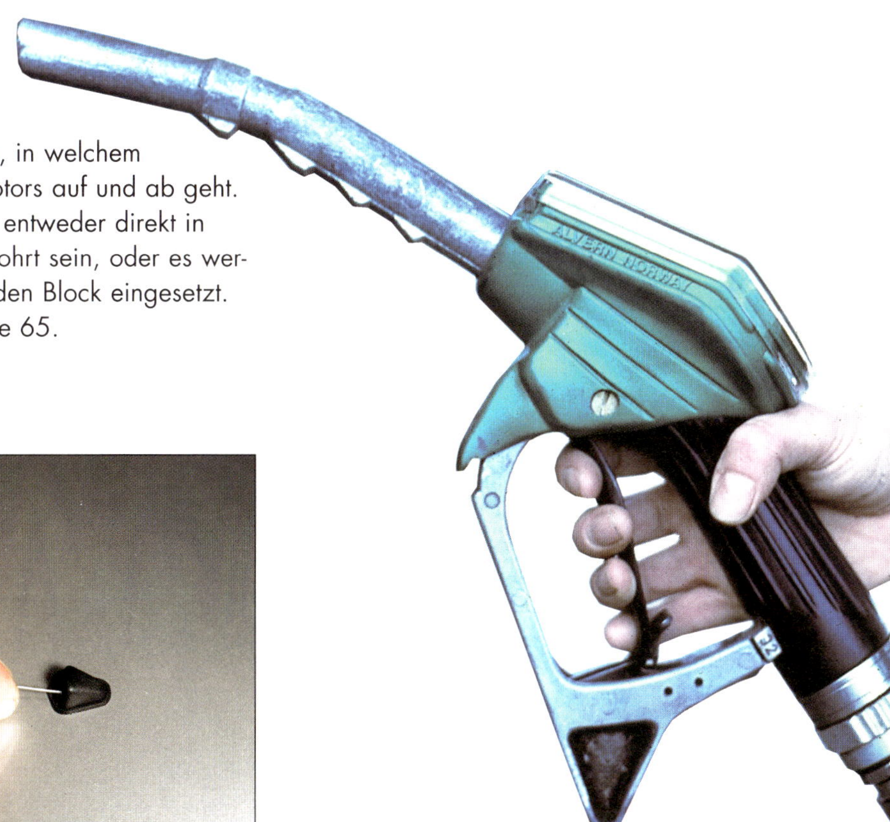

Sachregister

A

Abgasanlage 37
Abgasentgiftung 78, 79
Abgasrückführung (EGR) 79
ABS 109
Abschleppen und Ziehen 12, 37
Achsantrieb/Differenzial 95
Airbags 18, 19
Aktivkohlefilter-Anlage 79
Alu-Felgen 104
Anhängerbetrieb 12
Antiblockiersystem (ABS) 109
Antriebsriemen 66, 76, 77
Antriebswellen (Gelenkwellen) 94
Arbeiten am aufgebockten Auto 19
Asbest 19
Auslandsreisen 15
Auspuffanlage 37
Auspuffgeräusche 24
Auspuffqualm 73
Außenspiegel 114
Auto verkaufen 140
Automatik-Getriebe 92,93
Automatik-Getriebeöl 22, 57, 93, 95
Auto-Shampoo 129
Autoteilehandel 138
Autowäsche 129

B

Batterie 19, 118, 119, 120
Batterie-Ladegerät 120
Beladung, Dachlasten 10, 11
Beleuchtungsanlage, Blinker 122-124
Benzin (s.Kraftstoffe) 21, 47
Bleibenzin 48
Bleiersatzstoffe (Benzin) 48
Bleifrei (unverbleit) 47
Blendung und Spiegelung bei Nacht 112
Blinkanlage 122-124
Blinkgeber 124
Bordwerkzeug/Notfallausrüstung 5
Bremsen 106-109
Bremsflüssigkeit 21, 52, 109
Bremsgeräusche 24
Bremsservo 108

D

Dachgepäckträger 10
Dachlasten 10, 11
Diagnose 67, 72
Diagnosesystem im Auto 72
Dichtungen 84
Diebstahl, Einbruch 33
Dieselkraftstoff 21, 47, 49, 62
Dieselmotor 47, 62, 69, 70
Differenzial/Achstrieb 95
DOHC-Motor 65

E

Einbruchsicherheit 8
Einspritzanlage (Benzin) 68
Einspritzanlage (Diesel) 69
Elektrische Anlage 66, 116-127
Elektroantrieb 47
Emissionen 78, 79
Ersatzteile 138
Ersatzteile an Bord 5
Extras 13,138

F

Fahrradtransport 11
Fahrweise 7, 78
Fahrwerk 96-109
Federung, Radaufhängung 98, 99
Fehlersuche 20-27
Fett 23

Feuer 19
Filter und Flüssigkeiten 50-63
Frostschutzmittel 85

G

Garantie, Gewährleistung 13, 137
Gebrauchtwagen 141
Gelenkwellen (Antriebswellen) 94
Gemischbildung 68, 69
Geräusche an der Federung 24
Gerüche 133
Gesetze, Vorschriften 7, 15
Getriebe 90, 91
Getriebegeräusche 25
Getriebeöl 22, 56, 95
Gift- und Reizstoffe 19
Glasreinigung 112
Glühkerzen (Diesel) 70
Glühlampen 122
Gummischläuche 66, 84

H

Handbremse 109
Heckscheibenheizung 113
Heizungsanlage 80-85
Hinterachsöl 22, 59
Hydraulik-Fluid für Automatikgetriebe 57
Hydraulik-Fluid für Kupplung 21, 58
Hydraulik-Fluid für Lenkung 23, 54

I

Innenspiegel 115
Innenverkleidung 132, 133
Interieur 85

K

Kardanwelle 94
Karosserie und Interieur 128-133
Katalysator (Kat) 74, 79
Kick-down (Automatikgetriebe) 93
Kinder, Kindersitze 9
Kopfdichtung 84
Korrosion, Rost 131
Kraftfahrzeugpapiere 5, 15
Kraftstoffanlage 68, 69
Kraftstoffe 6, 15, 21, 35, 46-49
Kraftstoffe – falsch getankt? 49
Kraftstofffilter – Benzin 63
Kraftstofffilter – Diesel 62
Kraftstoffverbrauch 48
Kraftübertragung 86-95
Kratzer im Lack 131
Kühler 83, 84
Kühlerverschraubung 84
Kühlmittel 23, 53, 66, 83
Kühlung und Heizung 80-85
Kühlventilator 83
Kühlwasser-Leck 84
Kühlwasserschlauch 84
Kühlwasser-Thermometer 82
Kühlwasser-Thermostat 82
Kupplung 88, 89
Kurbelgehäuse-Entlüftung 79

L

Lack-Ausbesserung 131
Lackierung 130, 131
Leichtmetallräder 104
Lenkung 97
LHM-Fluid (Citroën-Hydraulik) 61
LPG (Flüssiggas) 47
Luftdruckprüfer 103
Lufteinblasung (Abgasemission) 79
Luftfilter 60
Luftpumpe 103

M

Motor 64-79
Motorabstimmung 67
Motorenöl 22, 41, 44, 45, 52
Motorgeräusche 25
Motorkühlung 81
Motormanagement-System 72
Motorreinigung 75

N

Nachtsicht 112
Notfälle 28-37

O

Öle 40-45
Ölfilter 43-45, 52
Ottomotor 65

P

Pannenhilfe 29
Pannenhilfe-Organisationen 143
Papiere 5, 15
Polieren, Poliermittel 130
Pollenfilter 63

R

Radaufhängung 98, 99
Räder 30, 31, 104, 105
Radkappen 104, 105
Rauchfahne aus dem Auspuff 73
Raumsparrad 31
Reifen 31, 100-103
Reifenbezeichnungen 101
Reifendruckprüfer 103
Reifengrößen/-abmessungen 101
Reifenpanne 30, 31, 102
Reifenverschleiß 101
Reizstoffe, Säuren usw. 19
Reserverad 31
Rost, Korrosion 131
Rückwärtsgang 91

S

Säuren 19
Schadenfreiheits-Rabatt (SFR) 142
Schaltgetriebe 90, 91
Scheiben und Spiegel 110-115
Scheibenbremse 107
Scheibenreinigung 112
Scheibenwaschanlage 23, 55
Scheibenwascherdüsen 114, 115
Scheibenwischer 111
Scheinwerfer 124
Schläuche 66, 84
Servolenkung 97
Sicherheit 11, 16-19
Sicherheitsgurte 18
Sicherungen (Elektrik) 125
Sitze 9, 18
Sparmaßnahmen 6, 7
Spezialwerkstätten 138
Spiegel 114. 115
Stahlscheibenräder 104
Starthilfekabel 121
Startschwierigkeiten 34
Störungen beheben 20-27
Stoßdämpfer 99
Stoßdämpferöl 23
Stromschlag 19

T

Tanken 48
Tanken – falscher Kraftstoff? 49
Thermostat (Kühlanlage) 82
Trommelbremse 108
Türen (Quietschen) 132

U

Überbrückungskabel 121
Überhitzung des Motors 36
Undichtheiten, Lecks 21-23, 49, 84, 113
Unfall 32
Unverbleites Benzin 47, 49
Unwohlsein 9
Urlaubsfahrt 15

V

Ventilator 83
Verbleites Benzin 48
Verbrauch 48
Verbrennungen 19
Verbrühungen 19
Vergiftungen 19
Verkauf eines Autos 140

Versicherungen 7, 13, 15, 142, 143
Vierventiler, Mehrventiler 65
Vorschriften, Gesetze 7, 15

W

Warnleuchten 126, 127
Wartung 6, 78
Wasserpumpe 83, 84
Werkstätten 135-137
Werkstattpersonal 136
Werkzeug 5, 38, 39
Wertverlust 7
Windschutzscheibe 8, 35, 112-113
Winterbetrieb 14, 112

Z

Zahnriemen für Nockenwelle(n) 77
Zündanlage 70, 71
Zündkerzen 70, 71
Zweinockenwellen-Motor 65
Zylinderkopfdichtung 84

Danksagung

Autor und Herausgeber möchten für die freundliche Unterstützung danken:

Loders of Yeovil, Somerset
Sedna Service Station, Queen Camel, Somerset
Richard White Garage, Sparkford, Somerset
Britax Excelsior Limited, Andover, Hampshire

Einbandgestaltung: Andreas Pflaum

Die Originalausgabe ist erschienen bei **Haynes Publishing** 1999 und dem Titel: **The Car Book**.
Ins Deutsche übersetzt von **Günther Görtz**.

ISBN 3-613-02056-4

1. Auflage 2000

Ein Unternehmen der Paul Pietsch Verlage GmbH + Co.

Druck und Bindung: Pollina s.p.a./Frankreich
Printed in France by Pollina - n° L79732B